138

BIBLIOTHÈQUE DES PROFESSIONS
INDUSTRIELLES, COMMERCIALES ET AGRICOLES

J. D. DANA

MANUEL
DU
GÉOLOGUE

Traduit et adapté de l'Anglais
Par W. HOUTLET

Orné de 363 figures.

Mines
et Métallurgie

Série B
N° 1

PARIS
J. HETZEL ET Cie, ÉDITEURS
18, RUE JACOB, 18

Tous droits de traduction et de reproduction réservés

BIBLIOTHÈQUE DES PROFESSIONS
INDUSTRIELLES, COMMERCIALES ET AGRICOLES

SÉRIE D

MINES ET MÉTALLURGIE, GÉOLOGIE

HISTOIRE NATURELLE.

N° 1

8° V
5320 (15)

PARIS. — IMPRIMERIE GAUTHIER-VILLARS
55, QUAI DES GRANDS-AUGUSTINS, 55

BIBLIOTHÈQUE DES PROFESSIONS
INDUSTRIELLES, COMMERCIALES ET AGRICOLES

J. D. DANA

MANUEL DU GÉOLOGUE

Traduit et adapté de l'Anglais

Par W. HOUTLET

Orné de 363 figures.

2107

Mines et Métallurgie

Série D
N° 1

PARIS
J. HETZEL ET Cie, ÉDITEURS
18, RUE JACOB, 18

Tous droits de traduction et de reproduction reservés

INTRODUCTION

Le *Manuel du Géologue* est, pour la plus grande partie, une traduction du « *Text-Book of Geology* », du professeur J. D. Dana, dans laquelle on s'est borné à éliminer tous les exemples américains d'un intérêt secondaire pour des lecteurs français et à citer à leur place un certain nombre de localités françaises. La réputation scientifique du professeur Dana n'est pas à faire, et son nom est au nombre de ceux des géologues et des minéralogistes les plus éminents. Nulle région au monde ne se présente, au point de vue géologique, avec autant de majestueuse simplicité que les États-Unis : chaque formation s'y étend sur de vastes espaces et les phases diverses de l'histoire de la Terre peuvent s'y observer avec plus de netteté que partout ailleurs. Cette simplicité de ce qui est à décrire semble se refléter sur la description elle-même. Le *Text-Book of Geology*, abrégé du grand *Manual of Geology* du même auteur, offre des aperçus généraux sur les diverses branches de la Géologie; parmi la foule des détails au milieu desquels le débutant courrait certainement le risque de s'égarer, il expose les faits caractéristiques et les relie ensuite de manière à leur donner une forme rigoureuse quoique aisée à retenir. Aussi ce livre est-il, de l'autre côté de l'Atlantique, le premier guide de tous ceux qui veulent se livrer à l'étude si attrayante de la Géologie et ce motif nous a engagé à l'offrir aujourd'hui au public français.

W. H.

MANUEL

DU

GÉOLOGUE

INTRODUCTION

1. Structure rocheuse de la couche terrestre. — Au-dessous du sol et des eaux qui recouvrent la surface de la terre, il existe en tous lieux un soubassement de roches; les masses rocheuses qui constituent les flancs d'un grand nombre de vallées, la crête des collines ou des montagnes et les récifs bordant les rivages de la mer sont les portions de ce soubassement exposées à la vue.

En général, les roches sont disposées en couches dont l'épaisseur varie depuis quelques centimètres jusqu'à plusieurs centaines de mètres; leurs différentes variétés sont placées les unes au-dessus des autres et présentent une longue série d'alternances; quelquefois, elles occupent une position horizontale, mais le plus souvent elles sont inclinées comme si elles avaient été poussées ou soulevées hors de leur position primitive; enfin, dans certaines régions, elles sont cristallines. Ajoutons, en même temps, que toutes ces variétés se rencontrent rarement dans une même contrée du globe.

Une étude attentive des roches, sur les divers continents, a fait reconnaître que l'ensemble de ces couches, en les supposant amoncelées en une seule pile, aurait une épaisseur de 25 à 30 kilomètres; mais cette épaisseur est bien moindre dans la plupart des régions terrestres.

Ces 25 ou 30 kilomètres, retranchés des 6,400 kilomètres qui séparent la surface du globe de son centre, sont les seules portions de cette grande sphère comprises dans les limites de l'observation.

La série des roches dont nous parlons recouvre, sans aucun doute, des roches dites cristallines et dont nous faisons abstraction pour le moment.

Il existe de puissants motifs pour croire qu'à quelques trentaines de kilomètres au-dessous de la surface, tout l'intérieur du globe est à l'état de fusion. Ces profonds abîmes n'ont point, jusqu'à présent, été observés, mais on suppose que les roches fondues projetées par les volcans ou les fissures de la croûte terrestre indiquent la nature du contenu intérieur.

2. Déductions tirées de l'arrangement et de la structure des roches. — L'examen des diverses roches montre clairement que celles-ci ont été créées lentement, d'abord les plus basses dans la série, et ensuite successivement, les plus élevées, de sorte que les unes appartiennent à la plus ancienne période du globe, tandis que celles qui les recouvrent se rattachent à des périodes de plus en plus récentes.

Certaines couches montrent, avec une évidence qui ne peut être révoquée en doute, qu'elles ont été formées au sein d'océans peu profonds à la façon des dépôts vaseux et sablonneux des hauts-fonds, ou le long des côtes maritimes comme les rivages modernes, d'une manière analogue à nos marais salants; d'autres proviennent de l'action des eaux de lacs ou de rivières; d'autres enfin ont été accumulées sous l'impulsion des vents, de même que les sables sont aujourd'hui charriés et amoncelés sur nos rivages. Un grand nombre de roches présentent des marques produites par l'agitation des vagues ou des courants, alors que la matière qui les constituait se trouvait à l'état de sable ou d'argile meuble; l'on y rencontre aussi des empreintes de gouttes de pluie et des fissures qui, bien que remplies postérieurement, ont été ouvertes par l'action desséchante du soleil sur des lits vaseux.

Dans quelques régions, les couches, après s'être consolidées, ont été fortement fracturées, et les fentes ainsi ouvertes ont été alors remplies par une roche en fusion venant des profondeurs situées au dessous ; elles ont été, en outre, soulevées et pressées en forme de vastes ondulations qui ont quelquefois créé des chaînes de montagnes; bien souvent enfin, elles ont été soumises à une cristallisation dont l'effet s'est produit sur une étendue de milliers ou de centaines de mille lieues carrées, et, par l'effet de cette action, ce qui était primitivement un lit de boue est devenu du gneiss ou du granite.

La succession des roches sur la croûte terrestre peut donc se comparer à une série de documents historiques couverts d'inscriptions; le but des découvertes géologiques sera d'examiner et d'interpréter ces inscriptions qui deviendront alors suffisantes, si elles sont étudiées et comparées attentivement, pour faire connaître les conditions générales des continents et des mers pendant les progrès successifs accomplis par le globe, et même pour fixer les époques de trouble ou de révolution ainsi que les dates de la création des montagnes.

3. Déductions tirées de l'observation des fossiles contenus dans les roches. — La plupart des couches renferment des coquilles, des coraux ou des corps analogues nommés *fossiles,* du mot latin *fossilis,* enfoui. Ces fossiles

enfouis dans l'intérieur du sol, sont les restes des êtres vivants qui habitaient autrefois notre globe. Les coquilles et les coraux étaient alors formés par des animaux, de même que nos coquilles actuelles sont l'œuvre des animaux mous qui les habitent, et les coraux de nos mers celle de certains infusoires. Les diverses espèces qui ont laissé leurs restes dans un terrain quelconque doivent forcément avoir vécu lorsque ce terrain était en voie de formation ; ce sont elles qui, dans les temps passés, peuplaient les terres et les eaux.

Les variétés de fossiles trouvées dans une couche diffèrent entièrement, ou à peu près, de celles rencontrées dans une autre couche de la série. En d'autres termes, chaque formation géologique possède ses espèces particulières, dont les inférieures sont presque totalement, sinon totalement, distinctes de celles qui leur sont immédiatement inférieures et de celles qui les recouvrent.

Or, si chaque couche montre d'une façon évidente tous les animaux et plantes vivant à l'époque de sa formation, il en résultera que l'examen des fossiles des couches successives ne sera autre chose que l'étude de la succession des espèces vivantes qui ont existé pendant le cours de l'histoire du globe.

4. But que se propose la géologie ; subdivisions de cette science. — Les explications précédentes donnent une idée de l'objet que se propose la Géologie. En effet, cette science a le but suivant :

1. Étudier le système de la configuration de la terre ;

2. Reconnaître la nature et l'arrangement des roches ;

3. Déduire de ces données, une histoire fidèle de la série des événements qui ont présidé à la formation de ces roches, produit les reliefs de la surface terrestre, les discordances des terrains, les progrès et les changements qui se sont opérés parmi les êtres vivants de notre globe.

4. Déterminer les causes de tout ce qui s'est accompli dans le passé; comprendre, autant qu'il est possible, la façon dont les roches ont été créées, fracturées, soulevées, repliées et cristallisées; comment les montagnes, les vallées et les rivières se sont formées; combien il a existé de continents et de bassins maritimes; comment ceux-ci ont varié en grandeur et en configuration de période en période; étudier les changements éprouvés par le climat de notre globe dans la suite des temps, décrire comment les espèces vivantes ont disparu de la planète que nous habitons et, en général, connaître tous les phénomènes produits par la série des changements physiques,

Cette science se divise donc en *quatre* branches principales :

1. *Géologie physiographique.* — Cette branche s'occupe des conditions physiques, c'est-à-dire du système des traits extérieurs de la terre ; elle étudie l'ensemble des mouvements qui s'accomplissent au sein des eaux et de l'atmosphère, les phénomènes climatologiques et ceux qui dérivent de l'action de tous les autres agents physiques agissant sur la sphère.

2. *Géologie lithologique.* — La Géologie lithologique traite des roches, de leurs variétés, de leur structure, des circonstances et des conditions sous lesquelles elles se rencontrent.

3. *Géologie historique.* — On appelle ainsi l'étude de la succession des roches; celle relative aux états successifs de la terre, aux changements dus à ses océans, à ses continents, à ses climats et aux êtres vivants qui la peuplaient.

4. *Géologie dynamique.* — Cette subdivision traite des causes ou des méthodes qui ont présidé à la formation des roches et aux changements accomplis sur notre planète.

PREMIÈRE PARTIE

GÉOLOGIE PHYSIOGRAPHIQUE

Nous ne ferons, sous ce titre, qu'une revue succincte et partielle des traits généraux de la surface terrestre.

Traits généraux de la surface terrestre.

I. — CARACTÈRES GÉNÉRAUX.

1. *Dimensions et forme.* — La terre possède une circonférence d'environ 40,007,860 mètres; sa forme est celle d'une sphère aplatie aux pôles et l'excès du diamètre équatorial (12,756,568 mètres) sur le diamètre polaire es à peu près 43,354 mètres.

2. *Bassin océanique et plateaux continentaux.* — Les trois quarts (plus exactement les huit onzièmes) de la surface totale du globe, sont à un niveau inférieur à celui du reste de la planète et sont occupés par des eaux salées. Cette portion déprimée se nomme le *bassin océanique;* les vastes surfaces de terre qui l'interrompent constituent les *continents* ou *plateaux continentaux.*

3. *Subdivisions et positions relatives du bassin océanique et des plateaux continentaux.* — Les trois quarts environ de la superficie des plateaux continentaux sont situés dans l'hémisphère septentrional, et plus des trois quarts du bassin océanique dans l'hémisphère méridional.

On peut donc dire que la terre ferme est groupée autour du pôle nord et se sépare, du côté du sud, en deux masses, l'une *orientale*, renfermant l'Europe, l'Asie, l'Afrique et l'Asie australe; l'autre *occidentale*, comprenant l'Amérique septentrionale et méridionale. Inversement, l'Océan s'est accumulé autour du pôle sud et s'étend au nord en deux larges branches séparant l'Occident de l'Orient et nommées l'Atlantique et le Pacifique, tandis qu'une troisième ramification s'interpose entre les prolongements méridionaux de l'Orient, c'est-à-dire entre l'Afrique et l'Asie australe.

On voit donc que l'Orient possède ainsi deux prolongements méridionaux, tandis que l'Occident ou Amérique, n'en a qu'un seul. Cette forme double de l'Orient est en rapport avec sa grande largeur, qui mesure, en effet, 9,600 kilomètres de l'est à l'ouest, c'est-à-dire plus de deux fois la largeur de l'Occident (3,500 kilomètres).

L'inégalité des deux masses continentales correspond à l'inégalité entre l'océan Pacifique et l'océan Atlantique, le premier (9,600 kilomètres) étant plus du double du second (4,500 kilomètres). On peut donc affirmer qu'*il existe deux masses continentales, l'une large et l'autre étroite, et deux surfaces maritimes, une large et l'autre étroite.*

La jonction entre l'Asie et l'Australie par une série d'îles est très analogue à celle que l'on observe entre l'Amérique du Nord et l'Amérique du Sud. Dans chacun de ces cas, le continent méridional s'étend presque totalement à l'est des méridiens déterminant le continent septentrional, et les îles qui les séparent sont dans des positions à peu près correspondantes; la Floride, dans l'Occident, répond à Malacca en Orient, Cuba à Sumatra, Porto-Rico à Java et la plupart des Antilles occidentales aux Célèbes et aux autres îles voisines. Il est donc évident que l'Australie possède avec l'Asie les mêmes relations que celles qui rattachent l'Amérique du Sud à l'Amérique du Nord, et que l'Afrique est dans une position semblable par rapport à l'Europe.

La portion septentrionale de l'Orient, ou l'Europe et l'Asie combinées l'une à l'autre, forme une surface continentale dont la direction générale est E. et O. La portion septentrionale de l'Occident, ou l'Amérique du Nord, est allongée du N. au S.

4. — *Dépression océanique et élévations continentales.* — La profondeur des bassins océaniques au-dessous du niveau des eaux atteint en quelques parties, 8500 mètres; mais la moyenne est beaucoup moindre. La profondeur entre Terre-Neuve et l'Irlande, le long de ce qu'on a appelé le *plateau télégraphique,* varie de 2,000 à 4,600 mètres. Plus au sud, l'océan Atlantique est beaucoup plus profond. La dépression moyenne de la partie nord du Pacifique, est d'environ 5,400 mètres.

Le point le plus élevé des continents qu'on ait mesuré atteint 8,850 mètres au pic nommé mont Everest, dans l'Himalaya; mais la hauteur moyenne des plateaux continentaux est, d'après M. de Lapparent, très supérieure à 500 mètres et plus probablement voisine de 600. Cette hauteur moyenne sur les divers continents a été évaluée de la façon suivante : Europe, 292 mètres; Asie, 879 mètres; Amérique du Nord, 595 mètres; Amérique du Sud, 537 mètres; Afrique, 602 mètres, et Océanie, 362 mètres.

5. *Relief de la dépression océanique.* — Le long des rivages, le fond de la mer est souvent, sur une grande distance, presque plat, parce que les terres continentales se continuent sous les eaux suivant une surface à peu près de niveau; puis une pente un peu plus abrupte amène au lit profond de l'Océan. C'est ce qu'on observe sur la côte occidentale des États-Unis, au S. de la Nouvelle-Angleterre. Les îles Britanniques se trouvent sur une portion submergée du continent européen, mais elles font essentiel-

lement partie de ce continent car la limite du bassin océanique est beaucoup au delà de l'Irlande et s'étend au S. dans la baie de Biscaye. Il a été prouvé, d'une façon semblable, que la Nouvelle-Guinée fait partie de l'Australie.

6. *Surface des continents.* — La surface d'un continent comprend : 1° les *terres basses*, 2° les *hauts plateaux* ou *terres élevées*, 3° les *chaînes de montagnes*. Ces dernières peuvent prendre naissance, soit au milieu des terres basses, soit au milieu des plateaux, qui sont de vastes étendues de terrain situées à plusieurs centaines ou à un millier de pieds et plus au-dessus de la mer, ou au-dessus du niveau général des terres basses et qui souvent font partie des grandes chaînes de montagnes. Parfois les plateaux renferment une région entourée par des chaînes de montagnes et quelquefois aussi des masses montagneuses au-dessus desquelles s'élèvent des pics. Par exemple, les parties N. et S. de l'État de New-York, sont des plateaux occupant une position intérieure ou adjacente à la chaîne des Appalaches ou Alleghanys. L'orient du Nouveau-Mexique est un plateau élevé d'environ 1,300 mètres au-dessus de la mer et nommé Llano Estacado; Mexico est situé sur un autre plateau à la surface duquel se dressent divers pics et plusieurs chaînes de montagnes; or, l'un et l'autre sont placés dans la région de la chaîne des montagnes Rocheuses qui couvre tout l'ouest de l'Amérique du Nord. Le désert de Gobi, entre l'Altaï et les monts Kuen-Lung, est un plateau désert d'à peu près 4,000 mètres au-dessus de la mer; l'Arménie et la Perse constituent aussi un autre plateau. Ces exemples suffiront pour faire bien comprendre la valeur du terme que nous avons employé.

II. — SYSTÈME DES FORMES TERRESTRES.

1. *Forme générale des continents résultant de leur relief.* — Les continents sont construits sur un modèle

uniforme qui est le suivant : *leurs bords sont élevés et leur centre déprimé, de sorte qu'ils représentent une sorte de bassin*. Ainsi l'Amérique du Nord est bornée à l'E. par les Alleghanys, à l'O. par les montagnes Rocheuses et son intérieur est occupé par le bassin déprimé du Mississipi. La figure 1 montre cette disposition ; dans cette section, *b* représente la chaîne des montagnes Rocheuses à l'O. avec sa double rangée de sommets ; *a* la chaîne Washington (y compris la sierra Nevada et les monts Cascade) près de la côte du Pacifique, *c* le bassin du Mississipi, *d* la chaîne des Alleghanys dans l'E.

De même pour l'Amérique du Sud, les Andes sont à l'O., les montagnes du Brésil à l'E., et d'autres hauteurs du côté du nord, tandis que la région basse de l'Amazone et de la Plata forme la presque totalité du vaste espace intérieur. La figure 2 est une section transversale de l'ouest

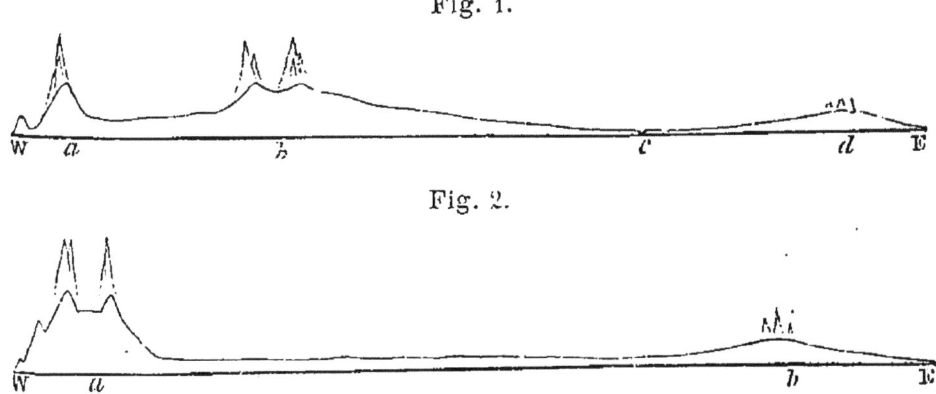

à l'est (W. E.) montrant les Andes en a et les montagnes du Brésil en *b*. Dans ces sections, il est inutile de faire observer que les hauteurs ont été nécessairement très exagérées par rapport aux longueurs.

Dans l'Orient, il existe des montagnes du côté du Pacifique, et d'autres du côté de l'Atlantique, outre l'Himalaya, faisant face au sud à l'océan Indien et l'Altaï aux mers arctiques ou glaciales. Entre l'Himalaya (ou plutôt les monts Kuen-Lung qui sont exactements tournés au Nord) et l'Altaï, s'étend le plateau de Gobi qui forme une dépression relativement aux montagnes qui l'entourent, et plus loin, on rencontre les terres basses de la mer Caspienne et de la mer d'Aral, les premières étant même à un niveau inférieur à celui de l'Océan. L'Oural divise les 9,600 kilomètres, largeur totale du continent, en deux parties et donne ainsi raison aux géographes qui prétendent que l'Europe est un continent séparé. A l'O. de leur méridien on observe encore d'immenses dépressions qui s'étendent sur le centre et le S. de la Russie d'Europe.

En Afrique, il existe des montagnes sur la côte E. et sur la côte O., le long de la Guinée; l'Atlas borne la Méditerranée, les monts Kong forment les rivages de Guinée; mais l'intérieur de cette partie du monde est relativement bas, car son altitude moyenne doit atteindre à peine 600 mètres.

En Australie, on trouve de hautes terres sur les côtes E. et O., mais l'intérieur est déprimé.

Tous les continents sont donc construits sur le modèle d'un bassin.

2. *Relation existant entre la hauteur des rivages et l'étendue océanique qu'ils bornent.* — On peut énoncer une seconde remarque très importante relative aux reliefs continentaux, c'est que les *rivages les plus élevés font face aux mers les plus grandes*. Observons que, par le mot grandes mers, nous comprenons non seulement une surface maritime considérable, mais une *vaste capacité*, car la profondeur est un élément important qui doit être pris en considération. Le Pacifique, aussi bien en profondeur qu'en superficie, l'emporte de beaucoup sur l'Atlantique; de même le Pacifique méridional l'emporte sur le Pacifique du nord et l'Atlantique méridional sur l'Atlantique sep-

tentrional. L'océan Indien fait aussi partie des grandes mers; en effet, il s'étend sur 80 degrés de latitude au S. de l'Asie, avant de baigner aucune partie des terres antarctiques, ce qui équivaut à 8,850 kilomètres ou presque la largeur moyenne du Pacifique; de plus il est bien plus libre d'îles que le Pacifique; aussi est-il probablement le plus profond des deux, et par suite sa capacité surpasse celle de tout autre océan de notre globe.

Chacun des grands continents prouve la règle énoncée : l'Amérique du Nord a ses grandes montagnes nommées les montagnes Rocheuses tournées vers le grand océan, le Pacifique, et ses petites montagnes, les Appalaches, vers le petit océan. De même l'Amérique du Sud possède ses rivages les plus élevés à l'O., et les Andes dépassent d'autant plus en altitude et en inclinaison abrupte les montagnes Rocheuses, que le Pacifique du sud dépasse en capacité le Pacifique du nord. L'Orient a de hautes chaînes de montagnes à l'E., côté du Pacifique et des chaînes plus basses, telles que celles de la Norwège et des autres parties de l'Europe à l'O.; l'Himalaya, la plus haute chaîne du globe, fait face au grand océan Indien et s'élève beaucoup à l'E., du côté du vaste Pacifique, mais l'Altaï plus petit regarde le petit océan Glacial du Nord. En Afrique, les montagnes orientales, qui regardent l'océan Indien, sont plus hautes que celles qui sont situées vers l'Atlantique. En Australie, les rivages les plus élevés sont du côté du Pacifique. Or le Pacifique méridional, si l'on considère les montagnes qui le bordent dans l'E. de l'Australie, est plus grand que l'océan Indien faisant face à l'O. de l'Australie.

Ainsi donc, la forme que nous avons mentionnée plus haut est exactement celle d'un bassin dont un bord est beaucoup plus haut que l'autre, celui-ci étant le côté qui confine à l'océan le plus profond.

Ces formes ont une immense influence sur le parti que

l'homme a tiré des continents. L'Amérique a ses plus hautes montagnes du côté du *Far West*, et toutes ses grandes plaines et ses grandes rivières sont inclinées vers l'Atlantique; au moyen du golfe du Mexique, complètement intérieur, et de ses rivages orientaux, tous les débouchés naturels de cette contrée sont dirigés vers l'E. Si les hautes montagnes de ce continent eussent été placées à l'E., elles auraient condensé l'humidité des vents avant que ceux-ci eussent parcouru les terres, et l'auraient renvoyée à l'Océan sous forme de torrents impétueux et inutiles; mais, se trouvant à l'O., toutes les pentes de l'Atlantique jusqu'aux sommets des montagnes Rocheuses restent ouvertes aux vents humides, et les champs et les rivières montrent tout le bien qu'elles en reçoivent. Quant à l'Orient, au lieu de monter depuis l'Himalaya jusqu'au rivage de l'Atlantique, il a ses grandes hauteurs très loin dans l'E., et ses vastes plaines et la moyenne partie de ses grandes rivières, même celles de l'Asie centrale, ont leur pente naturelle du côté de l'O. ou vers ce même océan Atlantique. Par conséquent, les vastes régions du globe le mieux appropriées à l'homme par leur climat et leurs productions, sont reliées entre elles comme une seule grande arène pour servir aux progrès de la civilisation. L'Orient et l'Occident envoient leurs fleuves et portent une grande partie de leur commerce dans un océan commun, l'Atlantique, qui n'est entre eux qu'un étroit passage, bien préférable pour l'union des nations à une liaison au moyen de vastes terres sèches; même à notre époque, 4,800 kilomètres de terre ferme seraient un sérieux obstacle à l'intercourse, tandis que 4,800 kilomètres d'océan confondent l'Est et l'Ouest dans un étroit système de relations politiques, commerciales et sociales.

DEUXIÈME PARTIE.

GÉOLOGIE LITHOLOGIQUE.

Le terme *roche*, s'applique à toutes les formations naturelles de matière rocheuse compacte ou non compacte. On appelle roches non seulement les grès et les schistes, mais encore la terre meuble, le sable et le gravier de la surface, pourvu qu'ils aient été déposés en couches par des causes naturelles. Tous les grès n'ont d'abord été que des lits de sable, et il existe de si faibles nuances intermédiaires entre les grès les plus durs et les couches sableuses les plus pénétrables, qu'il est impossible de tracer une ligne de démarcation entre la roche consolidée et celle qui ne l'est pas. La Géologie ne se propose pas de tracer cette démarcation; elle regarde tous les terrains comme des *roches*, et, pour elle, la *consolidation* n'est qu'un accident qui peut indifféremment se présenter ou ne pas se présenter dans les couches ou dépôts terrestres.

Les roches peuvent être étudiées simplement comme roches, c'est-à-dire au point de vue de leur composition, et il est facile de former une collection contenant des échantillons de leurs diverses espèces. Elles s'étudient, en outre, comme masses rocheuses étendues sur la surface de la terre et constituant la croûte de notre globe, et l'on prend alors en considération la condition, la structure et l'arrangement de ces grandes masses nommées quelquefois *terrains*. Les deux objets que doit traiter la Géologie lithologique sont donc les suivants : 1° *La constitution des roches;* 2° *La condition, la structure* et *l'arrangement des masses rocheuses.*

I. — CONSTITUTION DES ROCHES

1. Observations générales sur les substances qui composent les roches.

Les roches sont essentiellement composées de substances minérales ou minéraux, dont les plus fréquents sont les suivants :

1. **Quartz ou Silice.** — Le *quartz*, ou *silice*, comme on le nomme en chimie, est l'espèce minérale la plus répandue ; c'est un corps très dur, infusible au chalumeau et insoluble dans l'eau. Sa dureté et surtout sa durée lui donnent une importance de premier ordre parmi les matériaux composant la croûte terrestre.

Il se rencontre souvent en cristaux de la forme représentée par les figures 3 et 4, mais généralement on le

Fig. 3. Fig 4.

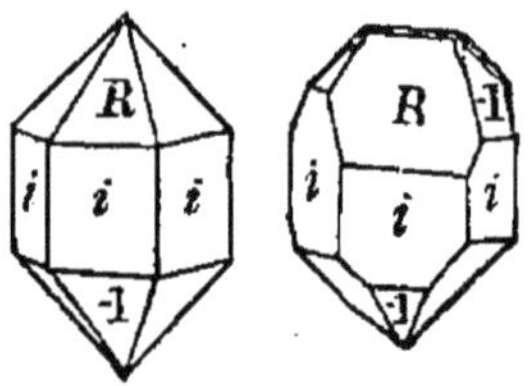

trouve en grains, en cailloux et en grandes masses. On le reconnaît à son aspect vitreux, à sa couleur blanchâtre ou grisâtre, en ce qu'il est dépourvu de toute tendance à se briser suivant une surface plane de fracture, propriété des cristaux nommée *clivage*. Quoique habituellement à peu près incolore ou blanc, il est très fréquemment rougeâtre, brunâtre et même noir; son éclat est même parfois assez terne comme dans la *calcédoine*, le *silex* et le *jaspe*. Les sables et les cailloux de nos rivages marins et nos couches de gravier, se composent presque en totalité de quartz, parce que ce minéral résiste mieux que tout autre à l'action destructive des eaux. C'est pour une raison semblable que la plupart des grès et des conglomérats consistent principalement en quartz.

Sa dureté assez grande pour lui permettre de rayer le verre, son infusibilité, son insolubilité, sa résistance aux acides et enfin son absence de clivage sont les caractères qui servent à distinguer le quartz de toutes les autres matières rocheuses.

Bien que ce minéral fasse partie des matériaux primitifs de la croûte terrestre, le quartz des roches ne provient pas toujours directement d'une origine minérale. Une partie, même considérable, a passé par l'intermédiaire d'êtres vivants appartenant au règne végétal ou au règne animal, dont un certain nombre d'espèces inférieures ont le pouvoir de former des coquilles siliceuses ou de créer dans leur texture des particules ou spicules siliceuses. Ces coquilles microscopiques ont fini par constituer des couches rocheuses. L'espèce animale qui sécrète ces spicules appartient aux *Éponges*, et les animaux microscopiques qui forment ces coquilles sont nommés *Polycystines*. Les plantes produisant des écailles siliceuses sont appelées *Diatomées*.

2. **Silicates.** — La silice fait encore partie d'un grand nombre de minéraux entrant dans la composition des roches et constituant les *Silicates*. Elle existe en combinaison avec les bases *alumine*, *magnésie*, *chaux*, *potasse*, *soude*, les *oxydes de fer*, etc.

L'*alumine* pure, la base la plus importante parmi toutes celles que nous avons mentionnées ci-dessus, est dure, infusible, insoluble et par suite très bien adaptée pour s'allier avec la silice. La pierre précieuse nommée *saphir*, qui n'est que de l'alumine cristallisée est, le diamant excepté, la plus dure de toutes les substances connues. L'émeri en est une variété massive ou rocheuse réduite en poudre.

La *magnésie*, bien connue sous la forme de magnésie calcinée, est aussi dure que le quartz lorsqu'elle est cristallisée, et comme lui, infusible et insoluble.

La *chaux* est la chaux vive ordinaire; la *potasse* et la *soude* sont les alcalis employés dans l'industrie. Ces trois corps se rencontrent dans les silicates qui contiennent aussi de l'alumine ou de la magnésie et même les deux à la fois. On peut en dire autant des *oxydes de fer*. Les composés qu'ils forment ont un degré de fusibilité moins élevé que celui des silicates simples, ce qui explique comment il se fait qu'on les trouve parmi les éléments des roches ignées ou volcaniques. Les plus communs de ces silicates sont les suivants :

1. Feldspath. — Le feldspath se compose de silice et d'alumine combinées avec de la chaux, de la potasse ou de la soude. Le feldspath commun ou *orthose* renferme surtout de la potasse outre la silice et l'alumine; l'*albite* contient de la soude au lieu de potasse, tandis que le *labrador* et l'*anorthite*, autres espèces de feldspath, sont constitués surtout par de la chaux. La densité de ces minéraux est comprise entre 2.4 et 2.7

Toutes ces variétés de feldspath se distinguent du quartz par leur clivage distinct, qui permet à leurs grains ou à leurs masses de se briser facilement sur deux directions suivant une surface plane et brillante; elles sont presque aussi dures que le quartz, souvent blanches, mais quelquefois colorées en rose clair. L'albite est ordinairement blanche, et le labrador, fréquemment brunâtre, offre de brillants jeux de lumière.

2. Mica. — Le mica se compose de silice et d'alumine combinées à de la potasse, de la chaux, de la magnésie ou de l'oxyde de fer. Il se clive aisément en lames plus minces que du papier et un peu élastiques. Lorsqu'il est incolore on l'emploie souvent à cause de sa transparence pour fabriquer des vitres, mais il est plus ordinairement blanchâtre, brunâtre et noir.

Le quartz, le feldspath et le mica sont les éléments du granit et il est possible de les distinguer les uns des autres, le quartz par son éclat vitreux et son manque de clivage, le feldspath à son opacité plus grande que celle du quartz et à son clivage, enfin le mica à son clivage très facile permettant de le séparer en lamelles minces et élastiques.

3. Hornblende et Pyroxène. — La hornblende et le pyroxène sont formés de silice, de magnésie, de chaux et de protoxyde de fer; dans la plupart des roches où ils entrent, leur couleur est le vert foncé, le noir verdâtre et le noir, mais parfois le gris et le blanc; l'une et l'autre sont clivables. Souvent on trouve la hornblende en cristaux ressemblant à de minces aiguilles. Les variétés fibreuses de ces deux minéraux portent le nom d'*asbeste*. Ils sont presque aussi durs que le feldspath, mais beaucoup plus pesants (densité = 3 — 3.5), et en général plus fusibles.

4. Grenat. — Tourmaline. — Andalousite. — Ces silicates se rencontrent très fréquemment dans les roches où ils sont en cristaux distribués irrégulièrement. Le *grenat* est généralement en cristaux rouge-foncé, brunâtres ou noirs, à 12 ou 24 faces (dodécaèdres ou trapézoèdres). La figure 5 montre des grenats possédant la première de ces formes et distribués dans un micaschiste. La *tourmaline* est habituellement en cristaux allongés à 3, 6, 9 ou 12 faces, brillants et noirs, mais parfois d'un noir bleu, bruns, verts et rouges, communs dans le gneiss et le micaschiste, et

empâtés dans le quartz (fig. 6). L'*andalousite* se rencontre en cristaux empâtés au milieu des schistes argileux, de

Fig. 5.

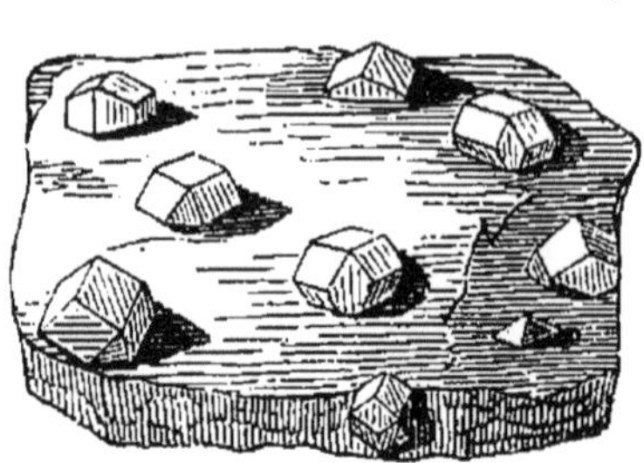

Fig. 6.

forme se rapprochant de celle d'un prisme carré, et dont l'intérieur est très fréquemment noir ou noir-grisâtre au centre et aux angles (fig. 7), tandis que le reste est presque

Fig. 7.

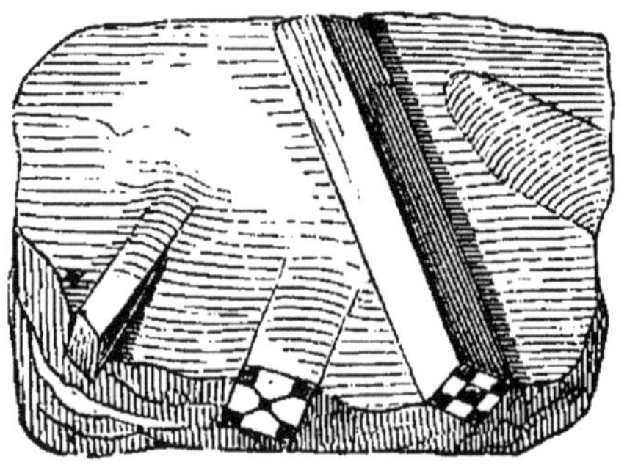

blanc. Cette variété est nommée *macle* ou *chiastolite*.

5. Talc et Serpentine. — La talc et la serpentine se composent de silice, de magnésie et d'eau ; tous deux sont gras au toucher, surtout le talc qui est un minéral très tendre, souvent en plaques feuilletées et en masses ressemblant au mica, mais dont les feuilles ou lamelles, quoique flexibles et se séparant avec assez de facilité, ne sont pas cependant élastiques; leur couleur habituelle est le vert pâle.

Un talc massif et granulaire, de couleur blanchâtre,

grisâtre ou verdâtre, porte le nom de *pierre de savon* ou de *stéatite*. La serpentine, plus dure que le talc, se présente en roche massive vert-foncé de texture finement grenue ; elle est rarement feuilletée, mais, dans ce cas, ses lamelles sont cassantes et moins facilement séparables. On peut la rayer avec un couteau, et cette propriété, jointe à sa couleur plus claire, la distingue des roches compactes hornblendiques.

3. **Carbone, Acide carbonique, Carbonates.** — 1. CARBONE. — Le carbone est connu sous trois noms et sous trois états : 1° *diamant ;* 2° *graphite,* 3° *charbon de bois*. C'est le graphite qui sert à fabriquer les crayons; bien qu'il ne contienne pas de traces de plomb, on l'appelle aussi *plombagine*; sa dureté est inférieure à celle de la plupart des corps de la nature, tandis que le diamant est le plus dur de tous.

En géologie, le carbone est surtout important à l'état de *houille,* qui n'est autre que du carbone mélangé à d'autres substances principalement de nature bitumineuse. Ces dernières donnent à la houille dite bitumineuse la propriété de brûler avec une flamme brillante; la variété plus dure, ne renfermant que peu ou point de bitume et qui brûle avec une très faible flamme bleuâtre ou jaunâtre, est l'*anthracite*. Le *lignite* est un charbon conservant en partie la structure du bois qui lui a donné naissance et qui brûle en produisant une odeur empyreumatique.

2. Le gaz *acide carbonique* est formé de carbone et d'oxygène, il constitue environ 4 parties en volume sur 10,000 parties d'air atmosphérique et provient soit de la combustion du bois et du charbon, soit de la respiration des animaux.

3. Le *carbonate de chaux* ou *calcite*, l'élément essentiel du calcaire et du marbre, se compose d'acide carbonique et de chaux. Il cristallise sous un grand nombre de formes dont les figures 8 et 9 indiquent quelques-unes; il se

clive aisément suivant trois directions et présente alors des surfaces brillantes qu'on peut observer sur les grains

Fig. 8. Fig. 9.

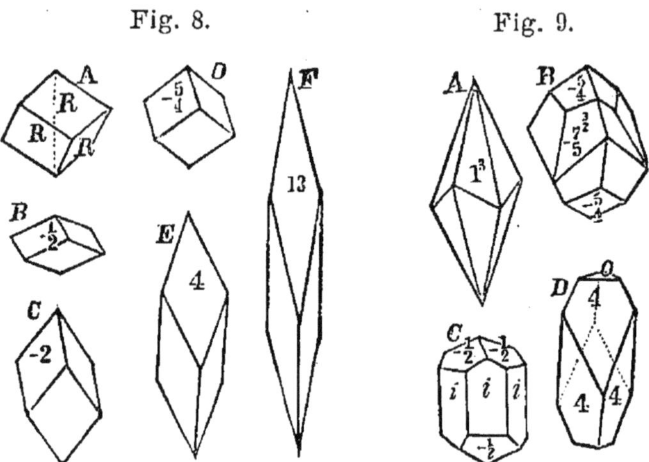

du marbre blanc fin. Il est assez tendre pour se rayer au couteau, se dissout dans les acides dilués (acide chlorhydrique ou sulfurique) avec une effervescence produite par le gaz acide carbonique qui s'échappe, et, lorsqu'on le chauffe dans un four ou au chalumeau, il se réduit à l'état de chaux vive sans éprouver de fusion. Son effervescence avec les acides le distingue des minéraux cités précédemment.

4. La *dolomie* est un carbonate de chaux et de magnésie et diffère par conséquent de la calcite en ce qu'une partie de la chaux de cette dernière est remplacée par de la magnésie. Elle constitue les masses de cette variété de calcaire nommé *calcaire magnésien,* qui ressemble au calcaire commun, mais s'en distingue en ce qu'il fait moins d'effervescence avec les acides, pourvu que l'on ne fasse pas intervenir l'action de la chaleur. On peut exécuter cet essai en plongeant une parcelle, grosse comme la moitié d'un grain de blé, dans un tube rempli au quart d'un mélange par moitié d'acide chlorhydrique et d'eau.

Presque tout le carbonate de chaux des roches provient directement des coquilles, coraux et autres détritus animaux. Les animaux prennent les éléments de leurs coquilles et des autres parties pierreuses de leur structure aux eaux du globe ou aux aliments dont ils se nourrissent, grâce à la puissance de sécrétion qui, chez l'homme, forme le squelette. Après la mort, les coquilles, coraux ou ossements qui ne peuvent plus servir à l'espèce dont ils dérivent, font retour au règne minéral et constituent des roches. L'étendue et l'épaisseur immenses des couches calcaires, dont la plus grande partie est probablement d'origine organique, peut donner une idée du nombre des êtres qui ont vécu et sont morts pendant la suite des temps passés.

Le carbonate de chaux et la silice sont les deux éléments pierreux qui, par l'intermédiaire des espèces vivantes, ont le plus contribué à la formation des roches terrestres, et l'on peut en dire autant de la houille dont les couches puissantes ont été, pendant la période carbonifère, formées par des feuilles et d'autres corps végétaux.

4. **Sable.** — **Argile.** — Le sable et l'argile ne sont pas des minéraux, mais des mélanges de minéraux en particules ténues produites par la désagrégation de différentes roches. L'argile commune n'est guère autre chose que du feldspath pulvérisé mêlé à un peu de quartz. D'autres variétés, grasses au toucher, se composent de substances provenant de la décomposition des feldspaths et des minéraux analogues, et sont formées d'alumine, de silice et d'eau avec une quantité plus ou moins considérable de quartz mêlé à d'autres impuretés.

2. Diverses espèces de Roches.

1. **Roches fragmentaires et cristallines.** — Les minéraux composant les roches peuvent être : 1° en grains ou cailloux brisés ou usés comme dans le sable, l'argile et les lits de gravier ; 2° en grains cristallins formés à la place

qu'ils occupent actuellement à l'époque de la cristallisation de la roche. Quelques-uns de ces grains sont anguleux, et la plupart manifestent des surfaces de clivage.

Les roches du premier genre, qui consistent en un amas de fragments d'autres roches, sont dites *fragmentaires* ou *clastiques*; celles du second genre sont dites *cristallines*. Les sables des rivages et la boue du fond de la mer peuvent constituer une roche fragmentaire aussi bien que des dépôts plus grossiers.

Les roches fragmentaires sont souvent aussi nommées *sédimentaires*, parce que, en général, elles sont formées par voie de *sédiment*, c'est-à-dire par suite de dépôts opérés par les eaux et analogues à ceux de l'océan, des lacs et des rivières.

Entre les roches fragmentaires et cristallines, il en existe d'autres dont la compacité se rapproche de celle du silex, qui ne montrent aucun grain distinct et ne peuvent par conséquent se rapporter facilement à l'une ou l'autre des espèces précédentes. Dans ce cas, le géologue, pour déterminer la division à laquelle elles appartiennent, doit porter son examen sur les roches associées. Si elles sont *fragmentaires* ou *cristallines*, il est probable que les couches compactes le sont aussi; mais souvent l'expérience seule sert de guide dans une pareille détermination.

Les roches cristallines sont *métamorphiques* ou *ignées*.

1. Les *roches métamorphiques* sont celles qui ont été altérées ou *métamorphisées* par l'action de la chaleur. Cette altération, lorsqu'elle est complète, consiste en une cristallisation de la roche; à un moindre degré, c'est une consolidation ou cuisson ne présentant souvent pas de trace de cristallisation distincte.

C'est ainsi que les grès terreux et les roches argileuses ont été changés en *granite*, en *gneiss* et en *micaschiste*, et le calcaire ordinaire en *marbre statuaire*.

2. Les *roches ignées* sont celles qui ont été rejetées à l'état de fusion par les évents volcaniques, ou les fissures ouvertes par les feux situés au-dessous ou dans l'intérieur de la croûte terrestre.

2. **Roches calcaires.** — On donne ce nom aux couches *calcaires*. Elles ont été formées pour une grande partie de débris animaux pulvérisés, tels que les coquilles et les coraux, et, dans ce cas, elles constituent des couches fragmentaires ou sédimentaires, quelquefois d'une compacité si grande, qu'il est impossible de rien distinguer de leur texture.

Certains calcaires ont été produits par l'accumulation et la consolidation de coquilles très menues appelées *rhizopodes*, qui ne se sont pas réduites en poussière à cause de leur dimension ne dépassant pas celle des grains de sable les plus fins. Ces roches ne sont donc pas d'origine fragmentaire.

D'autres calcaires ont été déposés par les eaux qui en renfermaient la matière en dissolution et par suite ont une origine *chimique*. C'est à cette variété qu'appartiennent le *travertin* de Tivoli, près de Rome en Italie, les couches du même genre que l'on rencontre dans beaucoup de régions à sources minérales, et enfin les mousses et les arbres pétrifiés des contrées marécageuses.

3. **Roches massives, schisteuses, laminaires.** — Une roche est dite *massive* lorsqu'elle n'offre pas de tendance à se briser en dalles ou plaques, *schisteuse* lorsqu'elle est cristalline et peut se débiter en lames à cause de l'arrangement en lits plus ou moins parfaits que présentent les minéraux qui la composent (surtout le mica et la hornblende); *laminaire*, lorsqu'elle se brise en lames aplaties et que cette disposition n'est pas la conséquence d'une structure cristalline.

Les roches se subdivisent en quatre variétés : 1° Roches

fragmentaires non calcaires; 2° Roches métamorphiques non calcaires; 3° Roches calcaires; 4° Roches ignées.

1° Roches fragmentaires.

1. *Grès.* — Cette roche se compose de sable fin ou grossier : lorsque le sable est du quartz pur, il forme un *grès siliceux;* s'il est très dur et un peu graveleux c'est un *grès grossier;* s'il est terreux ou argileux, un *grès argileux.* Cette dernière variété est ordinairement laminaire, et, lorsqu'elle est très dure, on peut en fabriquer une bonne pierre tégulaire.

2. *Conglomérat.* — Cette roche contient des cailloux arrondis ou anguleux et porte alors le nom de *poudingue* ou de *brèche;* quand les cailloux sont de quartz, c'est un *conglomérat siliceux,* et, lorsqu'ils sont calcaires, c'est un *conglomérat calcaire.*

3. *Schiste.* — On appelle ainsi une roche composée d'argile ou de terre argileuse et dont la structure est schisteuse. Sa couleur varie du gris au noir en passant par les teintes foncées intermédiaires. Une *marne* est une argile contenant du carbonate de chaux provenant généralement de coquilles pulvérisées ou brisées.

4. *Tuf.* — On nomme tuf une variété de grès volcanique composé de sables ou de roches volcaniques pulvérisées; sa couleur est habituellement brunâtre, jaune-brunâtre, grisâtre et rougeâtre.

2° Roches métamorphiques.

1. *Granite.* — Roche cristalline formée de quartz, de feldspath et de mica, de couleur ordinairement gris clair, gris foncé ou rose chair, provenant, dans ce dernier cas, d'un feldspath coloré de cette nuance.

2. *Gneiss.* — Cette roche ressemble essentiellement au granite par sa composition, mais elle est quelquefois

schisteuse et possède, par suite, sur une surface de fracture transversale, une apparence rubanée résultant de l'arrangement du mica. Si la couleur du gneiss est gris foncé, celui-ci est, en général, traversé par des bandes noires. Suivant les plans du mica, la roche se sépare avec assez de facilité pour pouvoir être quelquefois employée à couvrir les habitations.

3. *Micaschiste.* — Cette espèce est rapportée au gneiss, mais se compose essentiellement de mica avec une proportion plus ou moins considérable de feldspath et de quartz, ce qui lui donne la propriété de se séparer en lames à surface brillante. Dans les contrées à mica, la poussière des routes est souvent remplie des parcelles brillantes de cette roche.

4. *Syénite.* — *Gneiss hornblendique.* — *Schiste hornblendique.* — La *syénite* ressemble au granite, mais elle contient, à la place de mica, de la hornblende qui se reconnaît à un clivage moins parfait et à la fragilité des lamelles obtenues avec assez de difficulté par le clivage. Une roche ressemblant au gneiss, mais contenant de la hornblende à la place du mica, porte le nom de *gneiss hornblendique.* Une roche schisteuse, noire ou noir-verdâtre, presque entièrement composée de hornblende, est appelée *schiste hornblendique.*

5. *Schiste talqueux.* — Roche schisteuse renfermant du talc qui lui donne un toucher gras, et généralement colorée en vert grisâtre, en verdâtre ou en brunâtre.

6. *Schiste chloritique.* — Roche schisteuse contenant un minéral vert olive nommé chlorite, se rapportant au talc en ce qu'il est magnésien, mais qui renferme de l'oxyde de fer. Elle est très grasse au toucher, sa couleur est vert foncé et souvent vert olive.

7. *Schiste.* — *Argillite.* — *Schiste argileux.* — On donne ces différents noms à des schistes tégulaires et à d'autres

roches schisteuses analogues. Leur structure est presque entièrement cristalline, quoique les espèces les plus parfaites de schistes aient une surface dure et unie n'absorbant pas l'eau. Leur couleur est noir-bleu, pourprée, verdâtre, etc. Il existe une transition entre ces différentes roches, du granite au gneiss, du gneiss au micaschiste, et enfin du micaschiste et du schiste talqueux au schiste argileux.

8. *Roches quartzeuses. — Quartzites.* — Il existe aussi un passage graduel dû à une absence plus ou moins complète du feldspath, qui conduit aux *roches quartzeuses micacées*, et, par l'absence plus ou moins complète du mica, à une *roche quartzeuse massive* nommée *quartzite*. Cette dernière n'est qu'un grès très fortement consolidé et formé de sable quartzeux, dont la consolidation a été produite par l'action de la chaleur qui a également donné lieu à la cristallisation des gneiss. Pour la première de ces roches, les grès sont purement siliceux, ou à peu près; pour la seconde, ils sont terreux.

9. *Itacolumite.* — L'itacolumite est une roche quartzeuse laminaire d'une espèce particulière, se présentant dans la plupart des contrées aurifères et pouvant, lorsqu'elle est en lames larges et minces, se plier sans se rompre. Elle renferme des écailles de mica ou de talc auxquelles elle est redevable de sa structure, de sa dureté et de sa flexibilité.

3° Roches calcaires.

a. Non Cristallines.

1. *Calcaire commun.* — Roche compacte, passant du grisâtre au noir par une grande variété de nuances sombres, se brisant en fragments, ne présentant que peu ou point d'éclat et dont la surface est légèrement rugueuse ou unie. Elle consiste essentiellement en carbonate de

chaux, mais elle est souvent rendue très impure par la présence d'argile ou de terre. Lorsqu'elle renferme des fossiles, on la nomme *calcaire fossilifère*, et, lorsqu'elle contient du carbonate de chaux et du carbonate de magnésie, on l'appelle *calcaire magnésien* ou *dolomitique* ou simplement *dolomie*. Cette dernière variété peut difficilement être distinguée à l'œil du calcaire ordinaire.

Plusieurs variétés de calcaire commun sont susceptibles d'être polies et employées comme *marbres*. Tels sont les marbres noirs et presque tous les marbres gris et jaunes qui renferment fréquemment des fossiles.

2. *Oolithe*. — On donne ce nom, du grec ὠόν *œuf*, à un calcaire consistant en concrétions aussi petites que des œufs de poisson. Les oolithes, ou calcaires oolithiques, se rencontrent à toutes les périodes géologiques et se forment dans nos mers modernes autour de quelques récifs de corail.

3. *Travertin*. — (*Voy*. p. 25). Les *stalactites* sont des concrétions calcaires ayant l'apparence de glaçons et suspendues au toit des cavernes dont le sol est recouvert de *stalagmites* de même composition. Les eaux suintant à travers les roches calcaires, emportent en dissolution un peu de carbonate de chaux à l'état de bicarbonate et, par des dépôts successifs, produisent en s'évaporant ces concrétions et ces incrustations.

b. Cristallines.

Calcaire granulaire. — *Marbre statuaire*. — Cette roche calcaire présente sur sa surface de fracture une texture cristalline granulaire et par conséquent brillante. Les variétés d'un blanc pur ayant, lorsqu'on les brise, l'apparence d'un pain de sucre et possédant une texture compacte, forment le marbre employé en sculpture et servent, avec les qualités plus grossières, dans l'art des constructions. La plupart des marbres nuagés peuvent se classer dans la même catégorie.

4° Roches ignées.

1. *Roches granitiques.* — On regarde habituellement le granite comme une véritable roche ignée. Cependant, celles-ci ne contiennent ordinairement que peu ou point de silice à l'état de quartz. Il y a plusieurs espèces de roches ignées cristallines, blanchâtres et grisâtres, qui se composent de feldspath et de hornblende, ou de feldspath et de pyroxène, ou enfin de feldspath seul, et qui ne renferment que peu ou point de quartz. On y trouve même quelquefois du mica.

2. *Diorite.* — Cette roche contient du feldspath et de la hornblende. Lorsque le feldspath domine, elle possède une teinte claire, tandis que la prépondérance de la hornblende lui donne une couleur vert foncé et noir verdâtre.

3. *Dolérite.* — La dolérite se compose de feldspath et de pyroxène et est colorée en noir verdâtre, noir brunâtre et noir; elle peut être, ou granulaire cristalline, ou compacte, et renferme souvent des grains de fer magnétique.

4. *Basalte.* — Le basalte ressemble à la dolérite, mais il contient des grains d'un minéral siliceux, coloré en vert bouteille et nommé *olivine* ou *péridot*.

On donne fréquemment le nom de *trapp* ou de roches *trappéennes*, au basalte, à la dolérite et aux diorites, surtout lorsque leur couleur est foncée.

5. *Porphyre.* — Cette roche se compose de feldspath à l'état compact et renferme des cristaux de feldspath d'une couleur plus pâle et souvent blanchâtre, de telle sorte que sa surface polie semble couverte de fragments anguleux.

Le granite, la dolérite, le basalte et les autres roches

sont dits *porphyriques* lorsque le feldspath s'y trouve en cristaux distincts.

Un grand nombre de porphyres sont d'origine *métamorphique* et ne sont pas de véritables roches ignées. Ils consistent quelquefois en partie de hornblende ou de quartz.

6. *Trachyte.* — Cette roche est formée de feldspath ; elle possède une surface de fracture rude au toucher, renferme habituellement de petites cellules à air et des cristaux disséminés de feldspath vitreux.

7. *Lave.* — On nomme ainsi une roche qui s'est écoulée en torrents par l'orifice d'un volcan, surtout si elle contient des cavités ou, en d'autres termes, si elle est plus ou moins scoriacée. Sa composition se rapporte en général à celle de la dolérite, du basalte ou du trachyte.

8. Les *scories* sont des laves légères, remplies de cavités, qui leur donnent une ressemblance avec l'éponge, et la *pierre-ponce* est une scorie feldspathique blanche ou grisâtre, d'apparence fibreuse par suite de la disposition de ses cellules longues et étroites.

Dans ces dernières années, on a appliqué avec succès le microscope à l'étude des roches, et l'on a déduit de leur examen les résultats les plus intéressants et les plus inattendus sur leur composition intime et leur genèse. On use un fragment de la roche jusqu'à la réduire à l'épaisseur de un ou deux centièmes de millimètre, et on l'observe ensuite à un grossissement plus ou moins fort, en lumière simple ou polarisée. Presque tous les éléments minéraux, devenus transparents par suite de leur minceur extrême, sont alors susceptibles d'être reconnus à leurs caractères physiques. Les progrès de cette science, nommée pétrologie microscopique et fondée par Sorby, ont été tels qu'il n'est, pour ainsi dire, aucune des opérations de la chimie et de la physique qui ne puisse être accomplie sur des minéraux mesurant à peine quelques centièmes de millimètre. A son grand avantage, la géologie entre aujourd'hui dans le domaine des sciences expérimentales et par conséquent exactes.

II. — CONDITION, STRUCTURE ET ARRANGEMENT DES MASSES ROCHEUSES

Les roches qui viennent d'être décrites sont les éléments principaux composant les grandes masses de notre globe; celles-ci se rencontrent sous trois états : 1° *stratifiées;* 2° *non stratifiées*; et 3° *en veines.*

1° **Roches stratifiées.** — Les roches stratifiées sont celles qui sont disposées en lits ou strates, du mot latin *stratum, couche.* Les strates rocheuses de la terre ont une vaste étendue et recouvrent souvent des milliers de kilomètres carrés. Les lits stratifiés exposés à nos regards sur la surface terrestre ont une superficie de beaucoup supérieure à celle des roches non stratifiées.

La figure 10 montre une section des roches qui bordent

Fig. 10

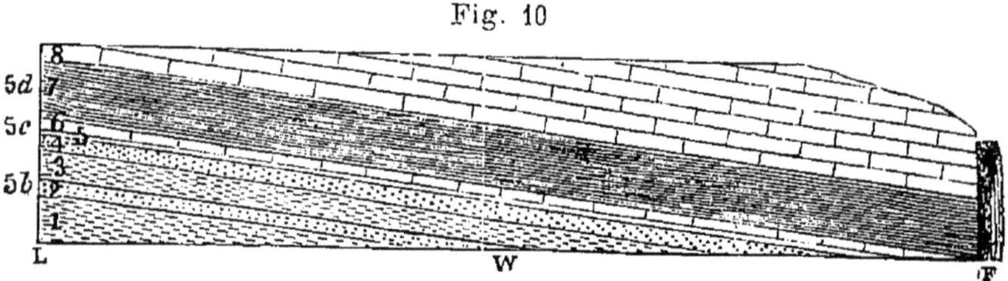

la rivière au-dessous des chutes du Niagara, et peut donner une idée des alternances qui se produisent dans les strates. Sur une hauteur totale de 77 mètres (50 mètres aux chutes, en F), il existe à gauche six strates différentes visibles et une partie de deux autres, la couche supérieure et la couche inférieure, ce qui forme un total de huit. 1 est un grès argileux gris, 2 un grès et un schiste argileux gris et rouge, 3 un grès dur laminaire, 4 un grès rougeâtre et un grès schisteux, 5 un schiste, 6 un calcaire, 7 un schiste et 8 un calcaire. Deux seulement de ces strates, 7 et 8, sont visibles aux chutes en F. Cet exemple montre que, dans les régions de roches stratifiées, les alternances sont nombreuses et variées.

Il ne faudrait pas cependant en déduire que la terre est couverte d'une série régulière d'enveloppes, toujours identique dans toutes les contrées; une telle supposition serait en effet très loin de la vérité. On trouve dans certains pays un grand nombre de couches qui ne se rencontrent pas dans d'autres, et chacune d'elles varie beaucoup dans les diverses régions; dans l'une on aura par exemple des calcaires, et dans l'autre des grès.

Une *strate* est un lit de roches renfermant toutes les différentes variétés qui sont déposées ensemble, comme les numéros 1, 2, 3, 4, 5, 6, 7 ou 8 dans la figure précédente.

Une *formation* comprend les diverses strates qui ont été formées durant le même âge ou la même période. On donne souvent le nom de *groupe* à la subdivision d'une formation, renfermant deux ou plusieurs strates s'y rapportant.

Un *lit* est une des subdivisions de la strate, laquelle peut consister en un nombre quelconque de *lits*.

2. **Roches non stratifiées.** — Les roches non stratifiées sont celles qui ne sont pas disposées en lits ou en couches. Des masses montagneuses de granite n'offrent souvent aucune apparence de stratification. La plupart des laves des volcans se sont écoulées en torrents successifs, ce qui fait que les montagnes volcaniques sont en général stratifiées. Cependant, dans certaines contrées volcaniques, les roches forment des sommités élevées sans stratification. Quoique les véritables granites ne montrent aucun indice de stratification proprement dite, souvent ils passent insen-

siblement à l'état de gneiss, roche stratifiée, ce qui semblerait prouver que le granite est une roche stratifiée, qui a perdu l'apparence de sa texture primitive par suite de la cristallisation qu'elle a éprouvée postérieurement.

3. **Roches en veines.** — Lorsque les roches ont été fracturées, on nomme *veines* les fissures ainsi ouvertes, qui ont été ensuite remplies soit d'une matière rocheuse quelconque, soit de minerais métalliques. Il en résulte que les veines sont grandes ou petites, profondes ou superficielles, isolées ou réticulées, selon le caractère des fractures dans lesquelles elles ont été formées. Leur puissance peut ne pas dépasser celle d'une feuille de papier, et atteindre plusieurs mètres et même plusieurs dizaines de

Fig. 11.

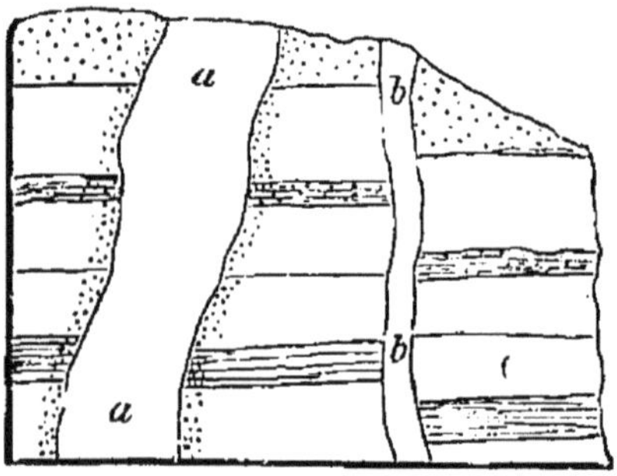

Fig. 12.

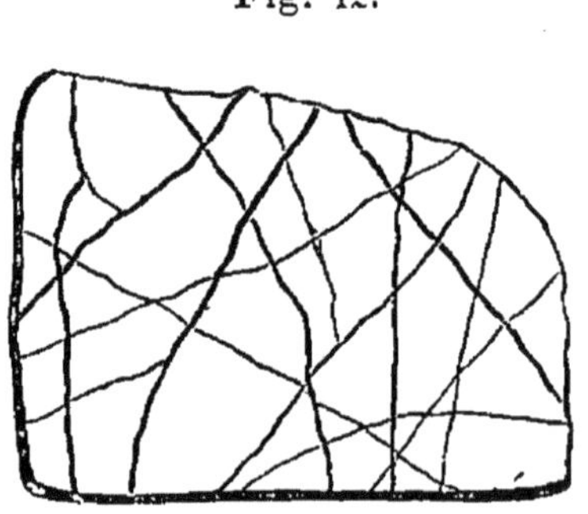

mètres. Les figures 11, 12, 13 et 14 représentent les dispositions affectées par quelques-unes d'entre elles. La

Fig. 13.

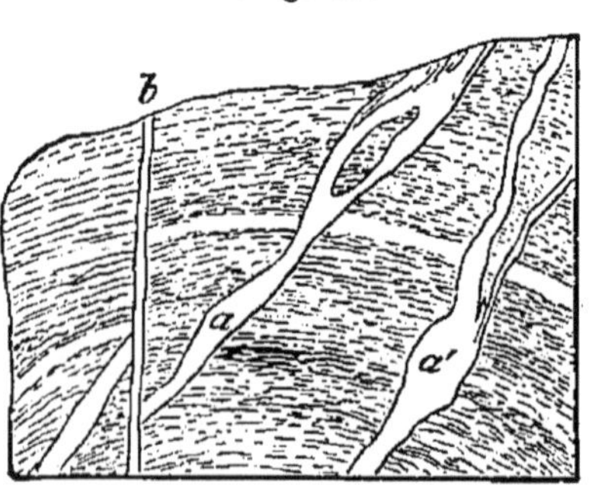

Fig. 14.

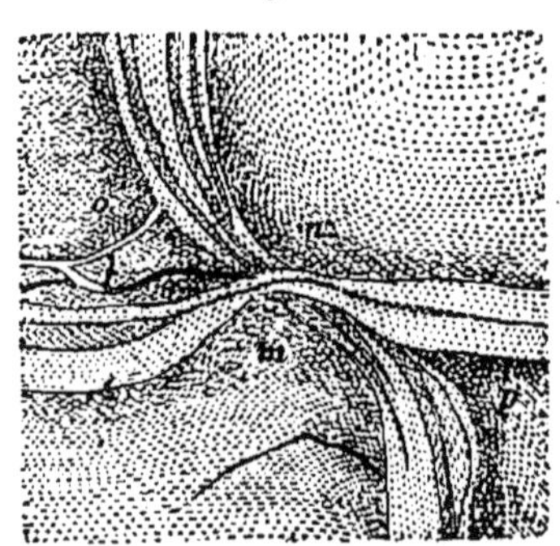

figure 11 montre deux veines *a* et *b*; la figure 12 est un réseau de veines minces; la figure 13, deux veines de forme irrégulière, variété assez commune; la figure 14, deux larges veines de caractère encore plus irrégulier et se croisant réciproquement.

Beaucoup de veines ont une structure rubanée. Dans la figure 15, les lits 1, 3, 6, consistent en quartz, 2, 4 en un

Fig. 15.

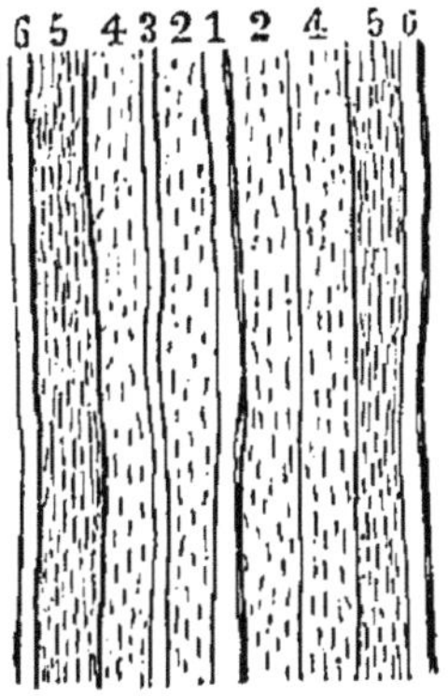

Fig. 16.

granite gneissoïde, 5 en gneiss. Un grand nombre de filons métalliques offrent cette disposition : les minerais s'étendent suivant une ou plusieurs bandes alternant avec d'autres bandes pierreuses se composant de diverses substances ou matières minérales, telles que la calcite, le quartz, le spath fluor, etc.

Les veines qui ont été remplies de matières en fusion, sont ordinairement nommées *dykes;* elles ne sont pas rubanées, leurs parois sont régulières, et les roches qui les encaissent sont ignées. Leur structure est fréquemment transversalement colonnaire. La figure 16 représente un dyke et montre sa structure colonnaire transversale.

4. **Relation existant entre les roches stratifiées, les roches non stratifiées et les veines de la croûte terrestre.** — Les relations qui existent entre les roches stratifiées et non stratifiées, dans l'intérieur de la croûte terrestre, seront facilement comprises lorsqu'on connaîtra l'origine de celle-ci.

On pense que cette croûte est l'extérieur refroidi du globe à l'état de fusion. Après que la première solidification se fut opérée à la surface de la sphère, l'océan commença à donner naissance, du côté de l'extérieur, à des roches stratifiées par suite de l'usure des premiers matériaux solidifiés et du dépôt des sables et de la boue ainsi produits. Le refroidissement, se continuant très lentement, forma plus tard les roches inférieures cristallines non stratifiées lesquelles à leur tour furent en partie, sinon en totalité, recouvertes de strates par l'océan. Par conséquent les vraies roches non stratifiées, c'est-à-dire celles qui ne l'étaient pas à l'époque de leur première formation, occupent sur notre globe une étendue très restreinte. Le granite ordinaire lui-même, n'appartient généralement pas à cette catégorie. Les veines résultent de fractures de la croûte et leur distribution est par suite des plus limitées.

ROCHES STRATIFIÉES

1° Structure.

1. *Structures massive, laminaire et schisteuse.* — Nous avons déjà expliqué ce qu'on entend par structures massive, laminaire et schisteuse des lits. La première de ces dispositions est représentée en *a* (fig. 17), la seconde en *b*, la troisième en *c*. Observons que le grès est plus ou moins laminaire selon la proportion d'argile ou de matériaux argileux qu'il contient, et l'on peut appliquer cette même observation au calcaire.

2. *Structure en plage* — La structure en plage est indiquée figure 17 *d*. La couche au lieu d'être composée de matières uniformément étalées, est formée d'un grand nombre de petits lits irréguliers diversement mélangés de sable et de cailloux et d'une étendue peu considérable. Cette disposition se produit sur les bords de la mer et se

montre chaque fois que l'intérieur de ces terrains est rendu accessible à la vue par une coupe transversale.

3. *Structure en flux et reflux.* — On voit cette structure en *e* (fig. 17). Dans ce cas, la couche se compose de lits

Fig. 17.

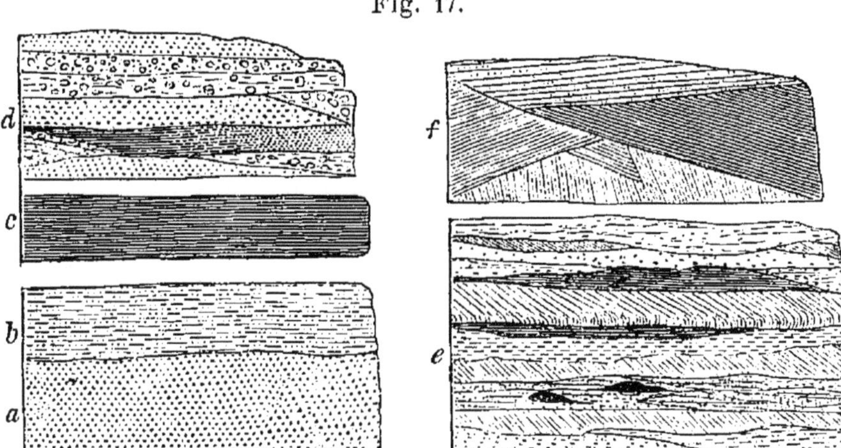

irréguliers ressemblant à ceux du cas précédent, quoique de plus grande étendue, en partie laminés obliquement et en partie laminés horizontalement par alternance. Cette disposition prend naissance dans les endroits où les courants sont intermittents ou renversés sous l'action, par exemple, des vagues puissantes et régulières du flux et du reflux des marées.

4. *Structure produite par le vent.* — Une couche ainsi caractérisée est constituée par des lits plongeant dans diverses directions, quelquefois courbés et quelquefois aussi droits (fig. 17. *f*). Les dunes de sable formées par les vents sur les rivages maritimes ont ordinairement cette structure. Les sables chassés sur les amas déjà existant se disposent en lits s'appuyant sur la surface qu'ils enveloppent, et par conséquent s'inclinent suivant un nombre infini d'angles divers. Pendant les ouragans, ils peuvent être partiellement dispersés, mais la dépression se comble postérieurement, et alors les lits, se modelant d'après la

3

nouvelle surface qu'ils recouvrent, prennent des directions différentes. Par une telle suite de destructions et de reconstructions successives, il se forme une couche de sable en lits inclinés d'un côté ou de l'autre, coupés par de nombreuses transitions brusques, ainsi qu'on le voit dans le dessin.

5. *Rides.* — Pour expliquer les rides tracées sur un certain nombre de grès et de roches argileuses (fig. 18), on suppose qu'un mince courant d'eau, lorsqu'il passe sur de la vase ou du sable, en ride la surface par ses vibrations.

6. *Traces de ruissellememt.* — Lorsque, sur une plage, l'eau d'une vague, qui s'étend d'abord puis retourne à la mer, rencontre des coquilles ou des galets logés dans le sable, elle creuse, en ruisselant au-dessous d'eux, de petites raies

Fig. 18. Fig. 19.

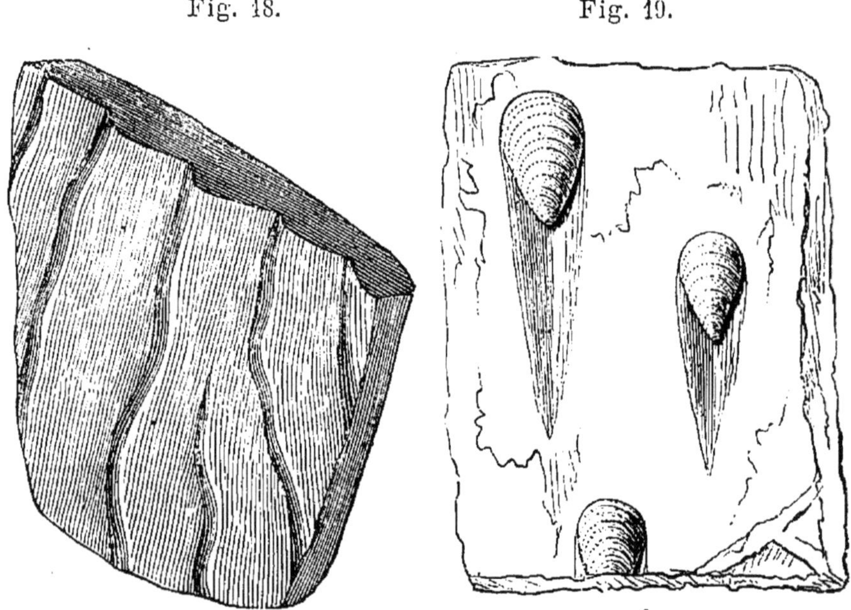

en forme de canaux. La figure 19 montre ces traces autour de coquilles recouvrant un grès silurien.

7. *Craquelures.* — Quand une plaque de boue se dessèche à l'air ou au soleil, elle se fendille sur une épaisseur

de quelques centimètres. La figure 20 représente les craquelures d'un grès argileux, qui, après leur formation, ont été remplies par une matière pierreuse plus dure que la roche elle-même, de sorte qu'elles s'élèvent au-dessus de la surface où elles constituent un réseau de veines.

Fig. 20.

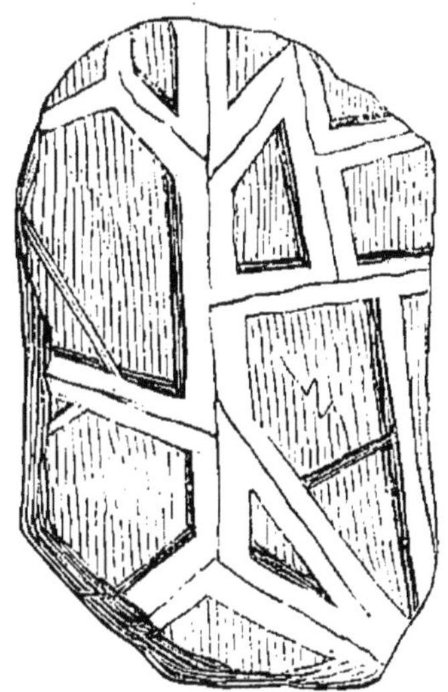

Fig. 21.

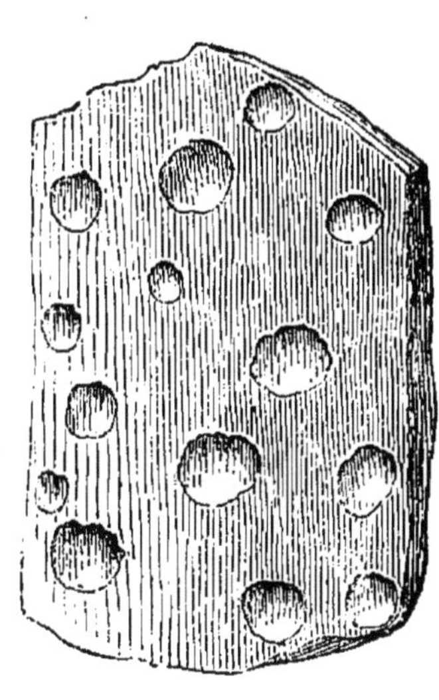

8. *Empreintes de gouttes de pluie.* — Les empreintes de gouttes de pluie sur le sable ou la vase à moitié sèche, ont été souvent conservées sur les roches, ainsi qu'on le voit sur la figure 21.

9. *Structure concrétionnée.* — Les couches renferment fréquemment des sphères ou des disques de roche que l'on nomme *concrétions*, et qui proviennent de cette tendance de la matière à se concrétionner ou à se solidifier autour de centres. Quelques-unes ne sont pas plus grosses que des grains de sable ou du frai de poisson; d'autres ressemblent à des pois ou à des pilules; d'autres, enfin, ont plus de 30 centimètres de diamètre.

La figure 22 montre une forme sphérique; la figure 23 est une roche constituée par des concrétions arrondies qui possèdent parfois une structure concentrique; les concrétions de la figure 24 sont aplaties.

Fig. 22.

Fig. 23.

En général, ces concrétions sont globulaires dans les grès, lenticulaires dans les grès laminaires et en disques

Fig. 24.

Fig. 25.

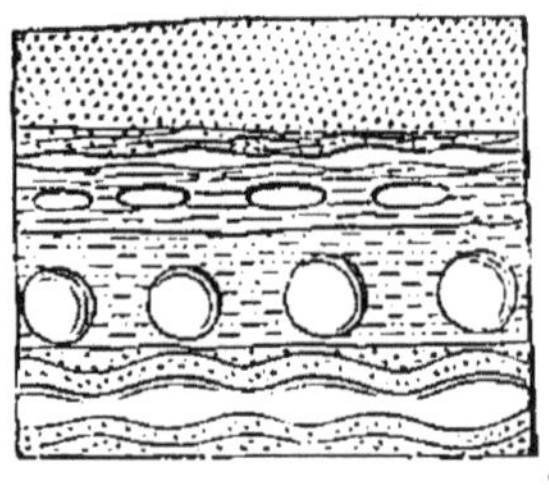

aplatis dans les roches argileuses ou les schistes. On voit toutes ces variétés sur la figure 25. Les boules sont quelquefois creuses et les disques annulaires; fréquemment, aussi, les concrétions ont, à leur centre, une coquille ou un autre corps organique (fig. 26); parfois, elles sont craquelées dans leur intérieur (fig. 27), parce que leur extérieur s'est, dans certains cas, solidifié, tandis que leur

Fig. 26.

Fig. 27.

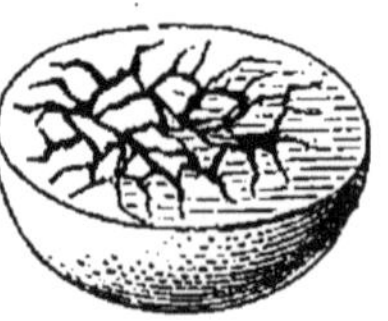

Fig. 28.

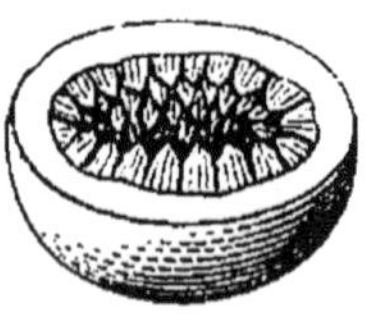

intérieur, d'abord humide, s'est ensuite fissuré en se desséchant; parfois aussi, ces fentes se remplissent d'autres substances minérales, de telle sorte que les concrétions, après avoir été sciées et polies, sont d'une grande beauté. Si elles sont creuses, elles peuvent avoir été incrustées intérieurement de cristaux (fig. 28) tels que le quartz, ou bien être disposées en couches comme dans l'agate et elles forment alors ce que l'on nomme une *géode;* on en rencontre même qui sont complètement pleines. Quelquefois elles renferment une boule isolée dans leur intérieur et constituent alors une concrétion dans une concrétion.

Les colonnes basaltiques (fig. 29), comme on les appelle

Fig. 29.

souvent, sont des colonnes de roches ignées formées par la contraction d'une masse totale se refroidissant après fusion, et leur dimension dépend d'une structure concrétionnée se manifestant postérieurement dans leur intérieur. Les sommets des colonnes sont souvent concaves, ou, du moins, le deviennent, par suite d'une décomposition de la roche qui les constitue.

10. *Structure à joints.* — Les roches d'une contrée sont souvent divisées très régulièrement par de nombreuses faces planes de fracture, toutes parallèles entre elles et les séparant jusqu'à de grandes profondeurs. Certains plans de fracture peuvent caractériser des roches pendant

plusieurs centaines de kilomètres ; on les nomme *joints*, et l'on dit alors que la roche, ainsi divisée, présente une structure à joints. La plupart du temps, la même région offre deux systèmes de joints se croisant entre eux, de façon à partager la roche en blocs rectangulaires, en lui donnant l'apparence d'une fortification ou d'une muraille en ruines, comme on le voit à la figure 30, qui repré-

Fig. 30.

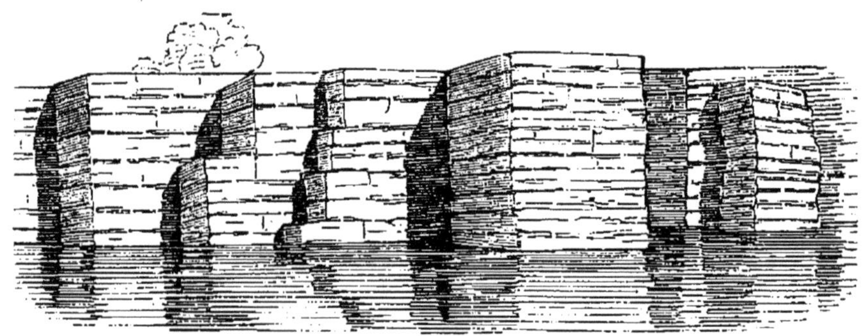

sente l'aspect d'une des rives du lac Cayuga. Les directions de ces joints sont notées par les géologues avec le plus grand soin.

11. *Clivage schisteux.* — Nous avons déjà expliqué ce qu'il fallait entendre par le terme schisteux; mais nous avons passé sous silence un fait important concernant la structure, à savoir que les feuillets sont toujours transverses au sens du dépôt, ou qu'ils croisent les lits de stratification plus ou moins obliquement au lieu de se disposer en lits comme dans la structure schisteuse. A ce point de vue, un clivage schisteux est analogue à une structure à joints; mais il en diffère en ce que les plans de fracture ou de division sont si rapprochés et si nombreux que la roche se partage en écailles au lieu de se diviser en blocs.

Le clivage schisteux est spécial aux roches argileuses finement grenues; si la roche est grossièrement granuleuse ou est formée d'un grès argileux, elle peut avoir une structure à joints, mais elle ne possédera point le vrai clivage schisteux. Dans la figure 31, les lignes de strati-

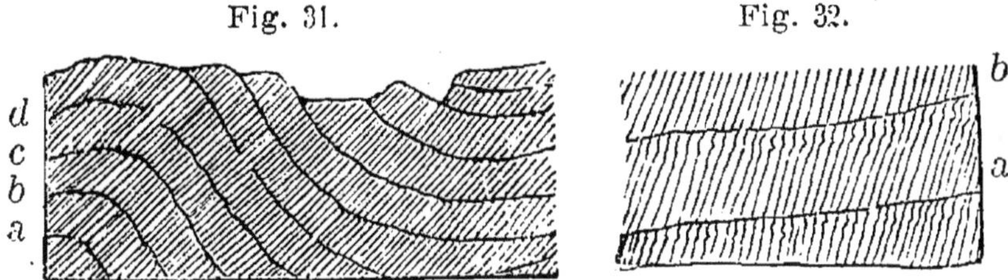

Fig. 31. Fig. 32.

fication sont vues en *a, b, c, d*, tandis que les lignes transversales correspondent à la direction des schistes. On distingue le même phénomène sur la figure 32 et, en outre, la présence d'une légère irrégularité dans les schistes, le long de la jonction de deux lits.

2° Position des strates.

1° POSITION ORIGINELLE DES STRATES. — *Position horizontale.* — Les roches stratifiées ordinaires étaient jadis des lits de sable, de terre ou d'autres substances minérales étalés, pour la plupart, par les courants et les vagues de l'océan, mais quelquefois aussi par les eaux des lacs et des rivières.

Lorsque la presque totalité des lits qui recouvrent le continent nord-américain fut formée, celui-ci gisait sur une grande étendue au-dessous de l'océan et constituait le fond d'une vaste mer peu profonde. Les principales chaînes de montagnes, les montagnes Rocheuses et les Appalaches, n'étaient pas encore créées, et la surface de la terre submergée était presque horizontale. L'origine marine de ces couches est prouvée par les coquilles, les coraux et les restes de la vie marine qu'elles renferment; la grande étendue des mers continentales est indiquée par des couches d'une superficie de milliers de kilomètres carrés, car certaines d'entre elles s'étendent vers l'ouest depuis les rivages de l'Atlantique jusqu'au Mississipi. Dans des mers aussi vastes, dont le fond était presque uniforme, les dépôts formés par les courants et les vagues étaient entièrement horizontaux, ou à peu près. En s'accroissant, ils se rapprochaient du niveau des eaux, où l'action des vagues en nivelait la surface supérieure au moyen d'accumulations de sable ou de terre, de coquilles ou de coraux. Si le fond s'inclinait très lentement, les accumulations s'établissaient de même tout en augmentant d'épaisseur, et les couches possédaient toujours le même niveau ou la même position *horizontale*.

Beaucoup de strates ont été déposées le long des côtes des continents et ont, par conséquent, pris une position horizontale. Le fond d'un rivage de l'Atlantique, au sud de Long-Island, à une distance de 130 kilomètres de la terre, est tellement uni, que, sur une longueur de 600 à 700 pieds, la profondeur ne s'accroît que de 1 pied de telle sorte que si cette superficie était au-dessus de l'océan, l'œil ne saurait découvrir si elle est ou n'est pas de niveau. Il est évident que les dépôts formés sur les rivages d'une mer intérieure, tout comme ceux de l'océan, seront à très peu près horizontaux.

Les deltas qui se trouvent à l'embouchure des grandes rivières, telles que le Mississipi, couvrent quelquefois des milliers de kilomètres carrés. Ils sont produits par les sables et la terre que le fleuve charrie et qui sont dispersés par les courants des eaux douces et de l'océan. Ils montrent donc sur quelle vaste échelle se sont effectués les dépôts de matière rocheuse, et l'on peut affirmer que bien des couches ont été formées de la même façon que les deltas qui sont toujours horizontaux ou à peu près.

D'autres couches étaient dans l'origine de vastes marécages semblables à ceux que nous voyons actuellement, quoique bien plus considérables. Telle était la condition de ces lits de la formation carbonifère, qui contiennent la houille. Les marais actuels ont une surface horizontale, et les dépôts qui s'y accumulent ont de même une structure horizontale. Un grand nombre de couches de houille contiennent des troncs d'arbre (fig. 33) sortant de l'intérieur du charbon et toujours disposés verticalement par rapport à la couche, ce qui démontre l'horizontalité de celle-ci à l'époque où elle se formait et où les arbres y croissaient.

Fig. 33.

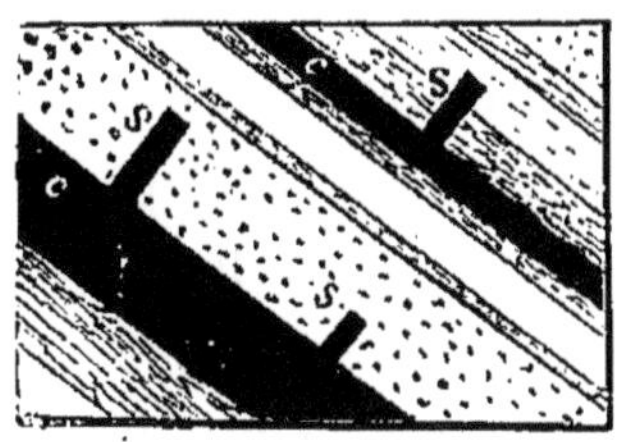

Exceptions. — Lorsqu'une rivière se jette dans un lac ou dans une mer dont le fond, du côté de l'embouchure, est très incliné, les dépôts de détritus formés par cette rivière seront sur une certaine étendue conformes à la pente du fond (fig. 34). Quand un cours d'eau tombe dans un précipice, il crée à son pied un talus escarpé dont les couches, s'il est possible de les observer, prennent la forme extérieure de l'escarpement.

Fig. 34.

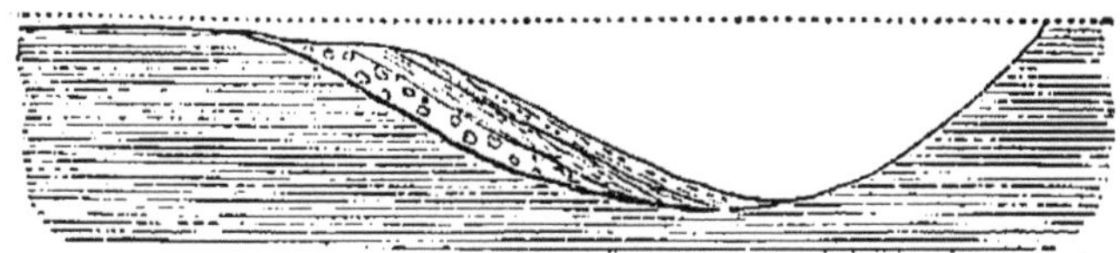

Cependant, ces exceptions et quelques autres n'ont jamais qu'une importance minime.

2. Dislocation des strates. — La plupart des strates du globe ont perdu leur position horizontale originelle et

sont plus ou moins inclinées; quelques-unes sont même verticales et reposent sur leur tranche.

Parfois elles sont courbées et pliées comme pourrait l'être une feuille de papier, et ces plissements ont jusqu'à des vingtaines de kilomètres d'étendue.

Souvent aussi, elles ont été brisées, et les portions séparées ont été soulevées ou abaissées hors de leur première position, de telle sorte qu'une partie de strate peut, d'un côté de la fracture, être située à quelques pouces, quelques mètres ou même quelques kilomètres au-dessous de l'autre partie.

Il a été établi que l'épaisseur des roches ouvertes aux observations géologiques atteint 25 à 30 kilomètres. Cette assertion ne serait point exacte pour le cas où toutes les strates occuperaient leur position horizontale originelle ; la plupart du temps elles n'excèdent pas alors la dimension des plus hautes montagnes. Mais les révolutions éprouvées par la croûte terrestre ont souvent porté à la surface l'extrémité des strates. Quelle que soit la profondeur à laquelle puissent s'enfoncer les strates, aucune raison ne s'oppose à croire que le tout n'ait été assez soulevé pour affleurer sur quelques parties de la surface terrestre.

Les termes employés pour décrire la position des strates sont les suivants :

1. *Affleurement.* — On nomme ainsi les portions ou les bords d'une strate soulevée de l'intérieur et apparaissant à la surface (fig. 35).

2. *Plongement.* — Le plongement est l'angle d'inclinaison d'une strate inclinée ou plongeante. Dans les figures 35, 36, *dp* est la direction du plongement. L'angle de pente et la direction sont notés à la fois par les géologues, de façon qu'un lit aura un plongement de 50°, ou de 45° N.-O., par exemple.

Lorsque les bords seulement des lits sont exposés à la vue, il n'est pas prudent de prendre la pente de ces bords pour celle des lits eux-mêmes. C'est ainsi que, dans la

Fig. 35.

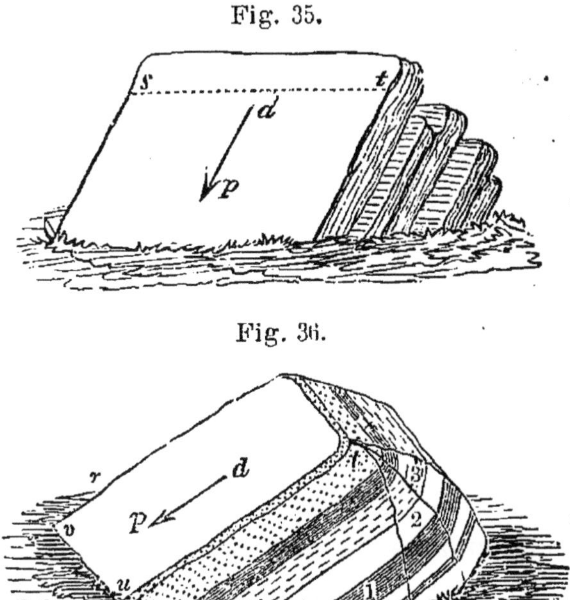

Fig. 36.

figure 36, les bords sur les faces 1, 2, 3, 4 appartiennent tous aux mêmes lits, tandis que ceux de la face 1, donneront seuls le vrai plongement.

On mesure le plongement au moyen d'instruments nom-

Fig. 37.

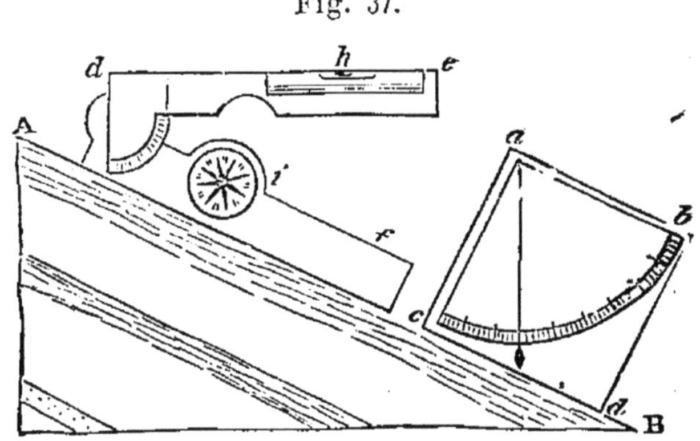

més *clinomètres.* *a b c d* (fig. 37), est un bloc de bois

carré muni d'un arc gradué *b c* et d'un fil à plomb suspendu en *a*; en plaçant cet instrument sur une surface inclinée AB, la position du fil donnera l'angle de plongement. Cette sorte de clinomètre est souvent disposée en forme de montre et combinée à une boussole. Dans la même figure, *edf* représente un autre clinomètre ayant un niveau sur la branche *de*; lorsque la branche *df* est placée sur une surface inclinée, on redresse *de* jusqu'à le rendre horizontal ce qui est indiqué par le niveau; le plongement est alors donné par l'angle compris entre les deux branches et mesuré par l'arc de cercle qui leur sert de charnière. Afin d'obvier aux erreurs qui pourraient résulter de l'inégalité de la roche, on y superpose d'abord un livre ou un fragment de planche sur la surface duquel on opère la mesure.

3. *Direction.* — On donne ce nom à la direction horizontale perpendiculaire au plongement, *st* dans la fig. 35. Souvent la vraie direction est indiquée par la ligne d'affleurement.

4. *Faille.* — Lorsque des couches ont été fracturées et que les parties en ont été déplacées (fig. 38), ce déplace-

Fig. 38.

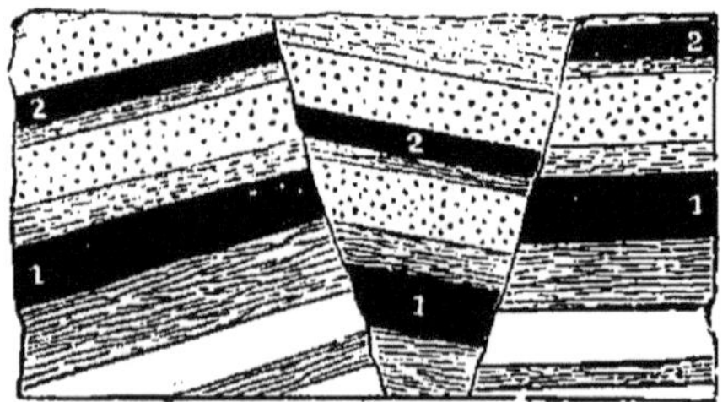

ment porte le nom de *faille*. Les couches de houille 1 et 2 présentent des failles en deux endroits, et la quantité dont une des parties s'est abaissée, est précisément égale à celle dont s'est élevée l'autre partie.

5. *Plissement et courbure.* — On nomme ainsi un

mouvement de strates suivant des plans courbes, ainsi qu'on le voit, figure 39 et figure 40 qui représentent une

Fig. 39.

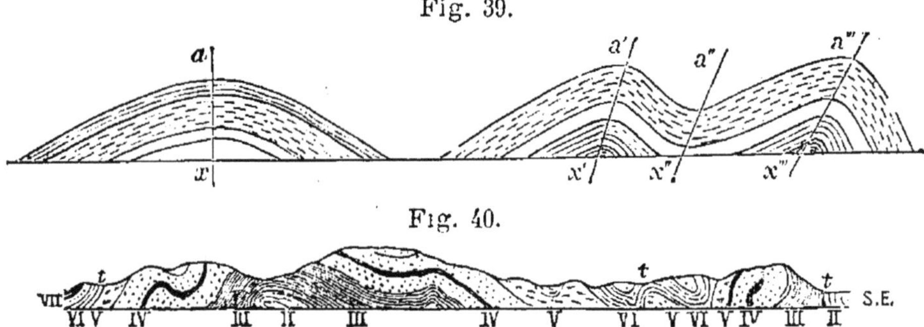

Fig. 40.

coupe des monts Appalaches en Virginie. Dans la figure 39, ax est l'axe ou le plan axial du plissement.

6. *Anticlinal.* — Lorsque des strates s'inclinent à partir d'une ligne commune dans des directions opposées, et que les lits se continuent de chaque côté de ax (fig. 39) on appelle cet axe: *axe anticlinal,* et une chaîne de montagnes composée de semblables strates est dite *chaîne anticlinale.*

7. *Synclinal.* — C'est la figure formée par des strates s'élevant dans des directions opposées à partir d'une ligne commune. $a'x'$, $a'''x'''$ sont des *axes anticlinaux* (fig. 39), tandis que $a''x''$ est un *axe synclinal;* les uns séparent des *montagnes anticlinales* et l'autre une *vallée synclinale.*

8. *Dénudation.* — Ce phénomène se présente lorsque le sommet d'un plissement (fig. 41), a été coupé suivant ab;

Fig. 41. Fig. 42.

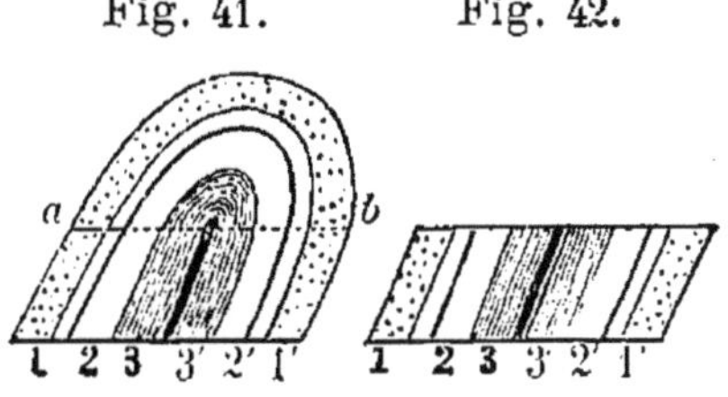

il n'en reste alors que la portion indiquée sur la figure 42, dans laquelle il n'existe plus aucune apparence de plissement, mais seulement une série de plongements uniformes. Quoique 1', 2', 3' puissent sembler les strates les plus basses de la série, elles ne constituent que des portions de 1, 2, 3. Une longue suite de pareils plissements, pressés l'un contre l'autre, forment une série de plongements uniformes sur une vaste étendue de pays.

L'érosion des montagnes par les eaux a souvent produit de pareils effets dans les régions qui abondent en roches de plissement.

Dans d'autres cas, une érosion semblable a fait disparaître les roches sur de grandes étendues de terrain, ou rempli des dépressions intermédiaires, de telle sorte que les roches ne sont visibles qu'à de longs intervalles (fig. 43) et que les failles qui peuvent exister sont cachées

Fig. 43.

à la vue. Bien des difficultés inhérentes à l'étude des roches dépendent de cette cause.

9. *Strates discordantes.* — Lorsque des strates ont été soulevées ou abaissées et qu'elles ont été subséquemment recouvertes de lits horizontaux, on dit que les deux parties ont un plongement discordant. Ainsi, (fig. 44), les lits

Fig. 44.

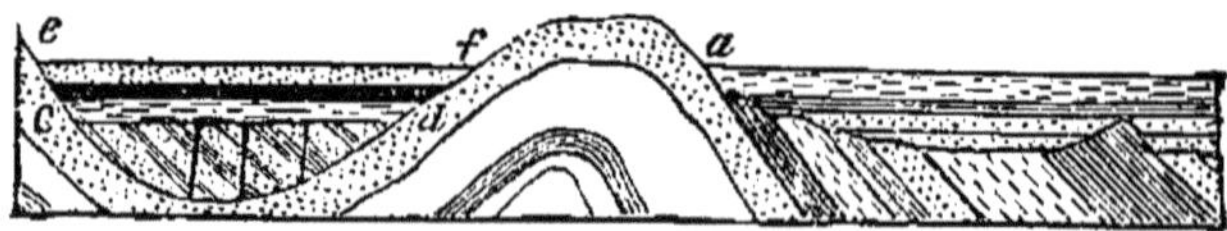

ab sont en discordance avec ceux placés au-dessous, et il en est de même de *cd* relativement à *ef*.

Il est évident que les roches plissées de la figure 44 sont les plus anciennes et qu'elles ont subi leur mouvement avant que *ab* ou *ef* fussent déposées. Réciproquement, il est clair que les lits *cd* sont plus anciens que les lits *ef* puisqu'ils ont été plissés avant la formation de ceux-ci. C'est ainsi que le géologue arrive à déterminer les périodes relatives d'occurrence dans la suite des temps géologiques. S'il est possible de fixer l'âge précis des trois séries de roches représentées, ce qui arrive généralement, on conçoit que les époques de soulèvement seront encore plus exactement déterminées.

3° **Ordre de l'arrangement des strates.**

Nous avons expliqué comment il se fait que les strates sont les souvenirs historiques des conditions d'existence éprouvées dans le passé par la surface terrestre. Il en résulte que, pour que ces souvenirs puissent former une histoire intelligible, il faut que toutes les parties en soient rangées selon leur ordre véritable, c'est-à-dire suivant l'ordre des temps. Cette détermination est le premier objet que doit se proposer un géologue en se livrant à l'examen d'une contrée.

Il se présente ici plusieurs difficultés.

1. Il arrive que les strates d'une même période ou d'un même *temps*, dites *équivalentes* parce que leur âge est équivalent, diffèrent sur un même continent. Souvent il se formait des grès et des schistes dans une certaine portion d'une même contrée, tandis que des calcaires étaient en voie de progrès dans une autre portion. La formation crétacée en Angleterre contient d'épaisses couches de craie, et pourtant il n'existe aucune trace de cette substance dans la même formation de l'Amérique du Nord.

2. Tandis que des roches se formaient dans une région, elles restaient stationnaires dans beaucoup d'autres. Il en résulte que les séries de couches servant de souvenirs pour les événements géologiques ne sont pas parfaites en

tous lieux. Dans une certaine contrée, une portion sera très complète et une autre portion dans une autre contrée; mais leur ensemble présentera de larges lacunes, c'est-à-dire de vastes parties de la série complètement absentes.

Dans la Grande-Bretagne, l'épaisseur totale au-dessus des roches non fossilifères est d'environ 21,300 mètres. Pour fixer une pareille valeur on fait la somme des plus grandes épaisseurs de chacune des strates successives, évaluation qui peut très bien excéder l'épaisseur réelle en un point déterminé.

3. Les roches d'une contrée sont sur une grande étendue recouvertes de terre végétale; aussi n'est-il possible de les examiner qu'en des points éloignés les uns des autres.

4. Les strates, dans beaucoup de pays, ont été déplacées, pliées, brisées, soulevées et même cristallisées sur une grande étendue, ce qui ajoute de sérieuses difficultés aux recherches des explorateurs.

Les méthodes employées pour la détermination exacte de l'ordre de l'arrangement des roches sont les suivantes :

A. Sur les sections des roches exposées à la vue sur les flancs des allées et des montagnes, on peut étudier directement l'ordre de superposition et suivre les traces de chaque couche aussi loin que possible sur toutes les parties exposées à la vue.

Lorsque, sur de grands intervalles, la superposition de la terre végétale ou de l'eau empêche le tracé des lits, on doit se servir d'autres procédés.

B. L'aspect ou la composition de la roche peut aider à déterminer quelles sont les strates qui sont identiques. Cependant cette méthode doit être employée avec précaution par suite de la raison exposée ci-dessus; en effet, des roches de création simultanée peuvent être très différentes, et réciproquement celles qui ont été formées dans des périodes très différentes semblent parfois être absolument de couleur et de texture identiques.

C. Les fossiles offrent le meilleur moyen de déterminer l'identité, par suite du fait mentionné plus loin que les fossiles d'une époque sont, sur tout le globe, très semblables en genres sinon en espèces, et que ceux d'époques différentes sont différents.

Comme les variétés de fossiles appartenant à chaque période et à chaque âge sont parfaitement bien connues, et que l'on en a publié des catalogues et des figures, il suffit, en commençant l'investigation d'une strate, de rassembler ses fossiles, de les étudier avec soin et de les comparer avec les figures et les descriptions données dans les ouvrages spéciaux. C'est ainsi que l'on a prouvé que la formation crétacée existe dans l'Amérique du Nord, bien qu'on n'ait pu découvrir de craie dans cette contrée. C'est encore de cette façon que l'on a pu fixer, en Amérique, les équivalents des roches de la Grande-Bretagne, de l'Europe, de l'Asie et même de l'Australie. Parmi tous les procédés d'investigation que nous avons cités, celui-ci est universel, car il s'applique à l'équivalence de roches appartenant à des hémisphères différents aussi bien qu'à un même continent.

Les pages suivantes, sur le règne animal et le règne végétal, ont été insérées à cette place, afin de préparer l'élève à l'étude de la seconde partie de cet ouvrage traitant de la Géologie historique, science dans laquelle les progrès de la vie jouent un rôle éminent.

1. Animal. — Un animal est un être vivant, soutenu par une alimentation reçue dans une cavité interne nommée estomac par l'intermédiaire d'une ouverture appelée bouche. Il est capable de percevoir l'existence d'autres objets au moyen de un ou plusieurs sens. Il a, sauf quel-

ques espèces inférieures, une tête, siège d'un pouvoir de mouvement volontaire et contenant la bouche; il possède une structure fondamentale antérieure et postérieure, la tête étant située à l'extrémité antérieure; il se meut généralement en avant. Il naît d'un germe et s'accroît en puissance mécanique jusqu'au moment où il parvient à sa taille adulte; enfin, pendant les phénomènes de sa respiration et de sa croissance, il dégage de l'acide carbonique et absorbe de l'oxygène.

2. *Plante.*— La plante est un être vivant, soutenu par une alimentation prise au milieu extérieur au moyen de feuilles et de racines, incapable de perception, privé de sens, de tête, de pouvoir de mouvement volontaire et de bouche. Elle possède une structure fondamentale supérieure et inférieure, et, à peu d'exceptions près, est fixée au sol. Elle naît d'un germe ou d'une semence, et, depuis sa naissance, son pouvoir mécanique ne s'accroît pas. Pendant le phénomène de la végétation, elle dégage de l'oxygène et absorbe de l'acide carbonique.

III. Règne animal

1. Structure animale.

La nature d'un animal exige, pour le plein développement de ses facultés, les parties suivantes :

1. Un estomac et ses dépendances pour transformer les aliments en sang, et un appareil pour éliminer les substances devenues sans utilité.

2. Un système de vaisseaux propres à transporter le sang dans l'intérieur du corps, et à provoquer ainsi l'accroissement et le renouvellement de sa structure.

3. Un cœur ou pompe foulante envoyant le sang à travers les vaisseaux.

4. Un appareil respiratoire (poumons ou branchies) des-

tiné à amener l'air dans l'intérieur du système; en effet, l'accroissement et le renouvellement exigent que l'oxygène de l'atmosphère se mette en rapport avec le sang, de même que la combustion exige la présence de l'air pour que le combustible puisse brûler.

5. Des muscles ou fibres contractiles, qui agissent par une suite de contractions et de distensions et mettent en mouvement les parties du corps ou membres.

6. Une cervelle ou masse de matière nerveuse contenue dans la tête, et un système de nerfs, se subdivisant dans l'intérieur du corps, servant de siège à la volonté, au pouvoir de sensation et de mouvement et dirigeant dans l'intérieur du corps les déterminations de la volonté et la sensation.

Dans la forme la plus basse de la vie animale, dans quelques protozoaires microscopiques, par exemple, l'estomac n'est pas une cavité permanente, mais il est formé dans la masse des tissus partout où une particule d'aliment vient en contact avec le corps. En d'autres termes, un estomac est immédiatement créé à l'endroit même où la nécessité s'en fait sentir. Dans les espèces d'un degré un peu plus élevé, les polypes, par exemple, il existe une bouche et un estomac munis de muscles, un système nerveux imparfait, à moins qu'il ne soit complètement absent, et un appareil respiratoire s'étendant sur toute la surface du corps; mais ces animaux ne possèdent pas de cœur distinct, et sont ordinairement fixés à un support.

2. Subdivisions du règne animal.

Il existe quatre plans de structure distincts d'après lesquels sont faits les animaux, et les espèces qui correspondent à chacun d'eux forment ce qu'on appelle un *sous-règne* du règne animal. Ces quatre sous-règnes ou plans de structure sont les suivants :

1. Les **Vertébrés** (homme, quadrupèdes, oiseaux, reptiles et poissons) ont un squelette interne formé de pièces jointes, dont la portion postérieure se nomme *colonne vertébrale*, et dont chaque joint est une *vertèbre*.

Les autres sous-règnes n'ont pas de squelette interne formé de pièces jointes.

2. Les **Articulés** (insectes, araignées, crabes, homards, vers) ont le corps et ses dépendances, telles que les pattes, etc., articulés, c'est-à-dire constitués par une série de joints.

3. Les **Mollusques** (huitres, limaces, escargots, seiches) ont un corps mou, charnu, sans articulations ou joints; et il en est de même de leurs pattes, lorsqu'elles existent.

4. Les **Rayonnés** (polypes, méduses, oursins, étoiles de mer) possèdent un corps disposé en étoile intérieurement ou extérieurement, c'est-à-dire tel que les parties rayonnent autour de la bouche et de l'estomac, comme dans une fleur ou une orange les parties rayonnent autour d'un centre ou d'un axe central.

Les animaux rayonnés ont un type de structure qui leur fait prendre place immédiatament après le règne végétal, car les plantes sont aussi des rayonnés; mais ils sont, dans le sens propre du mot, des animaux, parce qu'ils possèdent comme ceux-ci la bouche, l'estomac et les autres organes. Le type de structure, dans chacun des autres sous-règnes, est purement animal.

5. **Protozoaires**. — Outre les espèces ci-dessus mentionnées, il en est d'autres d'une si extrême simplicité, qu'aucun des systèmes déjà décrits n'est apparent en elles et qu'elles sont, par conséquent, dans toute la force de l'expression, des animaux *sans système*. Plusieurs sont même privées de bouche. Cette catégorie renferme les éponges et un nombre immense d'autres espèces si ténues qu'on ne peut les distinguer qu'avec l'aide du microscope.

1. *Sous-règne des Vertébrés.*

Classe 1. **Mammifères.** — Animaux à sang chaud qui allaitent leurs petits comme l'homme, les quadrupèdes, les baleines. Presque tous sont vivipares, quelques-uns, comme l'opossum et les autres *Marsupiaux* sont *semi-ovipares*, le petit étant très peu formé au moment de sa naissance.

Classe 2. **Oiseaux.** — Animaux à sang chaud respirant dans l'air, ovipares, couverts de plumes et dont les membres antérieurs sont en forme d'ailes plus ou moins parfaites.

Classe 3. **Reptiles.** — Animaux à sang froid, respirant dans l'air, ovipares, recouverts d'écailles ou simplement d'une peau nue. Ils se divisent en deux groupes : — 1° *Reptiles proprement dits* (crocodiles, lézards, tortues, serpents) respirant à l'aide de poumons et par conséquent dans l'air, aussi bien dans leur jeunesse que plus tard, et ressemblant sous ce rapport aux oiseaux et aux quadrupèdes; 2° *Amphibies* (grenouilles et salamandres), qui, dans la jeunesse, respirent au moyen de branchies et plus tard avec des poumons, l'animal éprouvant alors une métamorphose.

Classe 4. **Poissons.** — Animaux à sang froid, ovipares, respirant avec des branchies et recouverts d'écailles ou simplement d'une peau nue. On peut les diviser en trois groupes principaux :

1. *Téléostéens* (perches, saumons et tous les poissons communs), possédant des écailles membraneuses, un squelette osseux, et les branchies fixées par un seul côté.

Chez plusieurs espèces, les écailles sont dentelées ou semées d'épines sur leur partie interne (fig. 50), tandis que chez d'autres leur bord est lisse (fig. 49), les premières (perches) ont été nommées par Agassiz *Ctenoïdes*, les secondes (saumons) *Cycloïdes*.

2. *Ganoïdes* (brochets et esturgeons). — Ces poissons ont,

les écailles osseuses et ordinairement brillantes et le squelette souvent cartilagineux.

La figure 45 représente un des anciens ganoïdes. La

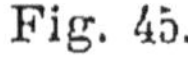

Fig. 45.

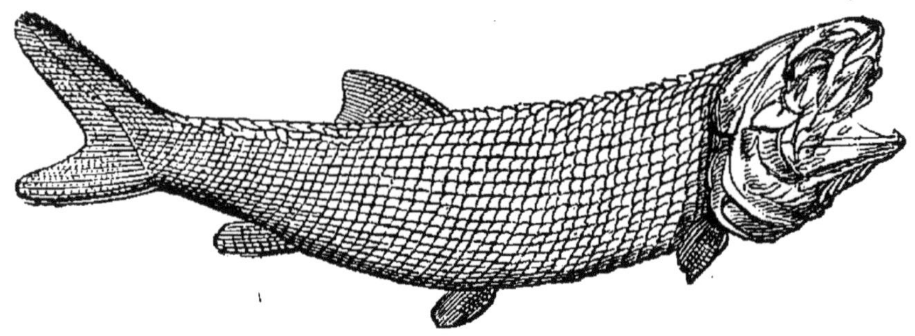

Palœaniscus Freislebeni (× 1/3),

colonne vertébrale s'étend jusqu'à l'extrémité de la queue; leur nageoire caudale est par conséquent vertébrée, tandis

Fig. 46-54.

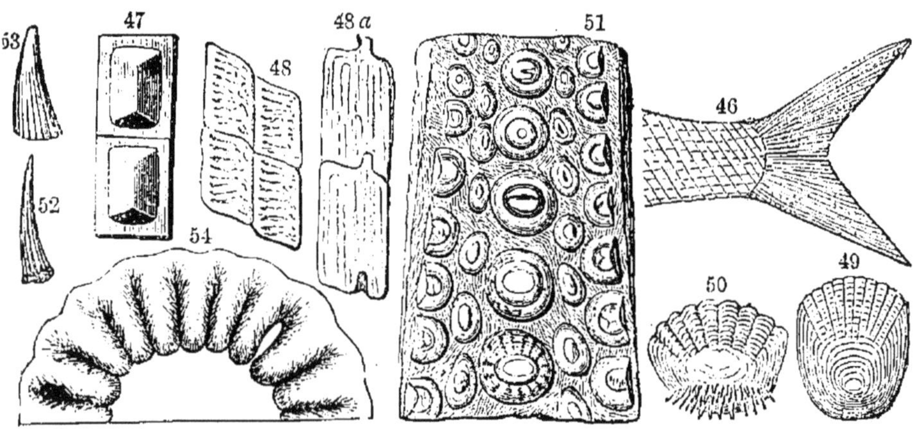

GANOÏDES (excepté 49, 50). — Fig. 46, Queue de Thrissops (× 1/2). — 47, Écailles de Cheirolepis Traillii (× 12). — 48, Palæoniscus lepidurus (× 6). — 48 *a*, Vue du même par-dessous. — 49, Écaille d'un Cycloïde. — 50, Écaille d'un Cténoïde. — 51, Portion du pavage dentaire du Gyrodus umbilicus. — 52, Dent de Lepidosteus. — 53, Dent d'un Cricodus. — 54, Section d'une dent de Lepidosteus osseus.

que, dans les brochets et les téléostéens modernes, la colonne vertébrale s'arrête au commencement de la queue et la nageoire caudale est, par conséquent, non vertébrée (fig. 46). Agassiz nomme la première variété *hétérocerques* et la seconde *homocerques*. Les écailles sont ou rhom-

Fig. 55-65.

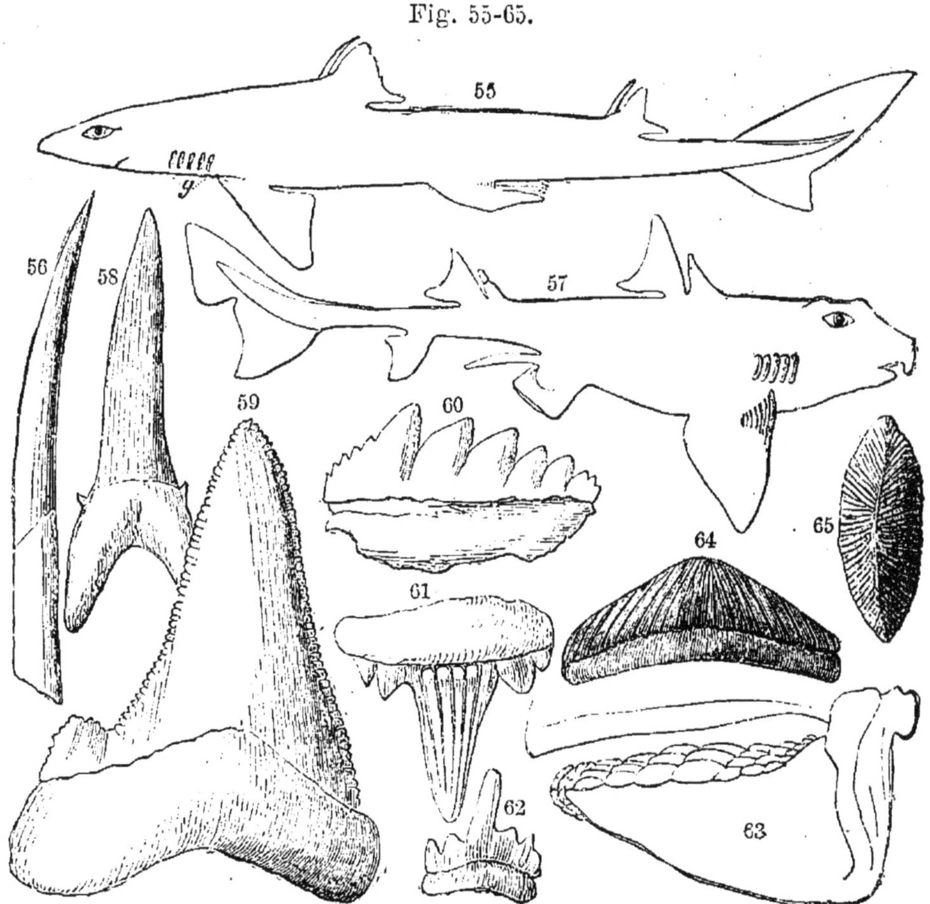

SÉLACHIENS. — Fig. 55, Spinax Blainvillii (× 1/8). — 56, Épine de la nageoire dorsale antérieure, grandeur naturelle. — 57, Cestracion Philippi (× 1/8). — 58, Dent de Lamna elegans. — 59, Dent de Carcharodon augustidens. — 60, Notidanus primigenius. — 61, Hybodus minor. — 62, Hybodus plicatilis. — 63, Bouche de Cestracion montrant le pavage dentaire de la mâchoire inférieure. — 64, Dent d'Acrodus minimus. — 65, Dent d'Acrodus nobilis.

biques (fig. 45, 46), ou arrondies. On voit sur les figures 47 et 48 ces écailles osseuses rhombiques. Les dents (fig. 52, 53), sont plissées ou possèdent une texture ou arrangement intérieur en labyrinthe (fig. 54); un groupe des ganoïdes a le palais recouvert de dents (fig. 51).

3. *Sélachiens* (requins, raies). — Ces animaux ont la peau dure et souvent rendue rugueuse par une multitude de petites pointes, leur squelette est plus ou moins complétement cartilagineux, et leurs branchies sont fixées des deux côtés.

La figure 55 représente un poisson de ce genre, le *Spinax*, dont la bouche est située, comme d'ordinaire, à la partie inférieure de la tête, et qui se fait remarquer par l'épine placée devant chacuned es nageoires dorsales; on voit, figure 56, une de ces épines en grandeur naturelle. La figure 57 montre un autre sélachien, du genre *Cestracion*, vivant dans les parages de l'Australie, caractérisé par sa bouche située à l'extrémité de la tête et par ses dents qui ont l'aspect d'un pavage (fig. 63). Les figures 58 à 62, représentent les dents de divers sélachiens rapportés aux requins, et les figures 64, 65, des dents en pavage des poissons de l'espèce Cestracion. Jadis ces derniers animaux étaient très communs, mais maintenant les seules espèces vivantes connues sont confinées dans les mers de l'Australie.

2. *Sous-règne des Articulés.*

Les articulés se divisent en trois classes; la première renferme les espèces destinées à vivre sur terre et qui, par conséquent, respirent au moyen de vaisseaux à air disposés dans l'intérieur du corps; les deux dernières comprennent les espèces destinées à vivre dans l'eau et, par suite, munies de branchies.

1 **Articulés terrestres**, ou classe des *Insectes*. — Les insectes sont partagés en trois ordres ou grandes divisions, savoir: 1° *Insectes;* 2° *Araignées;* 3° *Myriapodes* ou mille-pattes.

2. **Articulés aquatiques**, comprenant deux classes: 1° *Crustacés* (crabes, homards, etc.); 2° *Vers.*

CRUSTACÉS. — Cette espèce, dont le jeune géologue devra étudier avec beaucoup de soin les principales subdivisions, se divise en trois ordres.

1. Les *Décapodes,* ou espèces à dix pattes, comme les crabes (fig. 67), les homards, les crevettes.

2. Les *Tétradécapodes* ou espèces à quatorze pattes, comme l'isopode (fig. 68) que l'on trouve dans les lieux

Fig. 66-75.

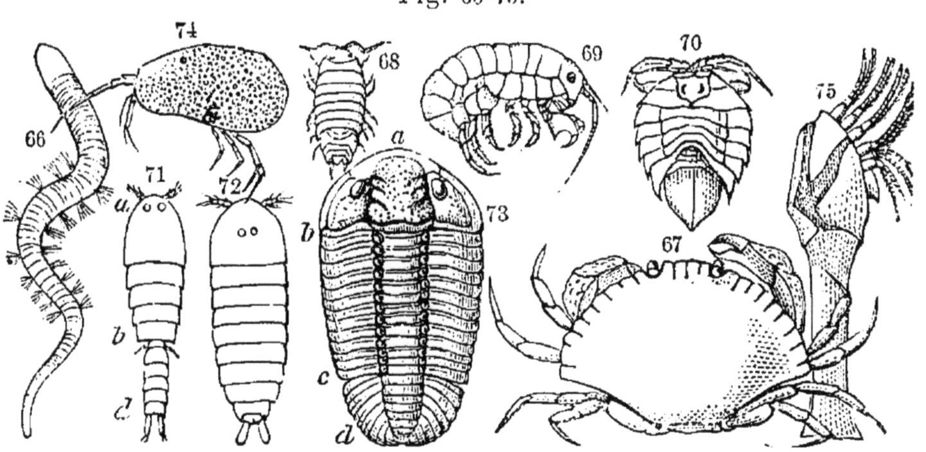

ARTICULÉS. — I, *Vers :* fig. 66, Arenicola piscatorum (× 1/6). — II, *Crustacés :* 67, Crabe de l'espèce Cancer. — 68, Isopode de l'espèce Porcellio. — 69, Amphipode de l'espèce Orchestia. — 70, Isopode de l'espèce Serolis (× 1/2). III, *Entomostracés.* — 71, 72, Sapphirina Iris. — 71, femelle, 72, mâle (× 6). — 73, Trilobite, Calymene Blumenbachii. — 74, Cythere Americana de la famille des Ostracoïdes (× 12). — 75, Anatifa de la tribu des Cirripèdes.

humides, sous les bûches de bois, et l'amphipode des rivages de la mer, qui se rencontre autour des herbes marines (fig. 69), etc.

3. Les *Entomostracés,* ou espèces inférieures, dépourvues de pattes, comme le *Cyclope* et les animaux analogues (fig. 71, 72), *Daphnias, Limulus, Cypris* et autres *Ostracoïdes.* Ces ostracoïdes sont, en général, de petites espèces possédant une coquille comme celle d'un mollusque bivalve (fig. 74), mais sous la coquille desquelles on trouve, au lieu d'un animal comme la limace, un être

ressemblant plutôt à une crevette, dont les pattes sont pourvues de jointures.

Parmi les Entomostracés, on connaît encore les bernacles et autres cirripèdes, dont l'un est représenté figure 75.

Les *Trilobites* (fig. 73), tribu actuellement éteinte, sont des crustacés rapportés aux Entomostracés, bien que leur forme les rapproche plutôt des Tétradécapodes (fig. 68, 70). Leur vraie place est intermédiaire entre ces deux ordres.

3. *Sous-règne des Mollusques.*

Les mollusques se partagent en deux grandes divisions ou classes.

1. *Mollusques proprement dits*, comme la limace, l'escargot et la seiche; 2° mollusques ressemblant aux plantes ou *Anthoïdes*, dont un grand nombre sont attachés à des tiges, comme les fleurs avec lesquelles ils ont quelques points de rapprochement (fig. 84, 85), bien qu'ils ne soient pas rayonnés intérieurement comme les vrais rayonnés.

1. **Mollusques proprement dits.** — On les divise en trois ordres : 1° Céphalopodes, possédant une tête entourée de bras, et de grands yeux; leur coquille, si elle existe, recouvre *extérieurement* le corps, et sauf de rares exceptions, est divisée intérieurement, au moyen de cloisons transversales, en une série de chambres, qui font donner le nom de coquilles *chambrées* aux animaux tels que le Nautile (fig 76) et l'Ammonite (fig. 274). Un petit nombre ont une coquille intérieure chambrée, d'autres un os intérieur droit possédant quelquefois une cavité conique.

2° Céphalés. — Les Céphalés ont une tête munie d'yeux distincts, mais non environnée de bras ; s'ils possèdent une coquille, elle est ordinairement disposée en spirale, comme dans l'escargot (fig. 77) et les autres *univalves*. L'espèce des *Gastéropodes* comprend l'escargot et tous les univalves ordinaires; leur nom, dérivé du grec, indique que ces animaux rampent sur leur ventre qui, par suite, joue le rôle d'un pied. Les *Ptéropodes* (fig. 78), forment une autre espèce, munie, pour se diriger au milieu des eaux, d'une paire de rames en forme de nageoires.

Fig. 76-85.

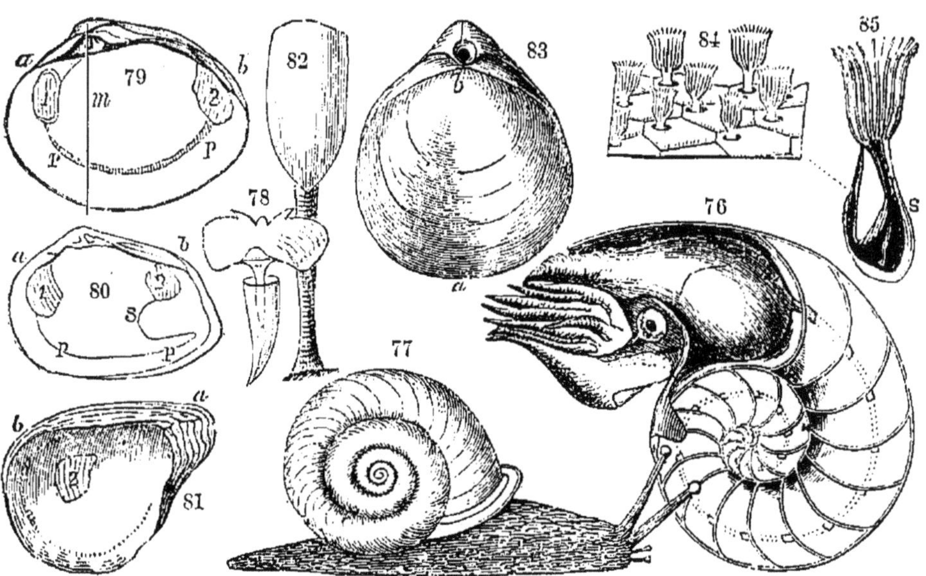

Mollusques. — I. *Céphalopodes :* Fig. 76, Nautile, montrant les cloisons de la coquille et l'animal dans la chambre extérieure. — II. *Gastéropodes :* 77, Hélix. — III. *Ptéropodes :* 78, Cleodora. — IV. *Conchifères :* 79, 80 ; 81, Huître. — V. *Brachiopodes :* Fig. 82, Lingula sur sa tige. — 83, Terebratula montrant l'ouverture *b* par laquelle passe la tige dont l'animal se sert pour se fixer. — VI. *Bryozoaires :* 84, Eschara avec l'animal un peu augmenté. — 85, Un des animaux hors de la coquille, plus augmenté.

3° Acéphalés. — Les Acéphalés n'ont pas de tête proéminente, et leurs yeux, s'ils en possèdent, sont imparfaits; leur coquille est communément en deux parties ou valves, circonstance à laquelle fait allusion le nom de *Bivalves* que portent communément la plupart de ces espèces comme l'*huître*, la *moule* (fig. 79-81). Ces espèces sont aussi nommées *Conchifères*, elles ont de minces branchies lamellaires de chaque côté du corps, ce qui les a souvent fait appeler aussi *Lamellibranches*.

La figure 79 montre l'intérieur d'une valve ; 1 et 2 sont les empreintes des deux grands muscles au moyen desquels l'animal ferme sa coquille, et *pp* est l'empreinte du bord du manteau ou pallium, que l'on nomme empreinte palliale. Ce manteau est une mince membrane s'appuyant à la coquille et qui secrète celle-ci ; les branchies sont comprises entre le manteau et le corps du mollusque. Dans la figure 80, l'impression palliale *pp* présente une courbe infléchie ou sinus s'ouvrant du côté du bord dorsal de la valve. On dit que les coquilles dont l'empreinte est munie d'un sinus sont *sinuspalliales*, et que celles qui en sont privées sont *integripalliales*. La figure 81, qui représente une huître, montre qu'il n'existe qu'une unique, mais large empreinte musculaire.

2. Mollusques anthoïdes. — On les partage en trois groupes.

1° Brachiopodes. — Cette espèce (fig. 82, 83) possède une coquille bivalve comme celle des conchifères, mais dont une des valves est symétrique de part et d'autre d'une ligne médiane, c'est-à-dire qu'en tirant une ligne depuis la pointe jusqu'au bord opposé (de *b* en *a*, fig. 83), les parties de la coquille seront égales de chaque côté. Une ligne semblablement tracée dans les conchifères, divise inégalement la valve (fig. 79). Les animaux ont deux bras intérieurs en spirale qui leur servent de branchies.

2° Ascidiens. — Ces mollusques, dont l'apparence extérieure se rapproche de celle du cuir ou de la chair, n'ont pas de coquille, ce qui rend leur présence difficile à distinguer parmi les fossiles.

3° Bryozoaires. — Espèces de petites dimensions, formant souvent des coraux cellulaires, tantôt en plaques ou en incrustations minces, tantôt en branches délicates comme des feuilles de fougère. Ils comprennent les genres *Cellépores, Flustra,* etc.

4. *Sous-règne des Rayonnés.*

Les Rayonnés se partagent en quatre grandes divisions.

1. **Echinodermes** (fig. 86, 89). — Les Echinodermes ont

Fig. 86-95.

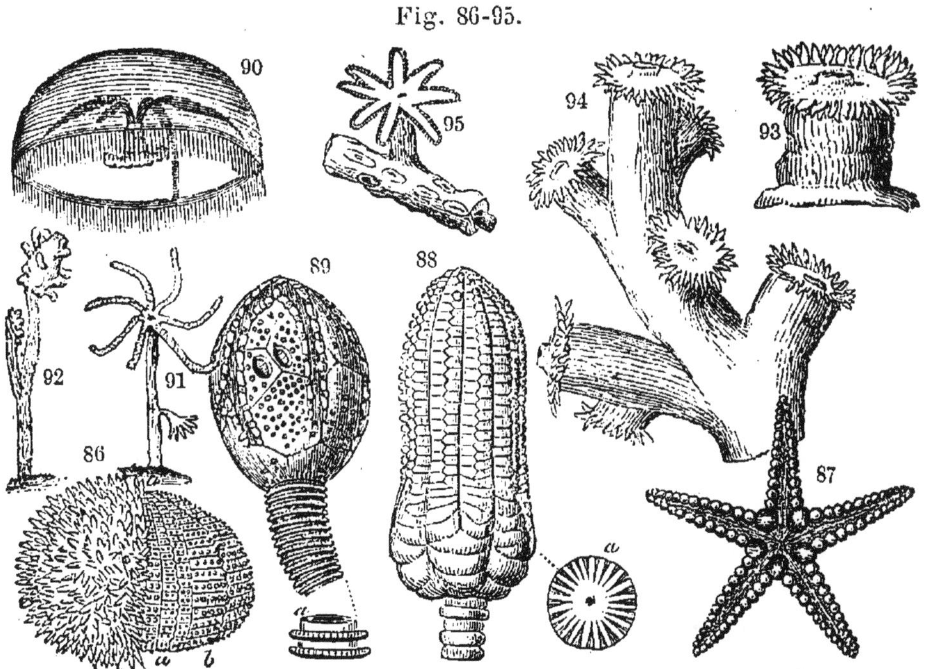

RAYONNÉS. — I. *Echinodermes :* Fig. 86, Oursin, sur la moitié de la surface duquel les épines ont été enlevées (× 1/3). — 87, Étoile de mer, Palæster Niagarensis. — 88, *Crinoïdes* : Encrinus liliiformis, 89, Crinoïde de la famille des Cystidés, Callocystites Jewettii. — II. *Acalèphes :* 90, Méduse du genre Tiaropsis. — 91, Hydre (× 8). — 92, Syncoryna. — III. *Polypes :* 93, Actinie. — 94, Corail, Dendrophyllia. — 95, Portion d'une branche de corail du genre Gorgonia, montrant un des polypes étendu.

l'extérieur plus ou moins dur et souvent couvert d'épines; leur bouche s'ouvre inférieurement dans toutes les espèces, sauf les crinoïdes. On les divise en : 1° *Echinoïdes,* dont l'extérieur est une coquille solide couverte d'épines, dont l'ouverture buccale est inférieure (sur la figure 86, les épines ont été supprimées sur une moitié de la coquille); 2° les *Astéroïdes* ou *Étoiles de mer,* chez lesquelles l'extérieur est assez dur, mais encore flexible, de telle sorte que l'animal peut le plier dans ses mouvements (fig. 87); 3o les *Crinoïdes,* qui ressemblent beaucoup aux étoiles de mer, mais qui ont une tige comme les fleurs (fig. 88, 89).

2. **Acalèphes.** — (Fig. 90-92). Les Acalèphes ont un corps mou, flexible, ordinairement d'aspect gélatineux, assez visqueux; ils se meuvent lorsqu'ils sont libres, et leur ouverture buccale est inférieure comme chez la *méduse* (fig. 90). Quelques-unes des espèces nommées Acalèphes *hydroïdes* (fig. 91-92), dans la plupart de leurs traits, sinon dans tous, rappellent les polypes, et certains de ces acalèphes, les Polypes, forment des coraux. Les autres espèces sont trop molles pour qu'on les rencontre communément à l'état fossile.

3. **Polypes.** — (Fig. 93-95). Ces animaux possèdent un corps mou ordinairement attaché à un support, une bouche dont l'ouverture est dirigée en haut, une ou plusieurs rangées de tentacules disposées sur le bord d'un disque (quelquefois comme les pétales d'une *astérie* autour de son disque central) et la bouche située au centre de ce disque (fig. 93). La plupart des coraux sont créés par les polypes. Ce corail est sécrété dans l'intérieur du polype de même que les os sont sécrétés dans l'intérieur d'autres animaux. Les figures 94, 95, représentent des portions de coraux vivants dont les polypes sont ouverts. Le nombre des rayons dans les cellules des coraux modernes, nommés *Actinoïdes,* est un multiple de *six,* et celui des coraux anciens appelés *Cyathophylloïdes* e un multiple de *quatre.*

5. *Protozoaires.*

Les principaux groupes des *Protozoaires* importants pour le géologue sont au nombre de trois.

1. Les *Éponges,* qui contiennent dans leurs tissus un

grand nombre de fines spicules siliceuses dans presque toutes les espèces, et que l'on rencontre à l'état fossile.

2. Les *Rhizopodes* forment de petites coquilles calcaires consistant habituellement en une quantité de cellules combinées. On les nomme souvent *Polythalamia* à cause de

Fig. 96-109.

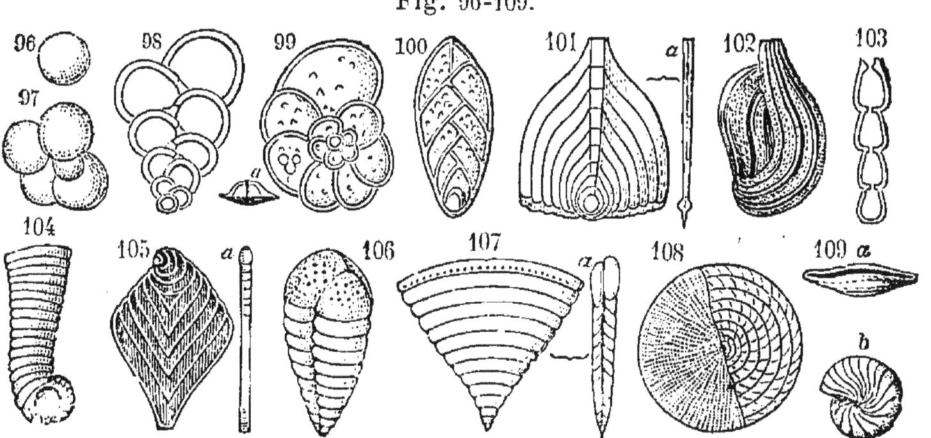

RHIZOPODES. — Fig. 96, Orbulina universa ; 97, Globigerina rubra ; 98, Textilaria globulosa *Ehr.*; 99, Rotalia globulosa ; 99 *a*, Vue latérale de la Rotalia Boucana ; 100, Grammostomum phyllodes *Ehr.*; 101, Frondicularia annularis ; 102, Triloculina Josephina ; 103, Nodosaria vulgaris ; 104, Lituola nautiloides; 105 *a*, Flabellina rugosa ; 106, Chrysalidina gradata ; 107 *a*, Cuneolimna pavonia ; 108, Nummulites nummularia ; 109, *a*, *b*, Fusilina cylindrica.

leurs nombreuses cellules, et *Foraminifères* à cause de l'existence d'étroites perforations traversant leurs coquilles. Les figures 96-109, en représentent quelques

Fig. 110-112.

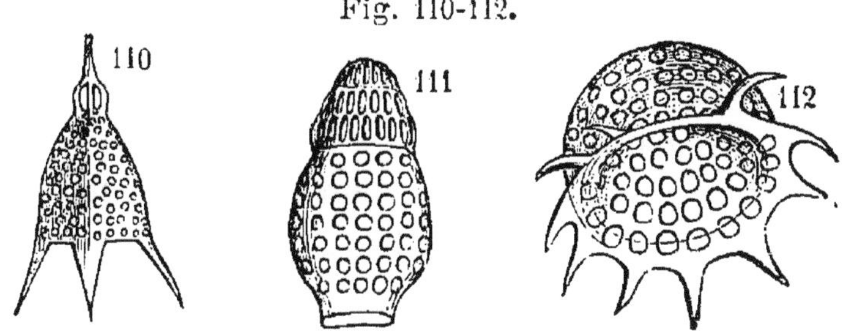

POLYCYSTINES. — Fig. 110, Lychnocanium lucerna (× 100) ; 111, Eucyrtidium Montgolfieri (× 100) ; 112, Halicalyptra fimbriata (× 75).

espèces, fortement grossies, sauf les deux dernières qui sont de grandeur naturelle.

3. Les *Polycystines* constituent de fines coquilles siliceuses se composant d'un grand nombre de cellules réunies (fig. 110-112). Ils diffèrent des Rhizopodes en ce que la disposition de leurs cellules est rayonnée et non spirale ou alternée.

IV. Règne végétal.

Le règne végétal n'est pas, comme le règne animal, divisible en sous-règnes; presque toutes les espèces appartiennent à un grand type, celui des Rayonnés, l'un des plus inférieurs du règne animal. Les subdivisions principales sont les suivantes :

1. Cryptogames. — Ces plantes n'ont ni fleur distincte ni fruit véritable, car les parties qui ont reçu ce nom ne sont que des spores, c'est-à-dire de simples cellules non entourées de cette provision d'aliments (albumen et amidon) qui constitue une graine proprement dite. On peut prendre pour exemple de ces cryptogames, les fougères et les algues. On les subdivise en trois groupes :

1. Les *Thallogènes* formés entièrement de tissu cellulaire, n'offrant qu'un feuillage dépourvu de tige, ou d'autres formes ramifiées. Ainsi : 1° les algues, qui comprennent encore les conferves et un grand nombre de plantes croissant dans les eaux douces; 2° les lichens, plantes sèches, blanc grisâtre et vert grisâtre, qui recouvrent les pierres, les troncs d'arbres, etc.

Les *algues marines*, que l'on trouve à l'état fossile et dont les dimensions ne sont pas microscopiques, appartiennent pour la plupart à des espèces qui présentaient l'apparence du cuir et que l'on rapporte aux fucus modernes. Elles sont souvent désignées sous le terme général de *Fucoïdes* qui signifie *ressemblant au fucus*.

2° Les *Anogènes* se composent en totalité de tissu cellulaire et s'élèvent en tiges courtes et feuillues, comme 1° les mousses, et 2° les hépathiques.

3° Les *Acrogènes* sont formés en partie de tissu vasculaire et s'élèvent de bas en haut comme : 1° les bruyères, 2° les lycopodes, 3° les équisétacées, et renferment beaucoup de végétaux divers, rapportés à la période carbonifère.

Les Algues microscopiques sont quelquefois nommées *Protophytes*. La plupart sont des espèces ne contenant qu'une seule cellule; quelques-unes en possèdent plusieurs réunies et passent alors à d'autres espèces, comme les moisissures qui sont en fils simples ou composés et formés d'une série de cellules. Les espèces que l'on rencontre à l'état fossile sont les suivantes :

1° *Diatomées*. — Les Diatomées possèdent une coquille siliceuse et de forme souvent très belle. Les figures 117 à 122 en représentent quelques-unes très amplifiées. Elles croissent avec une telle abondance dans certaines eaux douces ou salées, qu'elles y produisent de vastes lits siliceux fournissant une matière excellente pour la fabrication d'une poudre à polir et employée pendant très longtemps pour cet objet.

2° *Desmides*. — Ces espèces ne forment pas de coquille siliceuse et se composent d'une ou plusieurs cellules verdâtres (fig. 178 à 184,). On les trouve fossiles dans le silex corné.

2. Phanérogames. — Ces végétaux offrent, comme l'indique leur nom, des fleurs et des graines. On peut citer en exemple, les pins, les érables, nos arbres d'ornement et fruitiers, les plantes de nos jardins. On les divise en trois groupes.

1° Les *Gymnospermes*, aux fleurs très simples, aux graines nues ordinairement placées à la surface intérieure d'écailles de cônes, ont, comme le pin, un bois revêtu d'une écorce et disposé en anneaux concentriques montrant l'accroissement annuel (fig. 113).

Fig. 113-122.

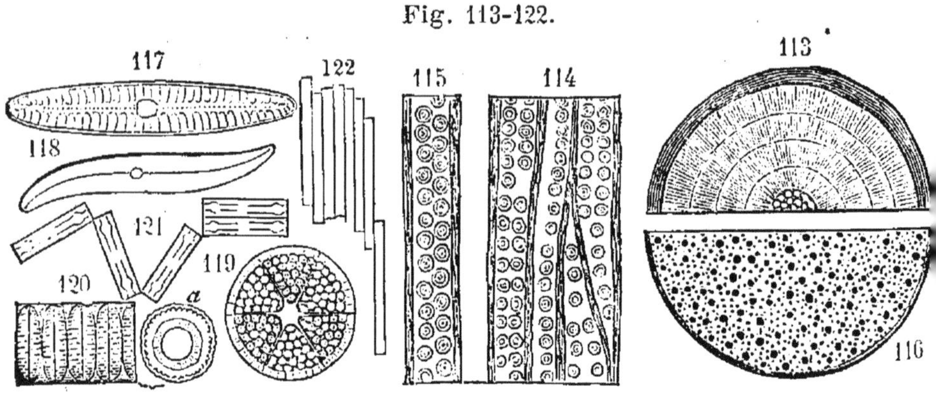

PLANTES. — Fig. 113, Section d'un bois exogène. — 114, Fibres de bois d'un conifère ordinaire (Pinus strobus), section longitudinale montrant les points (agrandie 300 fois). — 115, Fibre ligneuse d'un conifère australien, Araucaria Cunninghami. — 116, Section d'une tige endogène.

DIATOMÉES très agrandies. — Fig. 117, Pinnularia peregrina, (Richmond Va.) — 118, Pleurosigma angulatum, *id.* — 119, Actinoptychus senarius, *id.* — 120, Melosira sulcata, *id.*; *a* Section transversale de la même. — 121, Grammatophora marina des eaux salées de Stonington. Conn.; 122, Bacillaria paradoxa, West-Point.

Les Gymnospermes comprennent: 1° les *Conifères*, tribu des pins ou arbres toujours verts, 2° les *Cycadées*, plantes rapportées aux espèces *Cycas* et *Zamia* qui ont les feuilles et l'apparence du palmier et qui, par leur fruit et leur bois, se montrent de véritables gymnospermes. Il existe en outre un troisième groupe éteint depuis la période carbonifère et que l'on nomme les *Sigillariæ*.

Le bois des conifères se compose simplement de fibres ligneuses sans vaisseaux, et ce caractère, ainsi que celui de leurs fleurs et de leurs graines, montre que cette tribu est inférieure aux subdivisions suivantes. En outre, les fibres peuvent se distinguer, même sur les spécimens pétrifiés, par des points semés sur leur surface discernables à l'aide d'un fort grossissement et qui, bien que creux en apparence, ne sont réellement que de petits espaces où l'épaisseur est moindre. On aperçoit (fig. 114) ces points sur le *Pinus strobus*. Chez d'autres espèces, ces points sont moins abondants. Dans une division des conifères, les *Araucaria*, plantes d'un grand intérêt géologique, les points sont alternes le long de la fibre (fig. 115), ce qui permet de distinguer cette famille.

2° Les *Angiospermes* ont des fleurs régulières et une graine couverte; ils sont exogènes, possèdent une écorce et des anneaux d'accroissement annuel (fig. 113), comme les érables, les ormes, les pommiers, les rosiers et la plupart des arbrisseaux et des arbres. Ces plantes sont appelées *Angiospermes*, parce que leurs graines sont renfermées dans des récipients spéciaux et *Dicotylédones* parce que la graine est partagée en deux cotylédons ou lobes.

Les Gymnospermes et les Angiospermes forment la division des plantes *Exogènes*, parce que leur accroissement se produit au moyen de l'addition annuelle de couches, à l'extérieur du tronc, entre le bois et l'écorce, ainsi qu'on le voit sur la figure 113.

3° Les *Endogènes* ont des fleurs et des graines régulières, sont privés d'écorce et montrent, sur une section transversale du tronc, les extrémités des fibres et non pas des cercles d'accroissement (fig. 116), comme les palmiers, les roseaux, le maïs, le lys. Ces plantes sont *Monocotylédones*, c'est-à-dire que leur graine n'est pas divisée et ne se compose que d'un seul cotylédon.

TROISIÈME PARTIE

GEOLOGIE HISTORIQUE

La Géologie historique s'occupe de l'ordre de succession des strates de la couche terrestre et des changements en train de s'accomplir durant la formation de chaque lit ou strate, de la transformation des mêmes lieux en océans et en terres, des variations dans l'atmosphère et les climats, des transformations des plantes et des animaux. En d'autres termes, c'est un aperçu historique sur les évènements qui ont pris place pendant les progrès de la terre lequel se déduit de l'étude des diverses roches. On la nomme quelquefois Géologie *stratigraphique ;* mais ce terme ne fait que désigner *la description de la nature et de l'arrangement des strates terrestres.*

En employant les procédés de détermination de l'ordre des diverses formations mentionnées précédemment, et grâce à l'étude attentive des restes organiques ou fossiles contenus dans les roches anciennes ou récentes, on a découvert qu'il est possible de classer en un certain nombre de grands *âges* les progrès de la vie et l'accomplissement des autres événements de l'histoire.

On a donc fixé les principes suivants :

1° Il y eut d'abord, sur notre globe, un âge ou période de temps où la vie n'était pas, ou, s'il en existait, ce n'était que pendant la dernière partie de cet âge, et elle n'existait que pour des espèces très simples.

2. Pendant l'âge suivant, les coquilles ou mollusques, les coraux, les crinoïdes et les trilobites abondaient au sein des mers; les continents étaient presque tous recouverts par les eaux salées, et il n'y avait, autant que l'on a pu s'en assurer, ni poisson ni aucune vie terrestre.

3. Arriva ensuite un âge pendant lequel, outre les coquilles, les coraux, les crinoïdes, les trilobites et les vers, il existait des poissons au milieu des eaux, et les terres, bien que peu étendues, commençaient à se couvrir de végétation.

4, Cette période fut suivie d'un âge où les continents furent, pendant une longue série de temps, des terres sèches ou marécageuses, sur lesquelles abondaient de nombreux végétaux, arbres, arbrisseaux et plantes plus petites, dont les restes donnèrent naissance aux grandes couches de houille. Quant à la vie animale, elle comprenait, outre les espèces précédemment mentionnées, divers amphibies et quelques autres reptiles appartenant à des tribus inférieures.

5. Vint ensuite un âge pendant lequel les reptiles existèrent en extrême abondance, dépassant de beaucoup en nombre, en variété, souvent même en grandeur et en organisation, ceux de notre époque actuelle.

6. Pendant l'âge suivant, les reptiles diminuèrent et les continents se peuplèrent d'un grand nombre de mammifères ou quadrupèdes; la dimension de ces quadrupèdes, ainsi que précédemment celle des reptiles, dépassait alors de beaucoup celle des espèces modernes.

7. L'homme apparut enfin, arrêtant à lui les progrès de la vie.

Tous ces différents âges dans les progrès de la vie et l'histoire de la terre, reçurent les noms suivants :

1° ÉPOQUE OU AGE ARCHÉEN.

2° AGE DES INVERTÉBRÉS OU SILURIEN.

3° AGE DES POISSONS OU DÉVONIEN.

4° AGE DES PLANTES HOUILLÈRES OU AGE CARBONIFÈRE.

5° AGE DES REPTILES.

6° AGE DES MAMMIFÈRES.

7° AGE DE L'HOMME.

Fig. 123.

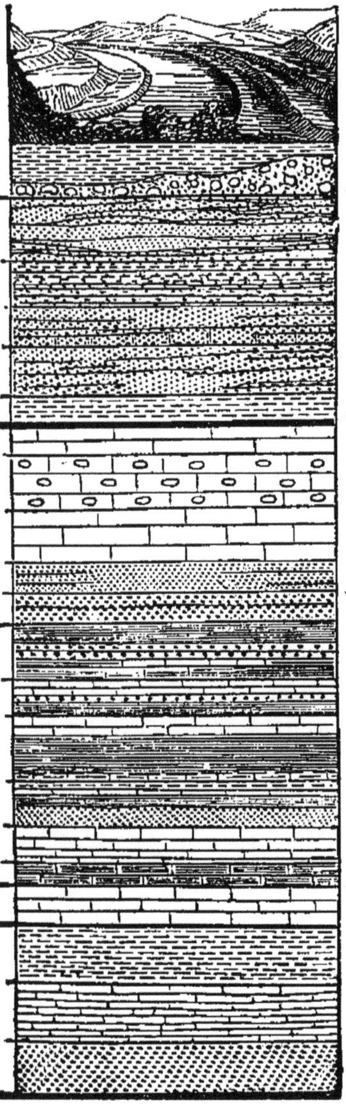

Ages.	*Périodes américaines*	*Périodes françaises.*	*Périodes anglaises.*
QUATERNAIRE OU AGE DE L'HOMME.	Récent. Champlain. Glaciaire.	Récent. Quaternaire.	Récent. Quaternaire ou pléistocène.
TERTIAIRE OU AGE DES MAMMIFÈRES.	Pliocène. Miocène. Alabama. Couches à lignite.	Pliocène. Miocène. Eocène.	Pliocène. Miocène. Éocène.
MÉSOZOÏQUE OU AGE DES REPTILES.	Crétacé.	Crétacé. Infracrétacé.	Crétacé supérieur. Crétacé moyen Crétacé inférieur.
	Jurassique.	Oolithique. Lias.	Wealdien. Oolithe. Lias.
	Trias.	Keuper. Franconien. Vosgien ou grès bigarré.	Keuper. Muschelkalk. Bunter-Sandstein.

Fig. 123 (suite).

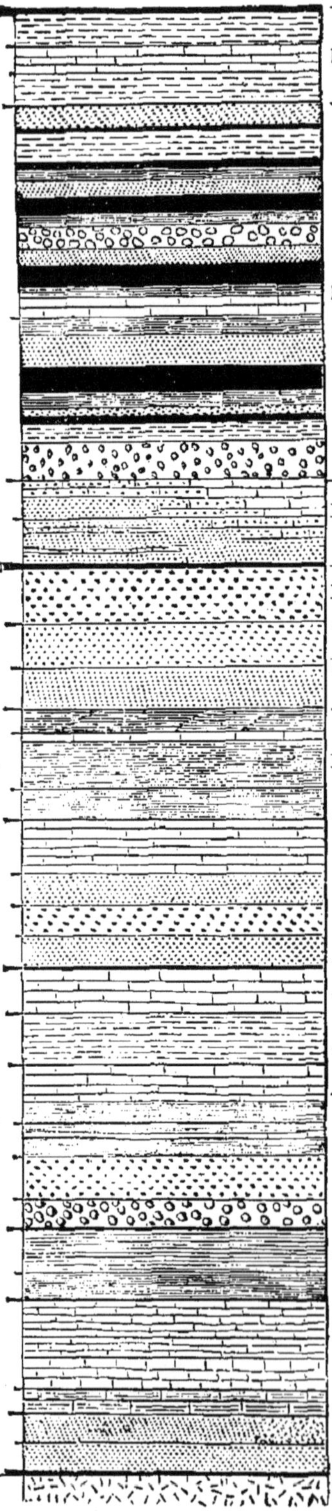

Ages.		*Périodes américaines.*	*Périodes françaises.*	*Périodes anglaises.*
CARBONIFÈRE OU AGE DES PLANTES HOUILLÈRES.		15. Permien.	Permien.	Permien.
		14. Carbonifère.	Houiller.	Carbonifère.
		13. Sub-carbonifère.	Anthracifère.	Calcaire de montagne.
DÉVONIEN OU AGE DES POISSONS.	Supérieur.	12. Catskill.	Dévonien.	Vieux grès rouge.
		11. Chemung.		
		10. Hamilton.		
	Inférieur.	9. Cornifère.		
SILURIEN OU AGE DES MOLLUSQUES	Supérieur.	8. Oriskany.	Silurien.	Couches de Ludlow.
		7. Helderberg inférieur.		
		6. Salina.		Couches de Wenlock. Llandovery supérieur.
		5. Niagara.		
	Inférieur.	4. Hudson.		Grès de Caradoc, calcaire de Bala, groupe de Llandeilo.
		3. Trenton.	Cambrien.	Schistes de Tremadoc. Schistes de Skiddaw.
		2. Primordial.		Primordial.
Arch.		1. Archéenne.	Primitif.	

Le premier, l'âge *archéen*, sera mis à part comme étant l'époque préparatoire au commencement des systèmes vivants. Les trois suivants furent semblables, à un grand nombre de points de vue, surtout quant à l'apparence d'antiquité que présentaient les tribus alors vivantes de coquilles, de crinoïdes, de coraux, de poissons, de plantes houillères et de reptiles appartenant aux espèces, sinon complètement éteintes, du moins presque éteintes de nos jours. Cette ère a donc été à juste titre appelée *paléozoïque*, du grec παλαιός, *ancien* et ζωή, *vie*.

L'âge suivant s'annonça par l'extinction d'un grand nombre de tribus paléozoïques, et, comme vie propre et particulière, il se rapprocha davantage de ce qui existe actuellement. Cependant il comprit uniquement des espèces éteintes aujourd'hui, et les principales tribus et genres disparurent avant sa fin ou à sa fin. Il correspond, dans l'histoire géologique, au moyen âge, et on le nomme *Mésozoïque*, du grec μέσος, *moyen* et ζωή, *vie*.

L'âge suivant fut complètement moderne quant à l'aspect de ses espèces, quel que fût du reste leur rang respectif; cependant un petit nombre de celles qui appartenaient à ses dernières époques survécut jusqu'à l'âge de l'homme. On l'appela *cénozoïque*, du grec καινός, *récent* et ζωή, *vie*.

On a donc adopté les grandes divisions suivantes pour le classement du temps géologique.

I. ÉPOQUE ARCHÉENNE.

II. ÉPOQUE PALÉOZOÏQUE comprenant : 1° l'âge des invertébrés ou silurien ; 2° l'âge des poissons ou dévonien ; 3° l'âge des plantes houillères ou âge carbonifère.

III. ÉPOQUE MÉSOZOÏQUE comprenant l'âge des reptiles.

IV. ÉPOQUE CÉNOZOÏQUE renfermant l'âge des mammifères.

La coupe (fig. 123) représente les formations successives globe aux États-Unis, en Angleterre et en France dis-

GEOLOGICAL MAP
OF THE
UNITED STATES.
(Fig. 124.)
40
35
30
15
10
0
5
10

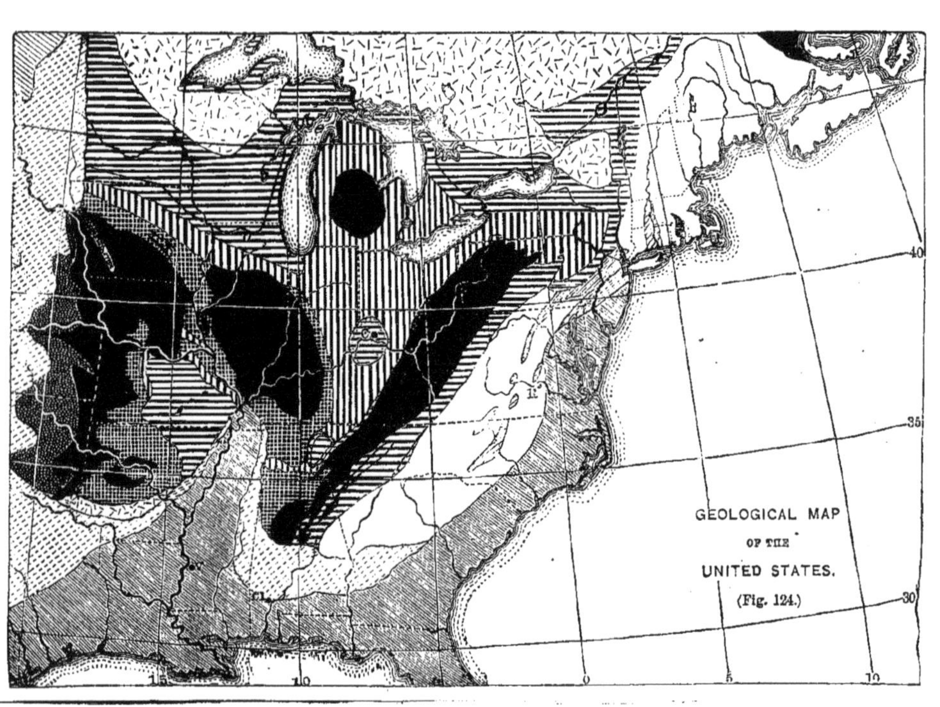

Fig. 124.

posées suivant l'ordre des temps, avec les subdivisions correspondant aux âges et périodes diverses.

Dans cette coupe, l'âge archéen est en bas; au-dessus, on trouve les noms *silurien*, *dévonien*, etc., et les noms des périodes, *Potsdam*, *Trenton*, etc., qui partagent les âges, sont placés à droite.

Fig. 125.

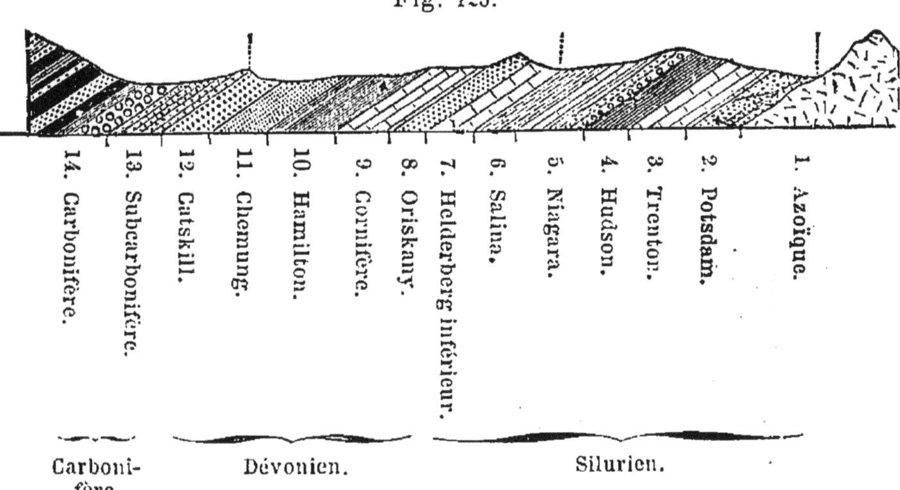

Coupe des roches dans la portion septentrionale de l'état de New-York.

Les noms des périodes, dans la première partie de la section (*paléozoïque*), dérivent des noms des roches américaines. Dans l'autre partie, ils sont, pour la plupart, européens, parce que la série des roches qu'elles renferment (*mésozoïque* et *cénozoïque*) est plus complète en Europe qu'en Amérique.

I. ÉPOQUE ARCHÉENNE

1. Roches; variétés et distribution.

1. *Distribution géographique.*— L'ère archéenne, pendant laquelle s'est formé ce qu'on désigne sous le nom de terrain primitif, a commencé dès la formation de la croûte terrestre, et elle comprend les roches les plus anciennes du globe. Ses formations sont celles sur lesquelles se sont

Carte géologique de l'État de New-York et du Canada.

étendues les roches fossilifères du silurien et des âges successifs, et elles constituent les matériaux dont la plupart de ces dernières roches ont été formées.

Les roches azoïques s'étendent sur toute la sphère ter-

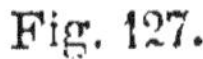

Fig. 127.

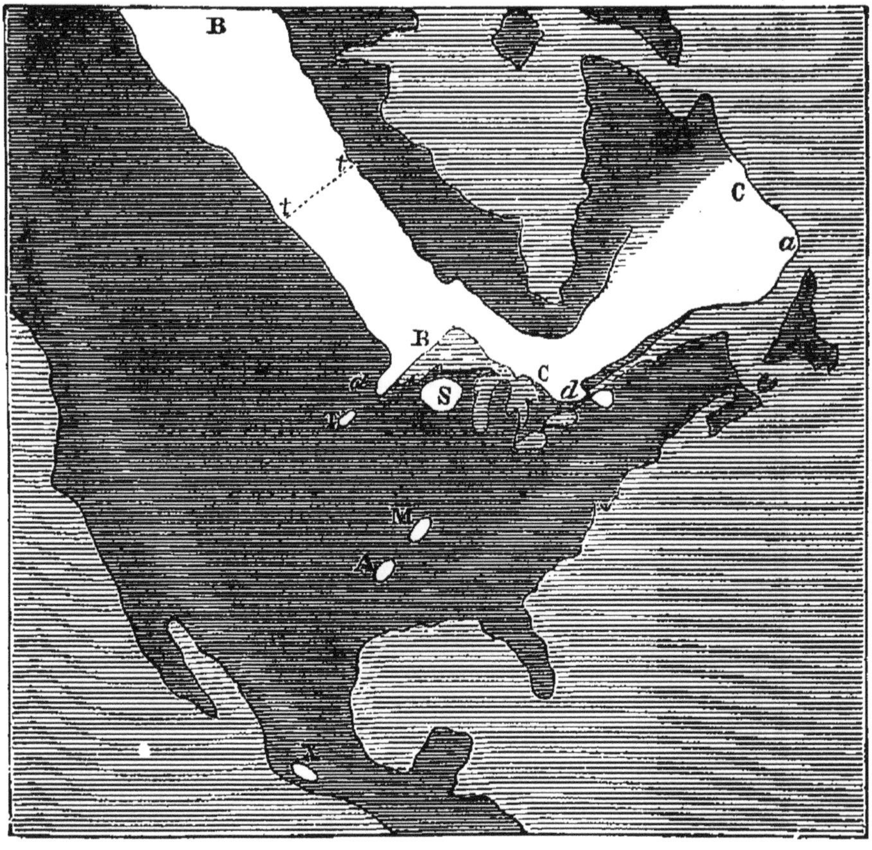

Carte azoïque de l'Amérique du Nord.

restre; mais, en général, elles sont cachées à la vue par les formations qui les ont suivies. Dans l'Amérique septentrionale (fig. 127) elles affleurent au nord des grands lacs sur un vaste espace, dont la plus longue branche court vers le N.-O. jusqu'à l'océan Arctique, et la plus courte se dirige au N.-E. vers le Labrador.

En France le terrain primitif se rencontre en Bretagne

et dans le Cotentin, sur le plateau central (Limousin, Auvergne), dans le Morvan, les Cévennes, enfin en divers points des Pyrénées, des Alpes Dauphinoises, de la région des Maures, et de la chaîne des Vosges. En Europe, on peut l'observer en Bavière, dans les Alpes occidentales, centrales et autrichiennes, en Saxe, en Silésie, en Bohême, en Scandinavie, en Grande-Bretagne (nord de l'Écosse, pays de Galles, Cumberland) et en Espagne.

2. *Variétés des roches.* — Les roches sont, pour la plupart, cristallines comme le granite, la syénite, le gneiss, le gneiss hornblendique, le micaschiste, les schistes hornblendiques, chloritiques et talqueux, et le calcaire grenu. On peut encore citer quelques conglomérats et des quartzites.

Dans certaines régions on trouve, associées à ces roches, d'immenses couches de minerais de fer (*i, i, i,* fig. 128);

Fig. 128.

ainsi, au nord de l'État de New-York, il en existe dont la puissance atteint de 30 à 220 mètres. Dans le Missouri, on trouve deux « montagnes de fer », comme on les nomme, dont l'une, le Pilot-Knob, a 180 mètres, et l'autre 70. De semblables couches se rencontrent encore dans le Michigan, au sud du lac Supérieur, et en Scandinavie.

3. *Désordre et cristallisation des roches.* — Les lits de gneiss et des autres roches schisteuses ainsi que les calcaires qu'ils renferment ne sont jamais horizontaux; ils plongent au contraire suivant toutes les inclinaisons, et sont souvent pliés et recourbés de la façon la plus complexe. Par suite des dislocations et des mouvements aux-

quels les roches ont été soumises, les lits de minerai de fer sont à l'état de filons, et les couches de calcaire cristallin ont souvent même une disposition semblable. Lorsque les strates ont été relevées au point de rendre les lits ver-

Fig. 129.

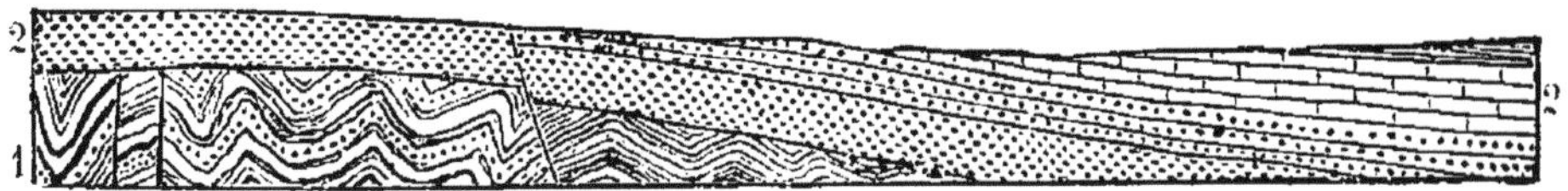

Section au sud du Saint-Laurent au Canada, entre Cascade Point et les Rapides de Saint-Louis. — 1, Gneiss, archéen, 2, 2, couches siluriennes.

ticaux, les couches de minerai qui y sont renfermées sont aussi verticales, et elles prennent une direction inclinée vers le bas, tout comme de véritables filons métallifères; les ruptures et failles des strates donnent lieu à une foule de ces irrégularités si communes dans les filons.

On a décrit précédemment le gneiss, le micaschiste, le calcaire granulaire et les autres roches cristallines comme étant métamorphiques, c'est-à-dire comme des roches qui étaient primitivement des grès, des schistes horizontaux et des calcaires stratifiés et qui ont subi ensuite une cristallisation. Les gneiss et les schistes, dans les régions primitives, sont actuellement en lits ou couches alternant, soit entre eux, soit avec des grès et des schistes ordinaires; les lits métallifères suivent la forme des couches de schiste et de quartzite dans lesquelles ils se rencontrent.

4. *Conclusions relatives à l'origine des roches.* — On peut déduire de ces faits un certain nombre de conclusions. (1). Les roches primitives citées plus haut étaient dans l'origine des strates horizontales de grès, de schistes et de calcaires. (2). Après leur formation, elles ont été chassées des places qu'elles occupaient par quelque grand mouvement de la croûte terrestre, qui les a soulevées et plissées de façon qu'actuellement elles ne sont jamais

horizontales. (3). Non seulement ces roches ont été déplacées, mais elles ont même été cristallisées, c'est-à-dire transformées en roches métamorphiques. Les grès et les conglomérats du terrain primitif eux-mêmes, montrent jusqu'à l'évidence, par leur dureté, l'action de la chaleur qui a causé la cristallisation des autres couches primitives.

Il est plus que probable que l'époque du soulèvement et celle du métamorphisme furent identiques, et plusieurs de ces époques métamorphiques peuvent avoir pris place dans le cours de la période archéenne. Même après le soulèvement et la cristallisation des dernières couches primitives, une immense révolution de ce genre peut avoir été l'événement final de cet âge.

Au-dessous de la surface des roches primitives, il doit s'en rencontrer d'autres formant les portions intérieures de la croûte terrestre. Si la terre était d'abord un globe à l'état de fusion, comme cela semble très probable, la croûte terrestre n'est autre chose que son extérieur refroidi. Celle-ci une fois constituée, sa surface doit avoir été usée par les vagues partout où elles s'étendaient, et il s'est effectué des dépôts de sable, de cailloux et d'argile. Mais, tandis que ces couches superficielles étaient en voie de progrès, la croûte augmentait intérieurement en épaisseur par le refroidissement qui continuait à se produire. Les roches intérieures de la croûte terrestre ne sont que peu ou point connues.

2. Vie.

Les roches primitives, aussi loin qu'elles ont pu être examinées, ne contiennent pas de fossiles. Toutefois il est possible qu'il ait existé sur le globe quelques traces de vie avant la fin de cet âge.

Il y a de fortes raisons pour conclure que, s'il existait alors quelques plantes, elles ne pouvaient être que des algues marines. Dans les formations siluriennes inférieures qui recouvrent les roches primitives, on ne trouve que des algues; s'il y avait alors une vie animale, elle ne pouvait se composer que de petites formes, puisque, s'il eût existé dans les mers des coquilles et des coraux, leurs restes auraient été conservés dans certaines couches moins altérées par la chaleur du métamorphisme. Le *graphite* contenu dans quelques roches primitives, est souvent regardé comme une preuve de l'existence des plantes, parce que l'on a reconnu récemment que le graphite était formé par les restes de plantes; les lits de calcaire ont suggéré l'idée qu'il avait dû exister alors des traces de vie, parce que la plupart des calcaires sont aussi d'origine organique. Mais cette évidence, pour les plantes comme pour les animaux, est très discutable.

II. ÉPOQUE PALÉOZOIQUE

L'époque paléozoïque comprend trois âges;

1° L'*Age des mollusques* ou *silurien.*

2° L'*Age des poissons* ou *dévonien.*

3° L'*Age des plantes houillères* ou *Age carbonifère.*

I. AGE DES MOLLUSQUES OU SILURIEN

Cet âge a été nommé Silurien parce que ses roches sont communes dans le pays des anciens Silures, dans le pays de Galles.

Cet âge se divise en silurien *inférieur* et *supérieur*, chacun d'eux correspondant, en Amérique, à trois périodes.

1. *Silurien inférieur.*

1° Période de Potsdam ou primordiale.

2° Période de Trenton; formation de Bala, ardoises et schistes de Llandeilo en Angleterre.

3° Période d'Hudson. Caradoc inférieur ou couches supérieures de Llandeilo en Angleterre.

2. *Silurien supérieur.*

1° Période de Niagara; lits de Wenlock, en Angleterre, en partie ou en totalité.

2° Période de Salina.

3° Période de l'Helderberg inférieur; couches de Ludlow, d'Angleterre, sinon en totalité, du moins leur portion supérieure.

En France, on donne à la portion inférieure du silurien inférieur le nom de cambrien, tandis que celui de silurien est réservé au reste de la série. On trouve le terrain cambrien dans les Ardennes, le long de la vallée de la Meuse, en Bretagne, dans le Maine, et peut être en quelques points du plateau central et dans les Pyrénées. Les roches siluriennes sont représentées près de Domfront par des grès, des schistes et des calcaires, en Bretagne, aux environs d'Angers, par les ardoises, près de Pézenas dans l'Hérault et autour de Luchon.

En Grande Bretagne, les roches primordiales sont des grès durs et des ardoises nommés en partie couches à Lingules. Elles sont surtout visibles au N. et au S. du pays de Galles et dans le Shropshire.

On a observé des couches primordiales en Laponie, en Norwège, en Suède et en Bohême. Si les strates de date plus récente pouvaient être arrachées de la surface des continents, on trouverait probablement alors les lits primordiaux abondamment distribués sur tous ces continents.

Ces roches fossilifères les plus anciennes ne contiennent aucun reste de vie terrestre. Les plantes de cette période n'étaient que des algues. Parmi les animaux, les sous-règnes des rayonnés, des mollusques et des articulés, étaient représentés par des espèces aquatiques seulement. Il n'a jamais été prouvé qu'il y ait eu alors des vertébrés.

Les grès les plus anciens abondent, sur un grand nombre

de points, en coquilles généralement plus petites que l'ongle, nommées *lingules* (fig. 133). Cette coquille appartenait à un mollusque de la tribu des Brachiopodes, qui, lorsqu'il vivait, était fixé sur une tige ainsi qu'on le voit sur la figure 82. Ces coquilles sont, en beaucoup d'endroits, si caractéristiques des lits, qu'on donne à ceux-ci le nom de *lits à lingules* ou de *grès à lingules*.

Une autre tribu très répandue parmi les premières espèces animales de la terre, était celle des *Trilobites*, appartenant au sous-règne des articulés et à la classe des crustacés.

La figure 137 en représente une des plus grandes espèces, réduite au sixième de sa grandeur naturelle. Sa longueur totale, lorsqu'elle vivait, devait être au moins $0^{m},50$, ce qui prouve que l'animal était de taille supérieure à celle de tous les crustacés vivant actuellement. L'échantillon figuré a été trouvé à Braintree, au sud de Boston; on voit qu'il possédait de grands yeux situés sous le bouclier formé par la tête, d'où il est permis de déduire, ainsi que l'a fait remarquer Buckland, que les eaux et le ciel étaient limpides à l'époque primordiale.

Comme on n'a jamais rencontré de traces de pattes auprès des Trilobites, on suppose que ces animaux ne se servaient, pour nager, que de minces plaques membraneuses ou foliacées. La figure 138 montre les traces d'un grand animal trouvé par Logan dans les couches du Canada, réduit dans la même proportion que la figure 137, et qui pourraient bien avoir été faites par une trilobite en se traînant sur le sable.

Un autre groupe, spécialement caractéristique de la dernière moitié de la période, est celui des *Graptolites* dont les figures 130 et 131 montrent deux spécimens, et la figure 132 une vue partielle agrandie de la figure 131. Ces fossiles sont très minces, et l'on suppose qu'ils se composaient des cellules de petits animaux rayonnés se rapprochant des Acalèphes hydroïdes. On a décrit un grand nombre d'espèces, et elles semblent avoir eu la croissance

Fig. 130-138.

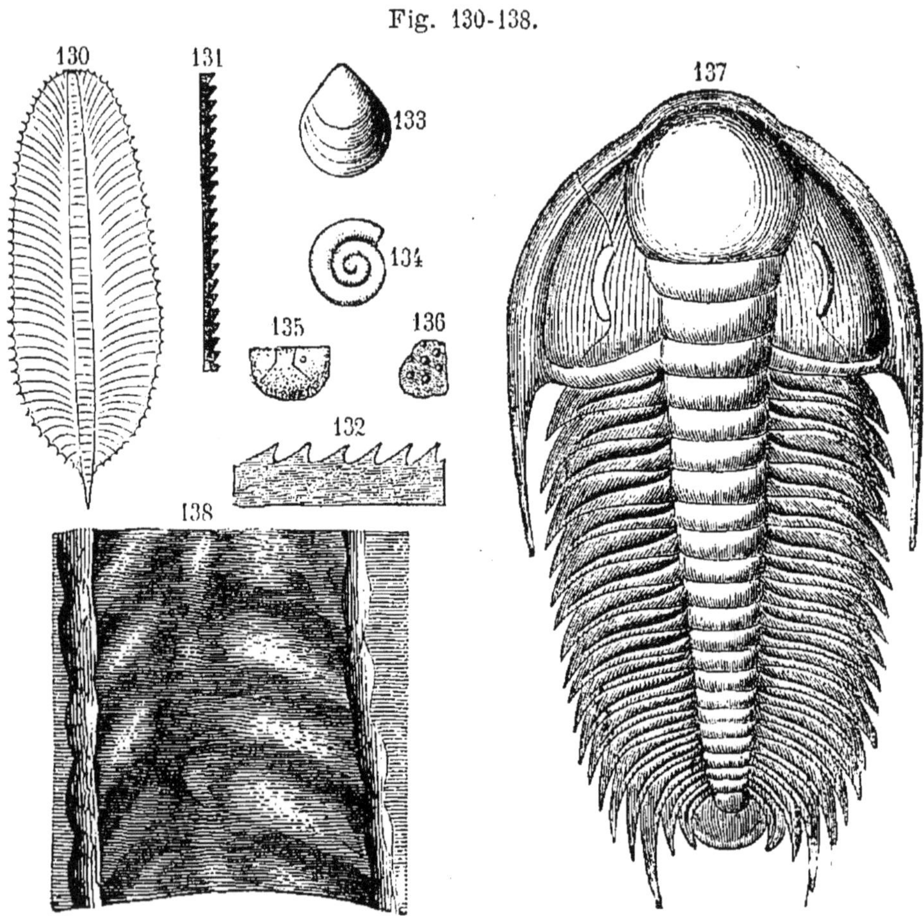

Fig. 130, Phyllograptus typus. — 131, 132, Graptolithus Logani. — 133, Lingula prima. — 134, Ophileta levata. — 135, Leperditia Anna. — 136, la même grandeur naturelle. — 137, Paradoxides Harlani (× 1/6). — 138, Trace d'un Trilobite (× 1/6).

de ces délicates plantes mousseuses si abondantes sur les fonds maritimes boueux.

Parmi les mollusques, outre les brachiopodes, il existait des gastéropodes, dont l'un est représenté figure 134.

Les crustacés étaient représentés par quelques espèces

ressemblant un peu aux crevettes, possédant des nageoires foliacées comme celles des trilobites et désignées sous le nom de *Phyllapodes,* ainsi que par des *Ostracoïdes* dont on voit une variété agrandie, figure 135, et en grandeur naturelle, figure 136. Ces petits ostracoïdes, malgré leurs dimensions insignifiantes, sont tellement abondants en certains endroits, qu'ils arrivent presque à constituer la totalité de la masse de certaines ardoises.

L'existence de vers marins, parmi les premiers animaux du globe, est prouvée par le grand nombre de trous qui traversent les grès et qui sont remplis maintenant par un grès aussi dur que celui de la roche environnante. Ils ressemblent beaucoup aux trous forés de nos jours dans le sable de nos rivages par certains vers, dont une espèce porte le nom de *Scolithus linearis.* Ces trous sont communs dans les grès primordiaux de l'Europe aussi bien que de l'Amérique.

Il existait encore des *Crinoïdes* appartenant au sous-règne des rayonnés, car il n'est pas rare de trouver des disques ayant fait partie de tiges de Crinoïdes brisées. Parmi les protozoaires, il y avait alors des *Éponges,* et probablement même de petits *Rhizopodes* et des *Polycystines.*

Les éponges parmi les protozoaires, les graptolites et les crinoïdes parmi les rayonnés, les brachiopodes et quelques représentants d'autres tribus parmi les mollusques, les vers et les trilobites ainsi qu'un petit nombre d'autres crustacés parmi les articulés, et enfin des algues parmi les plantes, forment le total des espèces vivantes de cette époque, et dont les trilobites étaient les principales. Il n'est pas jusqu'à présent prouvé que les collines primordiales desséchées aient donné naissance à des mousses et à des lichens, qu'il existât le moindre insecte et enfin que les mers aient renfermé des poissons.

Les rides, les craquelures et les traces d'animaux conservées dans ces roches les plus anciennes de l'âge paléozoïque, sont autant de souvenirs laissés par les vagues, le soleil et les êtres vivants de cette époque, et elles permettent de déduire l'étendue et la condition d'un continent pendant cette ère reculée; on peut encore ranger parmi ces documents les couches dont la structure a été produite par le vent et par le flux et le reflux. Toutes ces marques prouvent que, lorsque les strates étaient en train de se former, une grande partie du continent gisait à une petite profondeur sous la mer, ce qui permettait aux vagues de rider les sables; que, sur d'autres points, la surface terrestre était constituée par des plaines sablonneuses peu élevées, ou des plages maritimes, théâtre du travail des vers, ou par des terrains boueux que l'action du soleil ou la sécheresse de l'air desséchait et faisait fendre, ou enfin de dunes de sable produites par les marées et amoncelées par les vents, tantôt doucement agités, tantôt se déchaînant en ouragans.

La conservation de ces marques, en apparence si périssables, sur les anciens sables mouvants, est un fait très instructif, éclairant en partie les moyens par lesquels la terre a gardé, pendant la suite des temps, les souvenirs de sa propre histoire. La trace d'un trilobite ou d'une petite vague est une empreinte de sable ou de terre dans laquelle d'autre sable s'est moulé et a formé une copie qu'il a préservée ensuite; si les vagues ou les courants postérieurs étaient peu violents, ils n'ont fait simplement que répandre de nouveaux sables sur une surface déjà striée, sans déformer le moule, et, de cette façon, par l'addition de lits successifs, les traces ont été enfouies plus profondément et, par suite, d'autant mieux protégées contre la destruction. Quand, finalement, la consolidation s'est effectuée, les traces ou les rides ont été rendues aussi dures que la roche elle-même.

Le silurien comprend les périodes de *Trenton* en Amérique et celles du *calcaire de Bala* et de *Llandeilo* dans la Grande-Bretagne.

Les roches du silurien moyen dans la Grande-Bretagne, sont des ardoises et des grès ardoisiers, mais les calcaires sont rares. Sa formation de Llandeilo se compose de grès ardoisiers qui, avec les ardoises qui leur sont associées, ont une épaisseur de plusieurs milliers de pieds. Au-dessus on trouve le grès de Caradoc du Shropshire et la formation de Bala qui renferme quelques calcaires dans le Pays de Galles. En Scandinavie, il existe des formations calcaires recouvertes d'ardoises; en Russie et dans les provinces de la Baltique, portion continentale intérieure du continent oriental, les roches sont surtout des calcaires.

La vie, pendant le silurien moyen, était complètement marine comme celle de la période primordiale. On n'a pas trouvé de traces d'espèces végétales ou animales terrestres ou habitant les eaux douces.

Les plantes se composaient uniquement d'algues.

Tous les sous-règnes animaux étaient représentés, à l'exception des vertébrés. Parmi les rayonnés, il y avait des coraux et des crinoïdes, parmi les mollusques, des représentants de tous les ordres, parmi les articulés, les vers et les crustacés aquatiques.

1. *Rayonnés.* — La fig. 139 représente un corail dont la forme est celle d'un cône recourbé, ressemblant un peu à une courte corne et dont la petite extrémité est dirigée vers le bas. Au sommet, lorsque le fossile est complet, se trouve une cavité divisée par des plans rayonnant d'un centre. On le nomme *Cyathophylloïdes*, par allusion à sa cavité remplie de feuillets ou plans rayonnants. Lorsqu'il vivait, ce corail occupait l'intérieur d'un animal semblable à celui des figures 94 ou 95.

La figure 141 montre l'intérieur, et la figure 140 l'aspect

général d'une autre espèce de corail de forme hémisphérique et composé de colonnes très fines. On l'appelle *Chœtetes lycoperdon*. Une autre variété, dont les colonnes plus grosses atteignent presque cinq millimètres de

Fig. 139-151.

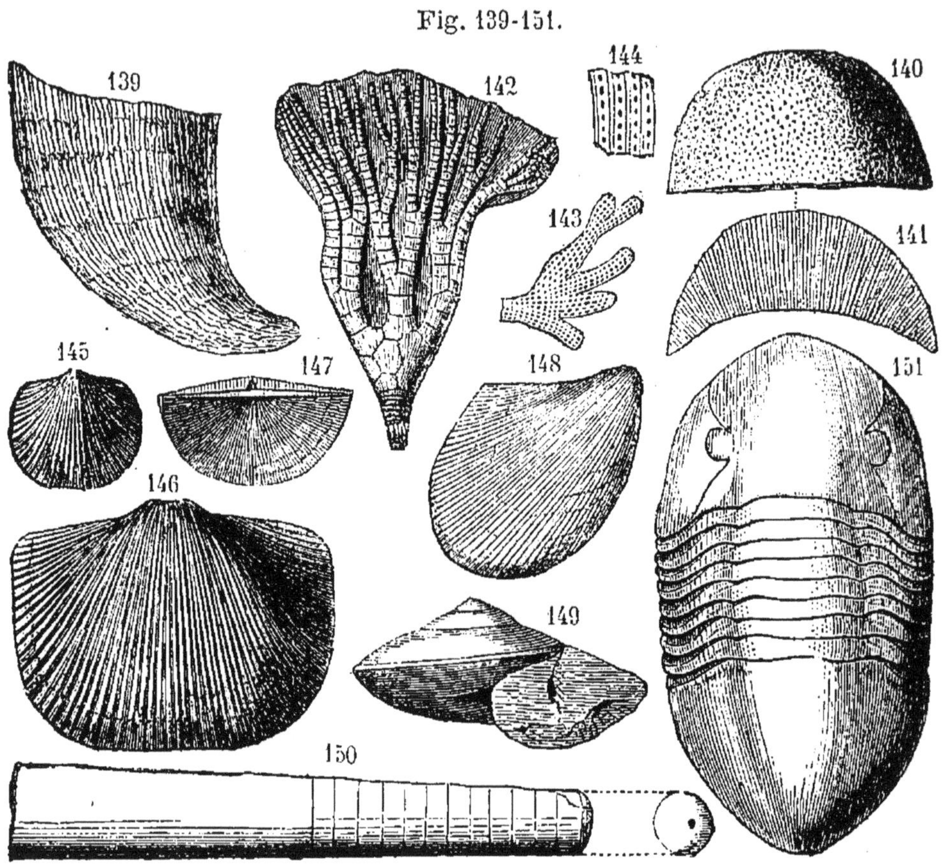

Rayonnés. — Fig. 139, Petraia Corniculum. — 140, 141, Chœtetes lycoperdon. — 142, Lecanocrinus elegans. — Mollusques. — Fig. 143, 144, Ptilodictya acuta. — 145, Orthis testudinaria. — 146, Orthis occidentalis. — 147, Leptæna sericea. — 148, Avicula (?) Trentonensis. — 149, Pleurotomaria lenticularis. — 150, Orthoceras junceum. — Articulés. — Fig. 151, Asaphus gigas.

diamètre, se nomme *Columnaria alveolata*. Une section transversale indique que les colonnes sont divisées par des cloisons horizontales. On a trouvé des masses de ces coraux pesant de cent à deux cents kilogrammes.

La figure 142 représente la forme d'un des crinoïdes

dont la tige manque le plus souvent et dont les bras ne sont jamais dans leur entier. La bouche était située en haut, au centre, et l'animal, semblable à une étoile de mer aux bras ramifiés, se dressait au fond de l'eau et était rattaché au sol par une tige formée d'anneaux successifs. Les mers renfermaient aussi de véritables astéries.

2. *Mollusques.* — Parmi les mollusques, les Bryozoaires étaient très communs ; ces fossiles se composent de petits coraux cellulaires, dont l'un est représenté figure 143, et dont une partie est agrandie sur la figure 144. Les brachiopodes étaient encore plus caractéristiques de la période et se présentaient en grand nombre ; la figure 145 est l'*Orthis testudinaria*, la figure 146 l'*Orthis occidentalis*, la figure 147 la *Leptœna sericea*. Il y avait encore quelques conchifères, comme l'*Avicula Trentonensis* (fig. 148), quelques Gastéropodes, comme la *Pleurotomaria lenticularia* (fig. 149). Les coquilles de céphalopodes avaient, en général, la forme de cornes droites ou recourbées munies de cloisons transversales. L'*Orthoceras junceum* (fig. 150), est une des petites espèces, et une variété possède une coquille longue de 12 à 15 pieds et d'un diamètre d'un pied environ. Il existait encore quelques espèces du genre Nautile.

3. *Articulés.* — La figure 151 montre un des grands trilobites des roches de Trenton, l'*Asaphus gigas* atteignant parfois la longueur d'un pied. Un autre trilobite est la *Calymene Blumenbachii* d'Europe (fig. 73), semblable à la *Calymene senaria* des roches américaines.

Tandis que les trilobites semblent offrir les plus nombreux et les plus parfaits représentants de la vie au sein des mers primordiales, les céphalopodes de la famille des Orthocères, pendant la période de Trenton, dépassaient de beaucoup les trilobites à tous les points de vue. Les espèces les plus grandes étaient de puissants animaux qui créaient et animaient des coquilles ayant 12 à 15 pieds de long. Quoique lourds, si on les compare aux poissons de l'âge suivant, ils en égalaient cependant les plus grandes espèces par les dimensions et sans doute aussi par la voracité. Les crustacés, dans leurs plus hautes divisions, les crabes, par exemple, sont regardés par quelques personnes comme plus parfaits que les céphalopodes. Mais les trilobites de la division inférieure des crustacés, sans nageoires proprement dites, menant une vie paresseuse en se mouvant lentement sur le sable ou au fond des eaux peu profondes, se cachant dans des trous ou attachés aux rochers, étaient les espèces les moins parfaites des céphalopodes.

Rien ne prouve qu'à l'époque primordiale et à celle du silurien moyen, le système des êtres vivants ait fait des progrès assez grands pour comprendre des espèces terrestres, ou même les vertébrés les plus inférieurs. Pendant la première période, les trilobites occupaient le premier rang; pendant la seconde, la place fut prise par les Orthocères et les autres céphalopodes.

C'était alors l'*Age des Invertébrés;* les céphalopodes primaient parmi les êtres du globe, et tous les autres ordres de mollusques avaient leurs représentants. Aucun autre sous-règne ne prit autant d'extension sous le rapport de ses nombreuses grandes divisions, pas même celui des rayonnés. Parmi les articulés, il n'y avait ni myriapodes, ni araignées, ni insectes, car ces animaux sont essentiellement terrestres, et les premières espèces qui en ont été découvertes sont de l'âge dévonien.

On ne compte au nombre des genres du silurien inférieur que cinq espèces vivantes, *Lingula*, *Discina*, *Rhynchonella* et *Crania* parmi les brachiopodes, et *Nautilus* parmi les céphalopodes, qui, de l'époque de la création des systèmes vivants, soient parvenues jusqu'à nous à travers la série des âges.

Dans la Grande-Bretagne, les roches siluriennes supérieures sont d'abord des grès et des schistes nommés, lorsqu'ils se rencontrent au sud du Pays de Galles, *couches de Llandovery*. Au-dessus d'eux se trouve le groupe du calcaire de *Wenlock*, formé de calcaire et de quelques schistes. Ces roches affleurent près des frontières qui séparent le pays de Galles de l'Angleterre. Vient ensuite le *groupe de Ludlow* correspondant à l'âge de l'Helderberg supérieur et, par conséquent, à la première partie du dévonien d'Amérique.

En Scandinavie, le calcaire de Gothland est l'équivalent de celui du Niagara.

Les seules plantes du silurien supérieur étaient des algues. Dans le règne animal, le sous-règne des rayonnés était représenté par des coraux et des crinoïdes, celui des mollusques par des espèces appartenant à toutes les grandes divisions, et parmi lesquelles les plus importantes étaient les tribus des brachiopodes et des orthocères, la première surtout dont les coquilles dépassent en nombre celles de tous les autres mollusques; celui des articulés par des vers, des ostracoïdes et des trilobites; et, avant la fin de cette ère, par les crustacés de forme nouvelle de la figure 172.

1. *Rayonnés.* — La figure 152 montre un corail polype de la tribu des *Cyathophylloïdes* et les feuillets rayonnés de son intérieur; la figure 153 est une variété de *Favosites*, genre dans lequel les coraux ont une structure colonnaire et dont les cellules sont intérieurement partagées par des cloisons horizontales; la figure 154 est un *Halysites catenulatus*; la figure 155, un crinoïde, le *Caryocrinus ornatus*, dont les bras sont cassés au sommet; la figure 89, un autre crinoïde de la famille des *Cystidés* provenant du groupe de Niagara; la figure 87, une étoile de mer se rapportant au même groupe.

2. *Mollusques.* — Les figures 156 à 161 montrent divers

brachiopodes; les figures 165 à 169, d'autres espèces carac-

Fig. 152-164.

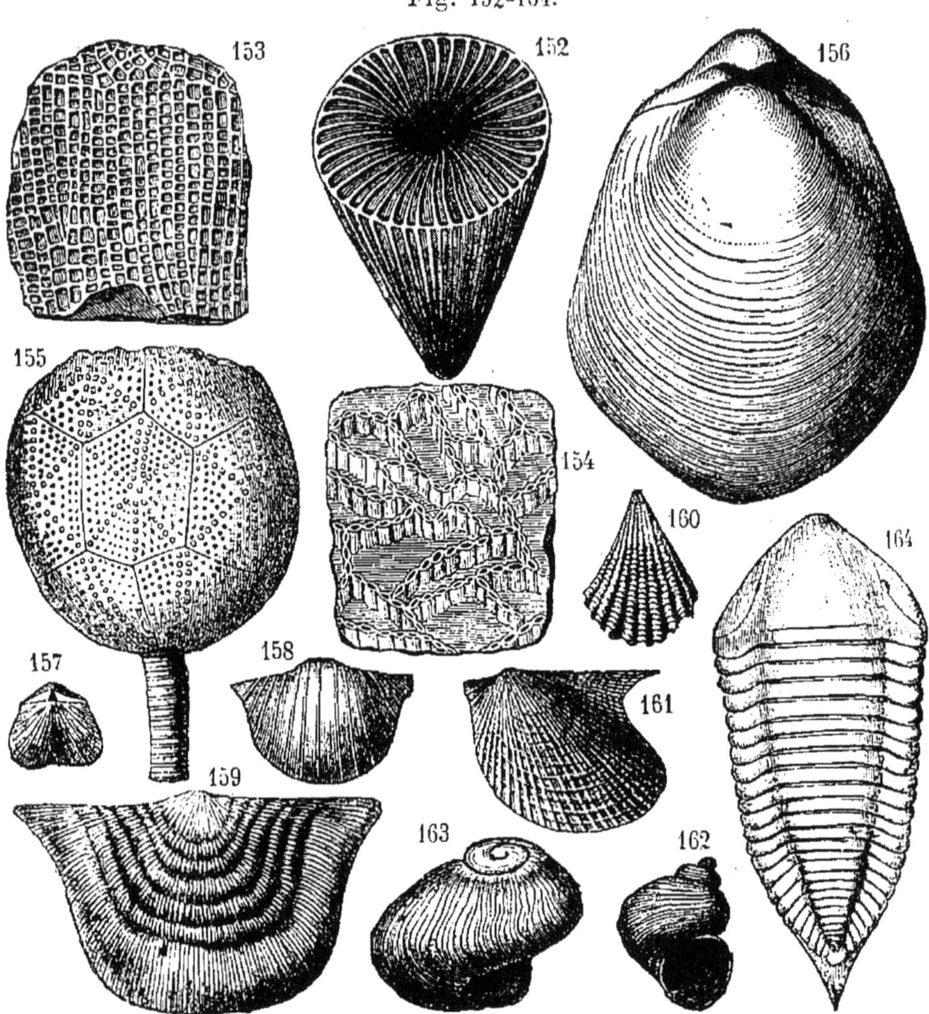

RAYONNÉS. — Fig. 152, Zaphrentis bilateralis, groupe de Clinton. — 153, Favosites Niagarensis, groupe du Niagara. — 154, Halysites catenulata, *id.* — 155, Caryocrinus ornatus, *id.* — MOLLUSQUES. — Fig. 156, Pentamerus oblongus, groupe de Clinton. — 157, Orthis biloba (× 2), groupe de Niagara et calcaire de Dudley. — 158, Lœptena transversalis, *id.* — 159, Strophomena rhomboidalis, *id.* — 160, Rynchonella cuneata, État-Unis et Grande-Bretagne. — 161. Avicula emacerata, groupe de Niagara. — 162, Cyclonema cancellata, groupe de Clinton. — 163, Platyceras angulatum, groupe de Niagara. — ARTICULÉS. — Fig. 164, Homalonotus delphinocephalus, *id.*

téristiques de l'Helderberg inférieur; les figures 162, 163 des gastéropodes, la figure 170, de petits cônes allongés tubulaires nommés *Tentaculites* constituant presque entièrement la masse de quelques couches de l'Helderberg inférieur et dont la forme augmentée est représentée figure 171.

3. *Articulés* — La figure 164 est une réduction d'un trilobite commun de l'espèce *Homalonotus* ayant quelquefois une longueur de 20 à 25 centimètres; la figure 172

Fig. 165-173.

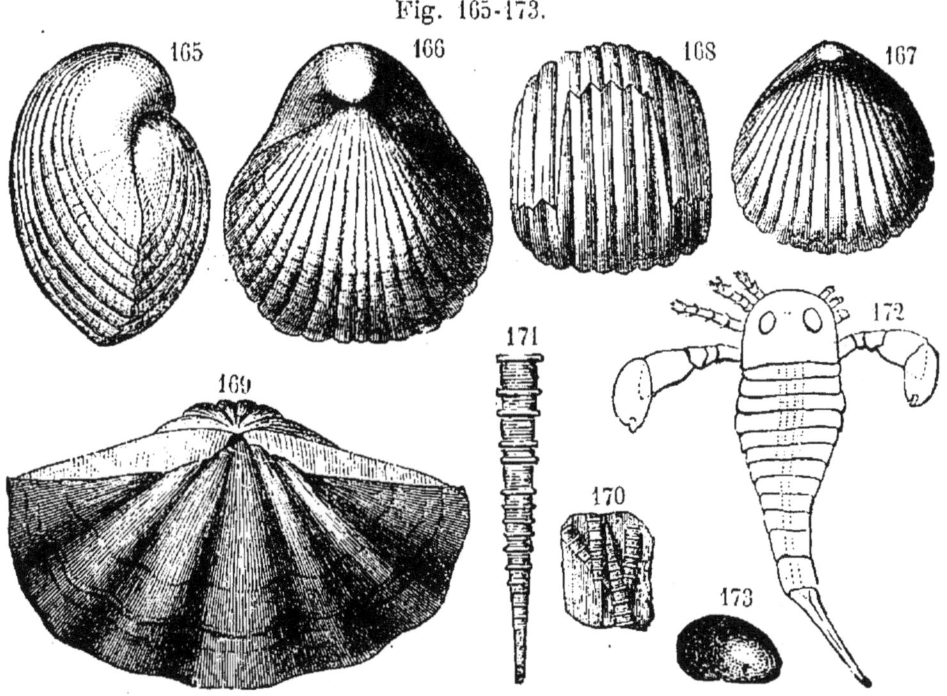

Mollusques. — Fig. 165, 166, Pentamerus galeatus. — 167, 168, Rhynchonella ventricosa. — 169, Spirifer macropleurus. — 170, Tentaculites irregularis. — 171, Tentaculites agrandi. — Articulés. — Fig. 172, Eurypterus remipes, petit spécimen. — 173, Leperditia alta. Toutes ces espèces appartiennent au groupe de l'Helderberg inférieur.

est un *Eurypterus remipes*, d'une nouvelle famille de crustacés qui parvient à une longueur de 30 centimètres; une variété de la même famille se trouve en Grande-Bretagne dans les couches de Ludlow, et, par les fragments qui en ont été découverts, on suppose que l'une d'elles avait une longueur de 2 mètres à 2m,50, dimensions dépassant celles de tous les crustacés actuellement vivants; la figure 173 est un Crustacé ostracoïde, le *Leperditia alta* dont la dimension est extraordinairement grande pour la famille, car les ostracoïdes modernes dépassent rarement 2 millimètres.

Dans les couches du Ludlow supérieur de la Grande-Bretagne, on a trouvé un petit nombre de plantes terrestres et de poissons.

Pendant le silurien supérieur, les espèces les plus importantes des mers et du globe continuaient à être les mollusques de l'ordre des céphalopodes. Alors, les trilobites étaient les premiers des articulés, et les algues les plantes les plus parfaites. Les coraux et les crinoïdes étaient les seules espèces vivantes ayant une ressemblance avec les fleurs, et ces animaux préludaient à l'apparition des véritables fleurs du règne végétal, bien avant que celles-ci n'existassent.

Il s'était cependant effectué des progrès considérables dans le développement de la vie, par la création de nouvelles espèces et l'introduction de nouveaux genres au milieu des familles contemporaines de l'extinction des formes plus anciennes. Pendant l'ère silurienne inférieure, il y eut disparition, en Amérique, de 1000 espèces d'animaux environ, et de 600 dans la Grande-Bretagne, et, pendant le silurien supérieur, de plus de 800 en Amérique.

2. AGE DES POISSONS OU AGE DEVONIEN

1. Subdivision.

L'âge dévonien peut se diviser en deux ères, celle des formations inférieures et celle des formations supérieures. La première renferme, aux États-Unis, les périodes d'Oriskany et Cornifère, la seconde, celles d'Hamilton, de Chemung et de Catskill.

En France, le terrain dévonien affleure dans le Bas-Boulonnais, dans le Cotentin, dans l'Orne, la Sarthe, la Mayenne et l'Ille-et-Vilaine, où il est représenté par des schistes, des calcaires et des grès appartenant au dévonien inférieur; on le rencontre aussi à l'extrémité occidentale de la Bretagne, près de Brest, en quelques points des Vosges (environs de Schirmeck), du Morvan, de l'Hérault (pic de Cabrières) et dans les Pyrénées, Les marbres griotte et campan de cette dernière région sont rattachés à la partie supérieure du dévonien.

Dans la Grande-Bretagne, les roches dévoniennes ont reçu le nom de *vieux grès rouge*, parce que la roche dominant au pays de Galles et en Écosse est un grès rouge. Toutefois, cette formation comprend des marnes de couleur généralement rouge et quelques calcaires. En Allemagne et dans les provinces Rhénanes, il existe un calcaire coraillier très semblable à celui de l'Amérique du Nord.

2. Vie

1. *Caractères généraux.*

Le dévonien est l'ère des premières plantes terrestres, des premiers insectes ou articulés terrestres et des pre-

Fig. 174.

Section des formations dévoniennes au sud du lac Ontario.

miers vertébrés. Ceux-ci étaient des poissons, espèce uniquement aquatique.

2. *Plantes.*

Les figures 175, 177 représentent des parties de quelques plantes; la figure 177 est un fragment de fougère, les figures 175, 176 des portions d'arbres de cette époque. Les cicatrices ou proéminences qui en recouvrent la surface, sont les bases des feuilles tombées. En se rapportant à ce qui a été dit précédemment, on verra que, parmi les cryptogames, il existe un ordre, le plus élevé, celui des acrogènes, dans lequel les plantes ont une croissance verticale comme celle des arbres ordinaires, et les tissus sont en

Fig. 175-177.

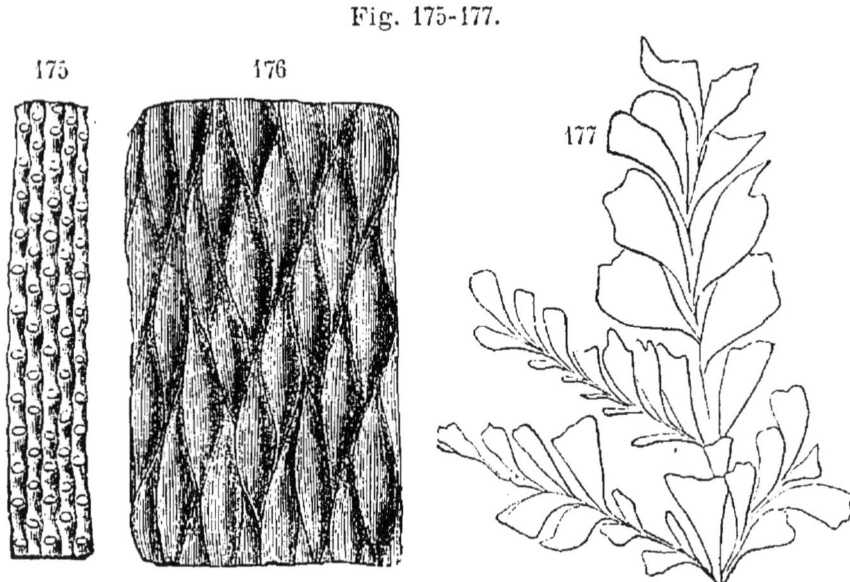

PLANTES. — Fig. 175, Lepidodendron primævum du groupe d'Hamilton. — 176, Sigillaria, Hallii *id.* — 177, Nœggerathia Halliana du groupe de Chemung.

partie vasculaires ; il comprend les Fougères, les Lycopodes et les Équisétacées. Les plus anciennes plantes terrestres appartiennent, pour la plupart, à cet ordre. Une autre partie des plantes est rapportée à l'ordre supérieur des plantes à fleurs ou Phanérogames nommées Gymnospermes.

Les groupes représentés dans ces trois divisions sont les suivants :

I. Plantes privées de fleurs ou Cryptogames, ordre des **Acrogènes**.

1. *Tribu des Fougères.* — Cette espèce offre une ressemblance générale avec les fougères du temps actuel.

2. *Tribu des Lycopodes.* — Les plantes existantes de cette tribu sont allongées et dépassent rarement $1^m,20$ à $1^m,50$ de haut; jadis elles avaient les dimensions des arbres de haute futaie. Ces espèces anciennes appartiennent surtout à la famille des *Lepidodendron*, où les cicatrices sont contiguës et disposées en quinconce, c'est-à-dire alternant suivant des rangées adjacentes, (fig. 175). Ce type de plantes est en quelque sorte intermédiaire entre les acrogènes et les gymnospermes (conifères).

3. *Tribu des Équisétacées.* — Les Équisétacées de nos forêts tropicales modernes sont élancées, creuses, garnies de nœuds comme ceux des joncs. Elles possèdent souvent à chaque nœud un cercle de minces appendices foliacés.

Les *Calamites* sont particuliers à l'ancien monde, car aucun n'a existé depuis l'âge mésozoïque. Ils ont des tiges striées, garnies de nœuds comme les équisétacées, auxquelles d'ailleurs ils ressemblent. Ils avaient souvent une vingtaine de pieds et plus en hauteur, et quelquefois un diamètre de $0^m,15$. Quelques-uns avaient des tiges creuses; chez d'autres l'intérieur était ligneux, et ceux-ci étaient en quelque sorte intermédiaires entre les équisétacées et les gymnospermes. La figure 225 représente une portion de l'une de ces plantes.

II. Plantes à fleurs ou Phanérogames de l'ordre des **Gymnospermes.**

1. *Conifères.* — Ces espèces ressemblent aux pins communs, ou plus exactement aux pins araucaria de l'Australie et de l'Amérique du Sud. On rencontre surtout, à l'état fossile, les portions de leur tronc et de leurs branches, et on suppose que tous les spécimens trouvés appartiennent à la tribu suivante.

2. *Sigillariées.* — Les Sigillariées étaient des arbres de hauteur moyenne, à tronc court et peu fourni de branches et dont les feuilles longues et linéaires ressemblaient beau-

coup à celles des Lepidodendra. Les cicatrices de l'extérieur sont la plupart du temps disposées en lignes verticales parallèles (fig. 176 et fig. 219), et non en quinconce comme celles des Lepidodendra.

Les Conifères, les Fougères et les Lepidodendra ont été trouvés dans quelques couches dévoniennes de la Grande-Bretagne et de l'Europe. Dans le premier pays, les restes les plus anciens se rencontrent dans le dévonien inférieur et dans les couches du Ludlow supérieur.

Le silex corné montre sous le microscope qu'il est probablement formé de restes siliceux de plantes et d'animaux. Les figures 178 à 192 représentent quelques-unes

Fig. 178-192.

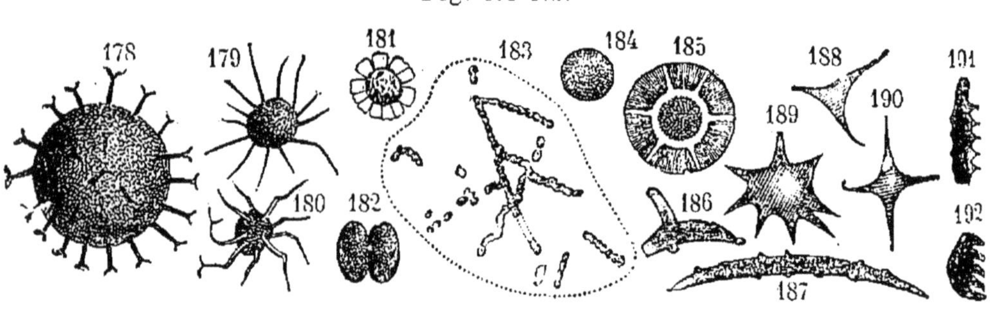

Organismes microscopiques du silex corné.

des espèces qui ont été découvertes dans des échantillons provenant de l'État de New-York et d'autres endroits. On voit (fig. 178-184) des plantes microscopiques rapportées aux *Desmides;* la figure 185 est une autre variété nommée *Diatomée* qui constitue des coquilles siliceuses et probablement une des sources dont provenait la silice formant le silex corné. Les figures 187-188 sont des spicules d'Éponges, qui sont siliceuses; les figures 188-190 sont probablement aussi des spicules d'éponge; les figures 191-192 sont des fragments de dents d'un mollusque gastéropode.

3. *Animaux,*

Le dévonien ancien fut la période corallienne de l'ancien monde; jamais il ne s'était formé et jamais il ne s'est formé des récifs de coraux d'une aussi grande étendue.

Parmi les mollusques, les brachiopodes étaient les variétés les plus importantes, tandis que les bivalves ordinaires ou conchifères et les univalves ou gastéropodes étaient plus abondants que dans le silurien. Un nouveau type de céphalopodes commença dans le dévonien moyen. Jusqu'alors les cloisons ou *septa* dans les coquilles, droites ou enroulées, étaient plates ou simplement concaves, tandis que, dans le nouveau genre *Goniatite*, le bord de la cloison a un ou plusieurs angles profonds, dont l'un est situé au milieu du dos de la coquille.

Parmi les articulés, il y avait des vers et des crustacés

Fig. 193-198.

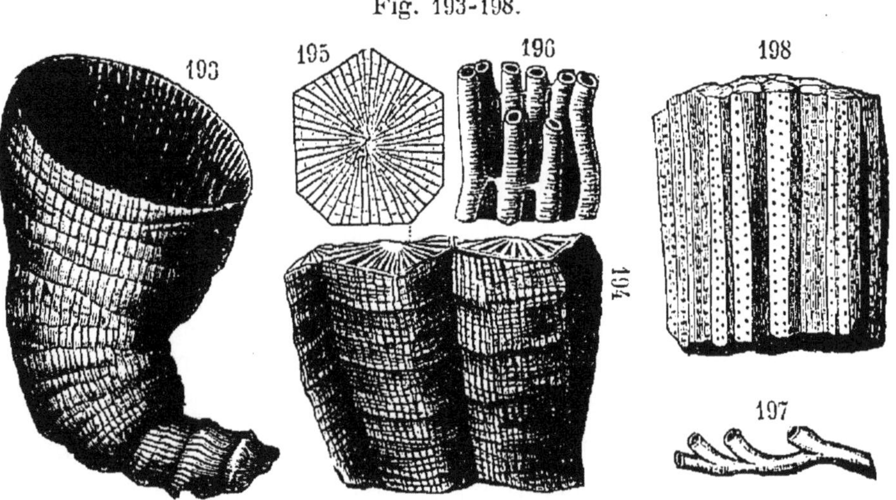

RAYONNÉS. — Fig. 193, Zaphrentis Rafinesquii. — 194, 195, Cyathophyllum rugosum. — 196, Syringopora Maclurii. — 197, Aulopora cornuta. — 198, Favosites Goldfussi. Toutes ces espèces appartiennent à la période cornifère.

comme dans les temps précédents, et, parmi ces derniers, les plus communs étaient les *Trilobites*. Les premiers insectes existaient alors, car on a découvert les ailes de quelques espèces dans le dévonien du Nouveau-Brunswick.

1. *Rayonnés.* — La figure 193 est un des coraux cyathophylloïdes, le *Zaphrentis Rafinesquii*, la figure 194, un autre, le *Cyathophyllum rugosum*. La figure 195 est une coupe des cellules de la figure 194; la figure 198, un *Favosites* montrant bien la structure colonnaire caractéristique du genre; l'espèce *F. Goldfussi* se rencontre à la fois en Amérique et en Europe. Les figures 196 et 197 sont de petits coraux du Canada occidental.

2. *Mollusques.* — Les figures 200-201 représentent des brachiopodes; les figures 202-203, des Conchifères : la figure 204, le *Goniatites Marcellensis*; la figure 205, une vue de dos montrant les angles des cloisons. Cette espèce ne possède qu'un angle ou lobe rentrant.

3. *Articulés.* — La figure 206 est le Trilobite *Phacops Bufo.*

4. *Vertébrés.* — Les poissons du dévonien appartiennent à deux ordres : les Ganoïdes et les Sélachiens. Quelques ganoïdes sont représentés sur les figures 208-214. Les poissons de cet ordre se rapprochent sur plusieurs points des reptiles. Contrairement aux poissons ordinaires ou Téliostes, ils ont le pouvoir de mouvoir la tête de haut en bas au moyen d'articulations comprises entre la tête et le corps et présentant une surface convexe et concave; les dents ont en général une structure analogue à celle des dents de quelques reptiles primitifs. La figure 208 est une vue réduite d'un ganoïde offrant, comme la tortue, un corps recouvert de larges écailles; cet animal se meut au moyen de palettes au lieu de la queue, principal organe de locomotion pour la plupart des poissons, ce qui lui donne un nouveau point de ressemblance avec les tortues. C'est le *Pterichthys* d'Agassiz. Il existe une autre espèce recouverte de plaques en forme d'écailles,

dont un genre nommé *Coccosteus* manque de palettes et se dirige au moyen de sa queue comme la plupart des poissons. La figure 209 représente un type différent

Fig. 199-206.

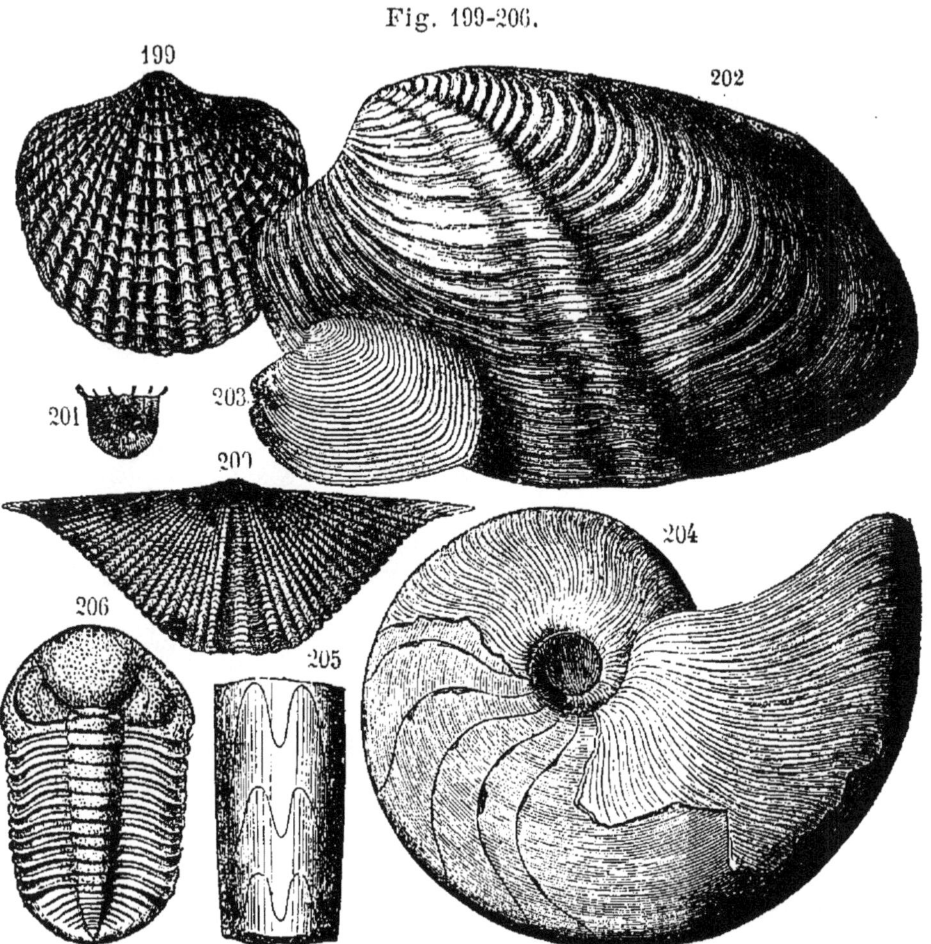

MOLLUSQUES. — Fig. 199, Atrypa aspera. — 200, Spirifer mucronatus. — 201, Chonetes setigera. — 202, Grammysia bisulcata. — 203, Microdon bellistriatus. — 204, 205, Goniatites Marcellensis. Toutes ces espèces appartiennent au groupe d'Hamilton. — ARTICULÉS. — Fig. 206, Phacops Bufo du groupe d'Hamilton.

de ganoïde, le *Cephalaspis*, dont la tête est recouverte d'une plaque large et aplatie et le corps d'écailles rhombiques; la figure 210 montre la forme de quelques-unes de ces écailles. La figure 213 est une autre variété, le *Dipterus* revêtu d'écailles rhombiques se recouvrant réciproquement, comme dans l'exemple précédent, en forme de tuiles sur un toit; la figure 214 est une de ces écailles en grandeur naturelle. La figure 211 est un autre type de ganoïdes ayant les écailles arrondies et disposées comme les bardeaux d'un toit, c'est l'*Holoptychius*; la figure 212 représente une de ces écailles en grandeur naturelle. Ces figures sont en général très réduites. On a trouvé des

Fig. 207-208.

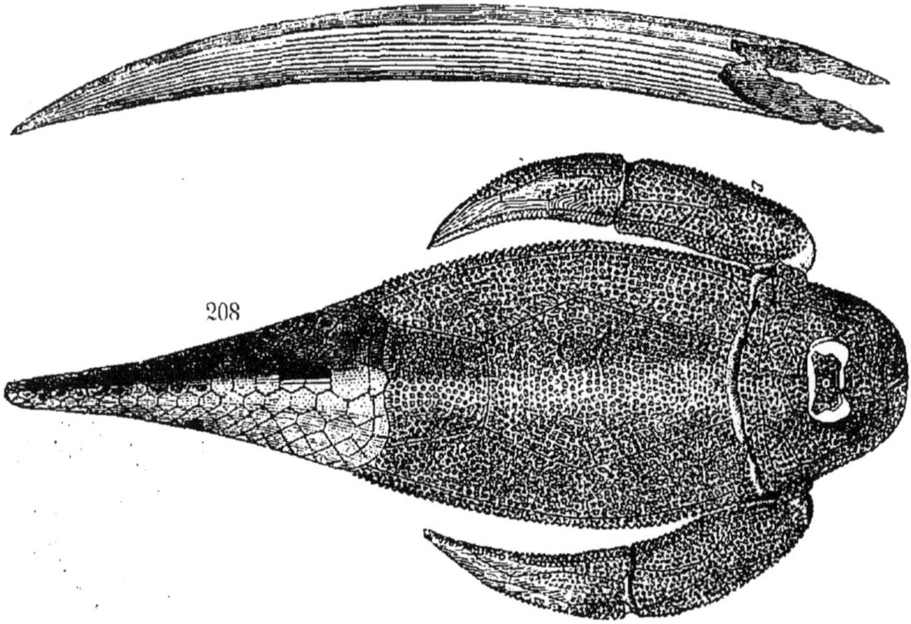

VERTÉBRÉS. — Fig. 207, Épine d'une nageoire de Requin (× 2/3). — 208 Pterichthys Milleri (× 2/3).

écailles d'*Holoptychius* dépassant 4 centimètres en largeur, ce qui prouve l'existence de poissons de grandes dimensions.

Les *Sélachiens*, espèce de la tribu des requins, appartiennent à la famille des *Cestracions*, dans laquelle la bouche possède un pavage de larges pièces osseuses destinées à écraser des aliments. Les aliments que ces poissons carnivores trouvaient dans les mers, consistaient surtout en poissons, coquilles et en ganoïdes recouverts d'écailles résistantes, et les mâchoires étaient dès lors mieux disposées que si elles eussent été munies de dents

Fig. 209-214.

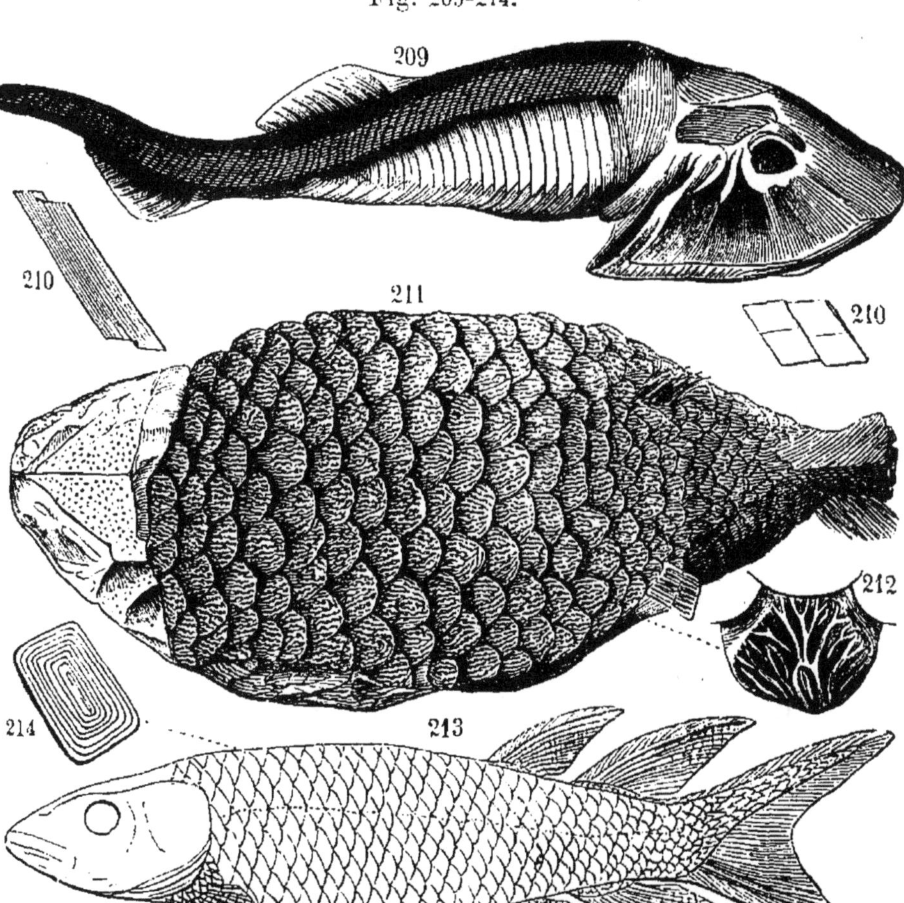

GANOÏDES. — Fig. 209, Cephalaspis Lyellii (× 2/3). — 210, Écailles du même. — 211, Holoptychius (× 1/6). — 212, Écaille du même. — 213, Dipterus macrolepidotus (× 1/2). — 214, Écaille du même.

tranchantes. Beaucoup de ces requins cestracions avaient de très grandes dimensions. La figure 207 représente l'épine de la nageoire de l'un d'eux réduite des deux tiers de sa grandeur actuelle.

4. Observations générales.

— Le grand phénomène de l'âge dévonien est l'introduction des premières plantes terrestres, des premiers animaux terrestres (insectes) et des premiers vertébrés. Il est possible que, dans l'avenir, de nouvelles découvertes reculent l'époque de l'apparition de ces types. Quoi qu'il en soit, le moment d'apparition des premières plantes terrestres fut une époque de grand progrès dans le système de la vie sur le globe. Les algues dépourvues de feuilles étaient remplacées par les fougères, les lepidodendra et les pins, un monde aride et sans vie, n'existant qu'au niveau des marées, par un monde couvert de collines et paré de forêts.

3. AGE DES PLANTES HOUILLÈRES OU AGE CARBONIFÈRE

1. Caractères généraux : Subdivisions.

L'âge carbonifère se signale à quatre points de vue :

1° Les vastes limites des continents au-dessus du niveau de la mer.

2° L'étendue, sur ces continents, de régions déprimées et marécageuses couvertes d'eaux douces, le relief uni ou très légèrement ondulé, l'absence presque complète des collines élevées qui caractérisaient le reste des terres émergées.

3° La luxuriante végétation qui couvrait la terre de forêts et de jungles.

4° L'existence sur la terre d'insectes dans les marécages et au sein des mers, et d'amphibies ainsi que d'autres reptiles.

Malgré ces caractères généraux, l'âge carbonifère ne fut pas un âge de verdure continuelle. Il y eut d'abord une longue période, le *subcarbonifère,* pendant laquelle la terre fut en grande partie au-dessous de la mer, car la roche prédominante est un calcaire plein de fossiles marins, et l'on ne trouve au milieu des grès et des schistes que de minces lits de charbon. Cette période fut suivie de celle que l'on nomme *carbonifère*, et qui est celle des vraies couches houillères. Même pendant cette période moyenne de l'âge, les continents furent alternativement émergés et submergés; une longue ère, caractérisée par des terres sèches et humides couvertes d'une végétation luxuriante d'arbrisseaux et d'arbres de haute futaie était intercalée entre d'autres longues ères marquées par l'existence de grandes mers continentales stériles. Il y eut enfin une période terminale dite *permienne*, pendant laquelle l'océan prévalut encore, bien que ses limites fussent plus restreintes que précédemment, car les roches en sont principalement d'origine marine.

La période et l'âge carbonifères furent ainsi nommés parce que c'est surtout pendant leur durée que les grandes couches de houille du globe furent créées. Le terme de *permien* a été appliqué aux roches de la troisième période, à cause d'une région de roches permiennes qui se trouve en Russie, dans l'ancien royaume de Permie, actuellement partagé entre les gouvernements de Perm, de Viatka, de Kasan, d'Orembourg, etc.

2. Distribution des roches carbonifères.

La superficie carbonifère, sur la carte des États-Unis, est désignée par des teintes sombres, les lignes noires croisées avec des intervalles blancs représentent le *subcarbonifère*, le noir uni, le *carbonifère*, le noir semé de points blancs, le *permien*. Ce dernier terrain ne se trouve qu'à l'ouest du Mississipi.

Le terrain carbonifère de l'Amérique du Nord, s'étend sur trois régions.

1. Région des frontières orientales comprenant le Rhode-Island, la Nouvelle-Écosse et le Nouveau-Brunswick avec une superficie de 48,000 kilomètres carrés.

2. La région des Alleghanys, du Michigan, de l'Illinois et du Missouri avec une superficie de 313,000 kilomètres carrés.

3. Enfin la région arctique, (île Melville et les autres îles comprises entre la terre Grinnell et celle de Banks, situées en général au nord de la latitude 70°).

On trouve aussi des couches carbonifères dans la Grande-Bretagne et en diverses parties de l'Europe. Celles d'Angleterre sont distribuées sur un espace compris entre le pays de Galles du sud à l'ouest, et le bassin de Newcastle sur la côte nord-est, ainsi qu'on le voit par les surfaces noires de la carte suivante (fig. 215); les plus importantes pour leur production en charbon sont celles du Pays de Galles du sud, le district du Lancashire dont la limite passe par Manchester et Liverpool, le Yorkshire, aux environs de Leeds et de Sheffield, et les environs de Newcastle.

L'Écosse a quelques petits bassins houillers entre les monts Grampians au nord et les Lammermuirs au sud; et l'Irlande offre plusieurs districts houillers assez étendus à Ulster, Connaught, Leinster (Kilkenny) et Munster.

Les bassins houillers les plus exploités sont en Belgique où ils s'étendent parallèlement à la frontière de France qu'ils traversent. L'Allemagne ne renferme que peu de houille, et la Russie d'Europe en est presque entièrement dépourvue, tandis que les terrains permien et subcarbonifère recouvrent une grande partie de sa surface.

Les superficies de quelques bassins houillers étrangers sont les suivantes :

Fig. 215.

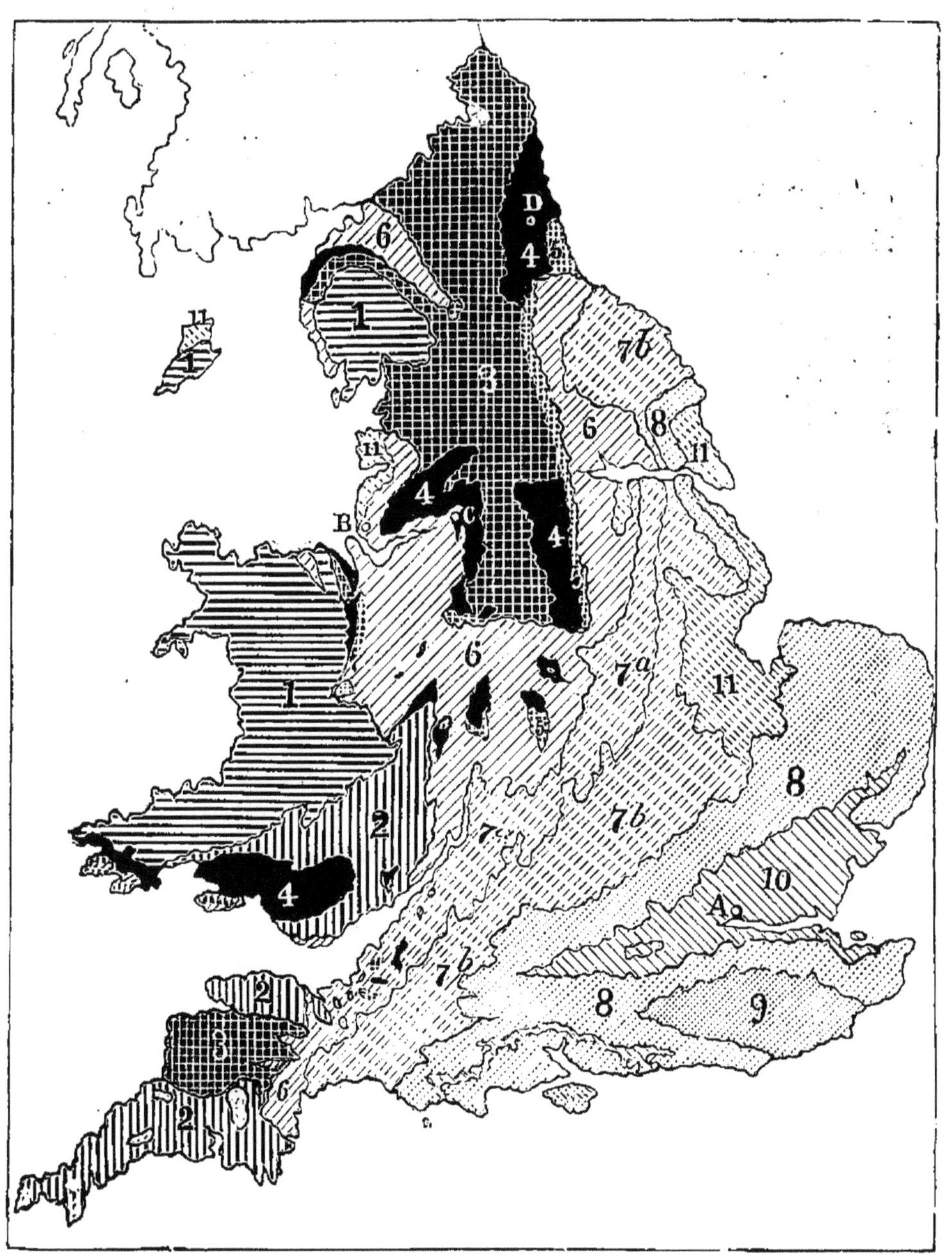

Carte géologique de l'Angleterre. Les surfaces couvertes de lignes horizontales et numérotées 1 représentent le Silurien ; les lignes verticales, 2, le Dévonien ; les lignes croisées, 3, le subcarbonifère ; le noir, 4, le Carbonifère et 5, le Permien ; les lignes obliques de droite à gauche, le Trias, 6 ; le Lias, 7 *a* ; l'Oolithe, 7 *b* ; le Weald, 8 ; le Crétacé, 9 ; les lignes obliques de gauche à droite, le Tertiaire, 10, 11.-A, est Londres, B, Liverpool, C, Manchester, D, Newcastle.

		Kilom. carrés.
Grande-Bretagne et Irlande		31.000
Espagne		10.000
France	environ	5.000
Belgique		1.250

ou moins de 50,000 kilomètres carrés, tandis que l'Amérique du Nord en contient 360,000.

En France, on trouve les couches de houille dans le bassin du Nord et dans celui du Pas-de-Calais, à Saint-Étienne, dans l'Aveyron, la Haute-Dordogne et la Corrèze, près d'Autun (Blanzy, le Creuzot), où l'on rencontre aussi du permien; l'étage anthraxifère existe à Neffiez dans l'Hérault, le permien à Lodève. Enfin le terrain houiller s'observe encore dans le Gard, les Pyrénées, la Sarthe, la Mayenne, la Basse-Loire, en Vendée, dans le Calvados et dans le Var.

On n'a pas trouvé de couches de houille exploitables dans les roches plus anciennes que le carbonifère, quoique les schistes noirs bitumineux ne soient point rares même dans le silurien inférieur. On en rencontre cependant, dans diverses formations mésozoïques et même parfois dans le cénozoïque, mais non pas aussi étendues que dans les formations carbonifères.

3. VARIÉTÉS DES ROCHES

Période subcarbonifère. — Les couches subcarbonifères, consistent principalement en calcaire, qui en beaucoup d'endroits abonde en restes de crinoïdes et est souvent appelé *calcaire crinoïdal*, en grès, en conglomérat et parfois en marne.

La roche dominante dans la grande Bretagne et en Europe est un calcaire nommé *calcaire de montagne*.

Période carbonifère. — 1. *Roches de la formation houillère.* — Les roches de la période carbonifère, c'est-à-dire celles des couches de houille, sont des grès, des schistes, des conglomérats et parfois des calcaires, et sont si semblables aux roches des âges silurien et dévonien qu'elles ne peuvent s'en distinguer que par les fossiles. Elles sont diversement alternées et contiennent quelquefois au milieu d'elles des couches accidentelles de charbon. Les couches de houille, prises ensemble, ne forment pas plus de *un cinquantième* de leur épaisseur totale, c'est-à-dire qu'il existe 50 mètres de roches stériles pour 1 mètre de houille.

Les lits de minerai de fer argileux sont très communs dans les districts houillers, de telle sorte que la même région produit à la fois le minerai et le fer qui sert à le fondre. Les plus grandes usines de fer du monde, de chaque côté de l'Atlantique, se rencontrent dans les districts houillers.

Les lits de charbon se trouvent souvent sur une couche d'argile grisâtre ou bleuâtre nommée *under-clay* et remplie de racines ou de tiges de plantes. Lorsque l'under-clay manque, la roche est ordinairement un grès ou un schiste ; au-dessus de la houille, la roche peut être du grès, du schiste, du conglomérat ou même du calcaire ; souvent le lit immédiatement supérieur, surtout s'il est schisteux, est rempli de feuilles et de tiges fossiles. Dans quelques cas, des troncs de vieux arbres s'élèvent du milieu de la houille et s'étendent à travers les lits supérieurs, comme dans la figure ci-jointe offrant une coupe prise dans le terrain houiller de la Nouvelle-Écosse. Parfois des troncs de 15 à 18 mètres de long sont renversés à travers des couches de grès, comme si une forêt eût été précipitée de la terre au fond de la mer.

2. *Couches de houille.* — Les couches de houille ont une épaisseur variant depuis quelques millimètres jusqu'à 10 ou 12 mètres, mais elles dépassent rarement 2m50 et sont

généralement beaucoup plus minces ; l'épaisseur de la couche principale à Pittsburg est de 2^m50 ; celle de « Mammoth vein » à Wilkesbarre (Pa) est de 9^m15 ; celle d'une des deux grandes couches à Pictou, Nouvelle-Écosse, est de 11^m 60. Dans ces couches épaisses et souvent même dans les couches minces, on rencontre des lits intermédiaires de schiste ou de houille très impure, de sorte que le tout n'est pas bon à brûler.

Fig. 216.

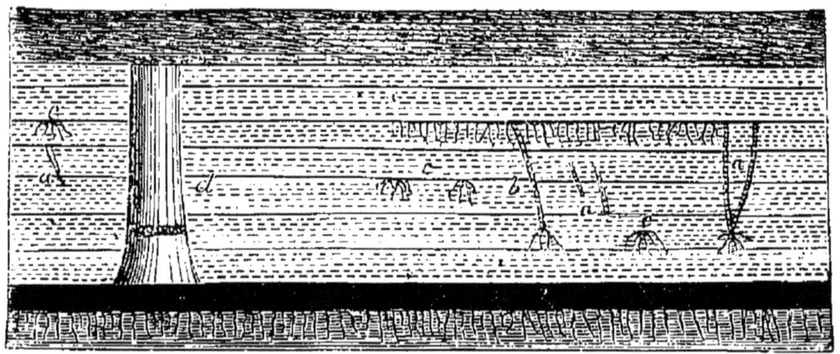

Section d'une portion du terrain houiller aux Joggins (Nouvelle-Écosse), montrant des troncs d'arbres debout et des racines dans l'Under-clay.

La qualité du charbon varie suivant la proportion de matières bitumineuses qu'il renferme ; celui qui n'en contient que peu ou point se nomme *Anthracite* et le reste *Houille bitumineuse*. Quand il n'a que 10 ou 15 pour 100 de substances bitumineuses, on l'appelle souvent charbon *semi-bitumineux*. En Pensylvanie, le charbon des bassins de Pottsville, de Lehigh et de Wilkesbarre est de l'*anthracite*, celui de Pittburg du *charbon bitumineux*, et celui d'une partie des districts intermédiaires est *semi-bitumineux*.

La qualité du charbon varie aussi d'après la proportion des impuretés. Il contient toujours plus ou moins de matières terreuses, telles que l'argile ou la silice, et ces matières constituent les cendres et les scories des feux de houille. Le bon anthracite contient ordinairement 7 à 12 kilogrammes d'impuretés pour 100 kilogrammes de charbon. Dans quelques couches de charbon, il y a beaucoup de pyrites ou sulfure de fer, et le charbon devient impropre à l'usage. Il est rare que la pyrite soit complètement absente. Les gaz sulfureux que l'on reconnaît dans la fumée d'un feu de charbon proviennent ordinairement de la décomposition des pyrites.

Le charbon de terre, qui, à moins d'être très impur, se brise rarement en plaques, se compose cependant de couches minces. On le voit dans le plus dur anthracite au moyen des délicates ondulations qui couvrent une surface de fracture et s'aperçoivent facilement au moment de l'extraction. Cette structure manque dans la variété appelée *cannel-coal*, qui est un charbon bitumineux, de texture très compacte, de peu d'éclat et à cassure lisse souvent semblable à celle du silex.

3. *Huile minérale.* — Outre le charbon minéral, les roches contiennent quelquefois des liquides bitumineux nommés ordinairement *Pétrole* ou *Huile minérale*, et qui, lorsqu'ils sont purifiés pour être brûlés, portent le nom de *kerosène*, de *naphte minérale*, etc. Les puits à huile sont très exploités à Titusville en Pensylvanie et à Mecca (Ohio), et il est probable que l'huile, à chacune de ces places, provient des roches subcarbonifères inférieures et peut-être même dévoniennes. Le pétrole est le résultat d'une décomposition de substances végétales et provient de roches de différents âges, depuis celles du silurien inférieur jusqu'aux roches tertiaires. On en trouve à Gabian dans l'Hérault, en Alsace, en Italie, en Gallicie, dans les provinces russes du Caucase, dans l'Inde, en Birmanie et en Chine.

4. *Sel gemme ou sources salées.* — La formation sub-

carbonifère de l'État de Michigan fournit dans la vallée de Saginaw et la contrée environnante beaucoup d'eaux salées; l'on y a ouvert par sondages de nombreux puits. Les couches donnant l'eau salée se composent de lits argileux ou marnes, de schistes et de calcaires magnésiens, et abondent aussi en gypse.

Période permienne. — Les roches des couches permiennes sont surtout des grès et des marnes accompagnés d'un peu de calcaires impurs ou magnésiens et de gypse. On les trouve en Grande-Bretagne dans le voisinage de divers bassins houillers, ainsi qu'en Allemagne et en Russie. De minces veines de houille sont parfois intercalées entre des grès, mais on n'en connaît aucun dépôt exploitable.

4. Vie.

1. *Plantes.*

Les plantes des forêts, des jungles et des îles flottantes de l'âge carbonifère, autant qu'on a pu les étudier jusqu'à présent sont au nombre d'environ neuf cents espèces. Parmi les fossiles, aucune ne prouve d'une façon satisfaisante la présence d'*Angiospermes* ou de *Palmiers*, car on n'a trouvé parmi eux aucune feuille dont le caractère se rapproche de celle du *Chêne*, de l'*Érable*, du *Saule*, du *Rosier*, etc., et aucune feuille ou bois de *palmier*. Les plaines étaient alors dépourvues de gazon, les marais et les bois n'avaient point de mousses. Actuellement, les Angiospermes et les conifères de la famille des pins constituent la plus grande partie de nos arbrisseaux et des arbres de nos forêts, les palmiers abondent dans toutes les contrées tropicales, le gazon recouvre tous les lieux où le climat n'est pas trop aride, et les mousses sont la principale végétation de nos marais les plus dénudés.

La figure 217 donne l'idée de la végétation carbonifère qui recouvrait pendant cette ère les plaines et les marécages.

Fig. 217.

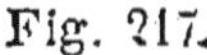

Végétation carbonifère.

Les espèces carbonifères, comme celles de l'âge dévonien qui les ont précédées, appartiennent aux groupes suivants.

1. **Cryptogames** ou plantes sans fleurs de l'ordre des **Acrogènes**.

1. *Tribu des Fougères.* — Les fougères étaient très

abondantes, car une grande partie des plantes fossiles des bassins houillers montrent leur feuillage délicat. L'une de ces feuilles est représentée figure 221. Outre les petites espèces, semblables aux espèces communes de nos jours. il existait de vraies *fougères arborescentes*, ayant un tronc d'une hauteur de 5 à 6 mètres et ornées à leur sommet d'une large touffe de feuillage semblable aux feuilles des modernes fougères arborescentes des tropiques. L'une d'elles, du Pacifique, est représentée sur la figure 217 au milieu de la figure, et devant elle sur le premier plan, on aperçoit des fougères plus petites. Cependant, ces fougères n'étaient pas communes dans les forêts carbonifères; les cicatrices des fougères arborescentes fossiles ou récentes sont la plupart du temps plus grandes que celles des Lepidodendra, et l'on s'appuie sur cette remarque pour distinguer les fossiles.

2. *Tribu des Lycopodes.* — Les Lepidodendra semblent avoir été au nombre des arbres de haute futaie les plus abondants de l'âge carbonifère, spécialement pendant la première moitié de cet âge ou jusqu'au milieu de la période. Ils couvraient probablement les marécages, les plaines sèches et les collines. Quelques-uns des troncs anciens conservés jusqu'à nos jours dans les strates ont une longueur de 15 à 18 mètres, et leurs feuilles, semblables à celles des pins, avaient parfois plus de 30 centimètres. La figure 218 montre les marques qui recouvrent la surface d'un arbre de cette espèce, en grandeur naturelle. La disposition régulière des cicatrices rappelle un peu l'arrangement des écailles d'un poisson.

3. *Tribu des Equisetum.* — La figure 222 représente une portion d'un jonc arborescent ou *Calamites* que l'on considère généralement comme faisant partie de la tribu des Equisetum. Cette espèce était évidemment très abondante dans les grands marécages pendant tout le cours de

l'âge carbonifère; quelques calamites avaient une longueur de plus de 6 mètres et un diamètre de 25 à 30 centimètres.

Fig. 218-223.

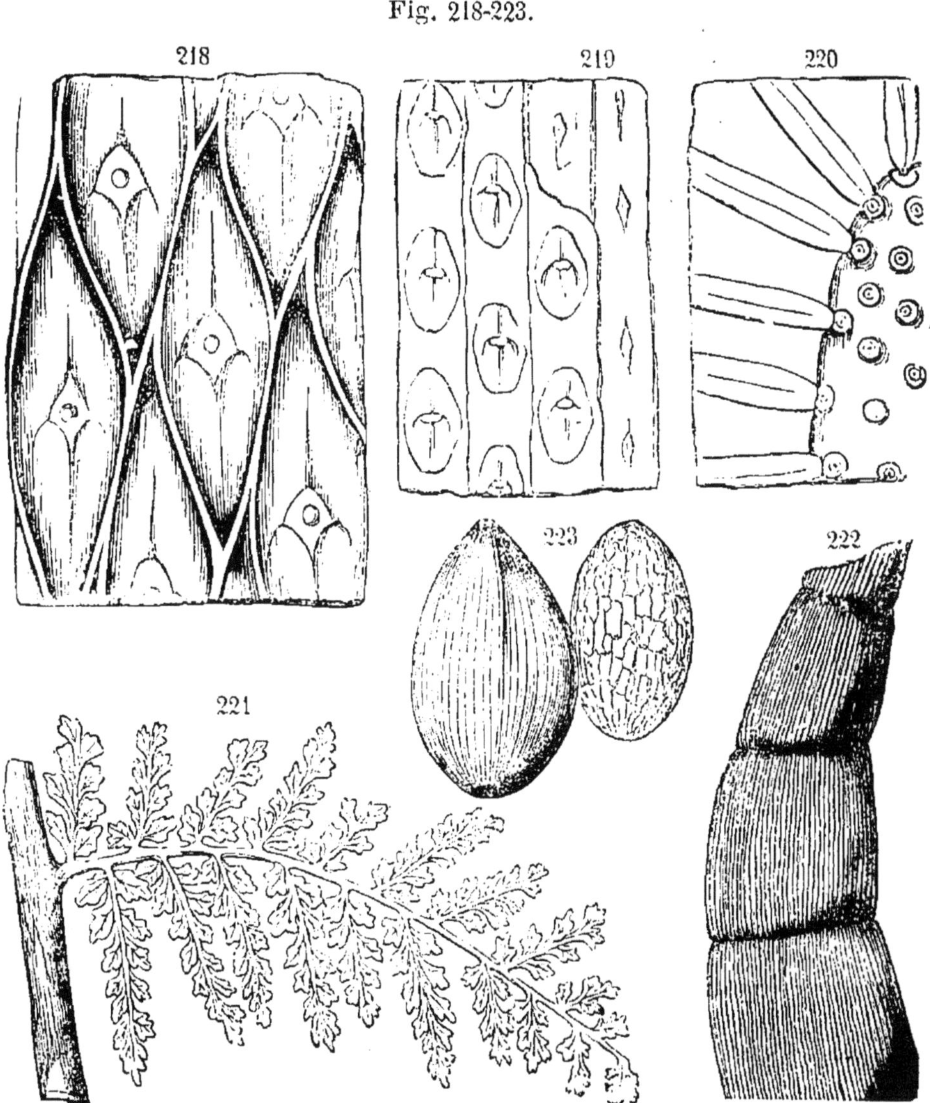

Fig. 218. Lepidodendron aculeatum. — 219. Sigillaria oculata. — 220. Stigmaria ficoides. — 221. Sphenopteris Gravenhorstii. — 222. Calamites cannæformis. — 223. Trigonocarpus tricuspidatus.

Outre ces cryptogames, il y avait encore des *Champignons* u *Fungi*, mais, ainsi que nous l'avons dit plus haut, on ne reconnaît dans les roches de cet âge aucun vestige de Mousses.

2. **Phanérogames** ou plantes à fleurs, ordre des **Gymnospermes**.

1. *Conifères.* — On trouve fréquemment des troncs d'arbres que l'on suppose appartenir à des conifères et rapportés spécialement aux pins *Araucaria.* Ainsi qu'on l'a vu, ils peuvent être des troncs de *Sigillariées*, bien que cette supposition ne soit pas indiscutable.

2. *Sigillariées.* — Les *Sigillariées* étaient très caractéristiques des épaisses broussailles et des forêts humides de la période houillère. Ils atteignaient quelquefois une hauteur de 10 à 20 mètres, mais les troncs étaient rarement garnis de branches et devaient avoir un aspect rigide et sans grâce, quoiqu'ils fussent couronnés de feuilles longues, étroites et semblables à celles des roseaux. La figure 219, qui représente une espèce commune, montre l'arrangement ordinaire des cicatrices en lignes verticales, et, par la différence existant entre les cicatrices situées en lignes droites et celles situées autrement, fait apercevoir la différence de forme entre l'intérieur et l'extérieur de l'écorce.

3. *Stigmariæ.* — Les *Stigmariæ* fossiles avaient des tiges trapues, épaisses en général de 5 ou 6 centimètres ou même davantage, et dont la surface était recouverte de points ou dépressions arrondies et distantes les unes des autres.

La figure 220 est une portion de l'extrémité d'une tige montrant les dépressions arrondies et les appendices foliacés que l'on a quelquefois observés. Les tiges ou branches ont une forme un peu irrégulière et sont rarement ramifiées. On les a trouvées s'étendant, comme des racines, à la base du tronc d'un *Sigillaria* et quelquefois d'un *Lepidodendron*, ce qui les a fait regarder comme les racines ou les tiges aquatiques de ces arbres. Ce fossile est des plus communs dans l'*under-clay* des couches de houille. Si elles sont des racines, elles indiquent que l'under-clay était l'ancien *lit de boue* sur lequel prit racine la végétation qui a donné naissance à la houille. Si elles sont des tiges aquatiques, elles croissaient et s'étendaient au sein des eaux peu profondes et formaient la base de la végétation flottante, tandis que l'argile s'accumulait sur le fond. Dans le paysage carbonifère, figure 217, le tronc brisé situé à droite est un *Sigillaria*. Ce dessin, pour être véritablement conforme à la nature, devrait contenir beaucoup de *Sigillariæ*, de *Calamites* et de *Lepidodendra* et peu de Fougères arborescentes. Les *Stigmariæ* auraient été surtout cachées au-dessous de l'eau ou du sol, ou dans la masse submergée des îles flottantes.

4. *Fruits.* — Outre les feuilles, les tiges et les troncs dont nous venons de parler, on a trouvé dans les couches carbonifères divers fruits analogues aux noix. L'un d'eux est représenté figure 223, la figure de gauche étant une coquille et l'autre celle de la noix qui y est renfermée. Quelques-uns ont 5 centimètres de longueur. La plupart étaient probablement le fruit des *Sigillariæ* ou des *Conifères*, et quelques-uns, cependant, celui des *Lepidodendra*.

5. *Conclusions.* — Les faits précédents permettent de déduire les conclusions suivantes :

1° La végétation de l'âge carbonifère consistait surtout en cryptogames ou plantes privées de fleurs.

2° Les plantes à fleurs, ou phanérogames, associées aux végétaux sans fleurs, appartenaient à l'ordre des gymnospermes dont les fleurs sont incomplètes et invisibles.

3° Il en résulte que, tandis qu'il existait alors un feuillage abondant et magnifique, car nul n'est plus beau que celui des fougères, la végétation était presque privée de fleurs.

4° Les cryptogames caractéristiques n'appartenaient pas seulement aux groupes les plus parfaits de cette division de plantes; mais en général ils dépassaient en dimension et en perfection les espèces actuelles, car plusieurs étaient des arbres de haute futaie.

2. *Animaux.*

Les principaux degrés de progrès dans la vie animale ont été en partie décrits, car nous avons fait observer l'accroissement en variété et en nombre des articulés terrestres, qui se composaient de *Myriapodes* ou mille-pattes, de *Scorpions* et d'*Insectes*, et le changement en vertébrés terrestres des vertébrés aquatiques, des *Poissons* en *Reptiles.*

1. *Rayonnés.* — Parmi les rayonnés, les variétés de crinoïdes étaient surtout nombreuses et variées de formes pendant la période subcarbonifère. Les figures 224-226 représentent quelques-unes des espèces. Les bras rayonnants sont parfaits sur la figure 224, mais manquent sur la figure 225. La figure 226 est une espèce du genre *Pentremites;* ces animaux avaient une longue tige formée de disques calcaires comme les autres crinoïdes, mais ils n'étaient point munis à leur sommet de bras rayonnants.

La figure 227 est une vue supérieure d'un corail très commun pendant la même période; vu de côté, il montre une apparence colonnaire.

2. *Mollusques.* — La tribu des bryozoaires comprend les singuliers coraux en forme de vis ou de tarière (fig. 228) et que l'on nomme *Archimèdes* par allusion à la vis d'Archimède. Ils se composent de petites cellules qui s'ouvrent à leur surface inférieure, chacune d'elles contenant, quand elle est vivante, un petit bryozoaire. Ces fossiles sont communs dans quelques couches calcaires subcarbonifères.

Les brachiopodes étaient les plus abondants des mollusques pendant l'âge carbonifère, et surtout les espèces

Fig. 224-234.

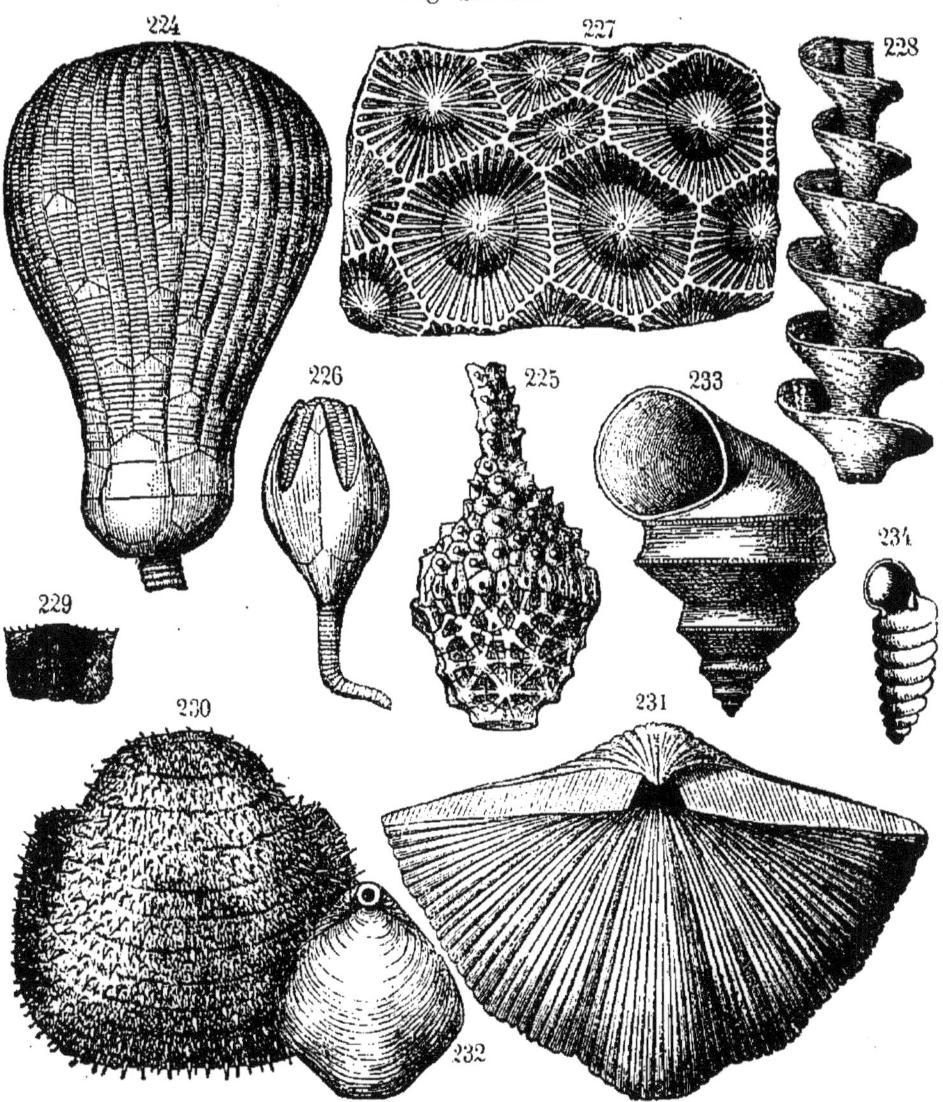

RAYONNÉS. — Fig. 224, Zeacrinus elegans. — 225, Actinocrinus proboscidialis. — 226, Pentremites pyriformis. — 227, Lithostrotion Canadense. — MOLLUSQUES. — Fig. 228, Archimedes reversa. — 229, Chonetes mesoloba. — 230, Productus Nebrascensis. — 231, Spirifer cameratus. — 232, Athyris subtilita. — 233, Pleurotomaria tabulata. — 234, Pupa vetusta.

appartenant aux genres *Spirifer* et *Productus*. Les figures 229-232 montrent des spécimens provenant des bassins houillers américains; la figure 231 est un *Spirifer*, la figure 230 un *Productus*, la figure 229 un *Chonetes*, la figures 232 un *Athyris*, se rencontrant aussi en Europe. La figure 233 représente un des gastéropodes des couches carbonifères. La figure 234 est une *Pupa*, le premier des escargots terrestres connus jusqu'ici, qui vient de la Nouvelle-Écosse. L'ordre des céphalopodes renfermait quelques petites espèces de l'ancienne tribu des orthocères et beaucoup de *Goniatites* analogues aux ammonites.

3. *Articulés.* — Parmi les *Articulés*, les crustacés apparaissent sous une nouvelle forme, très analogue aux crevettes modernes (fig. 235, d'Écosse), mais les *Trilobites* ne se rencontraient que rarement.

Fig. 235-237.

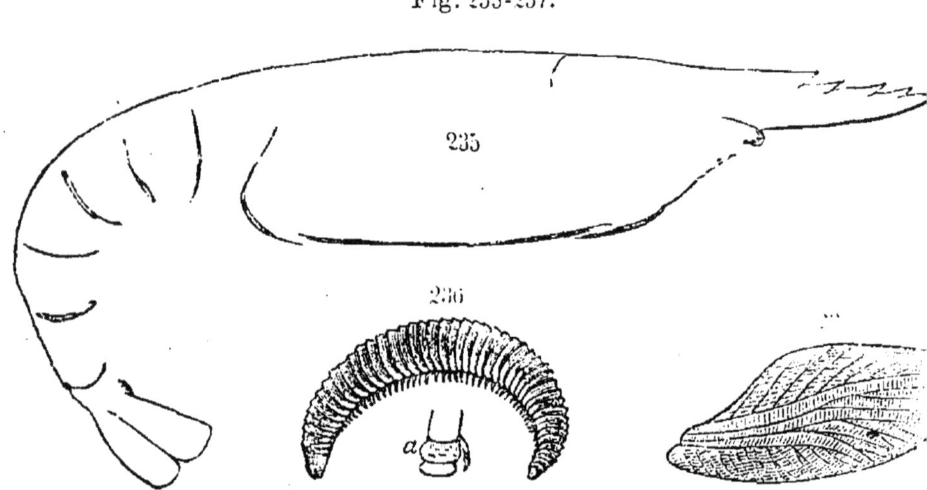

CRUSTACÉS. — Fig. 235, Anthracopalæmon Salteri. — MYRIAPODES. — Fig. 236 *a*, Xylobius sigillaræi. — AILE D'INSECTE. — Fig. 237, Blattina venusta.

La figure 236 représente un myriapode ressemblant à l'*Iule* moderne et venant de la Nouvelle-Écosse; 236 *a* montre les organes de la bouche tels qu'ils ont été conservés sur l'échantillon.

La figure 237 est l'aile d'un Insecte du genre *Blattina* rapporté au moderne cancrelat ou *Blatte*, et copiée sur un échantillon trouvé dans le terrain houiller de l'Arkansas. Il y avait encore des espèces d'insectes *Névroptères*, de *Sauterelles* ou insectes Orthoptères, d'*Escarbots* ou coléoptères et de *Scorpions*, de la classe des araignées.

4. *Vertébrés.* — Les poissons étaient nombreux et appartenaient aux deux ordres des ganoïdes et des sélachiens. Tous les ganoïdes possédaient le type ancien, et leur nageoire caudale était vertébrée (hétérocerque) comme dans le *Palæoniscus* de l'étage permien (fig. 238).

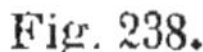

Fig. 238.

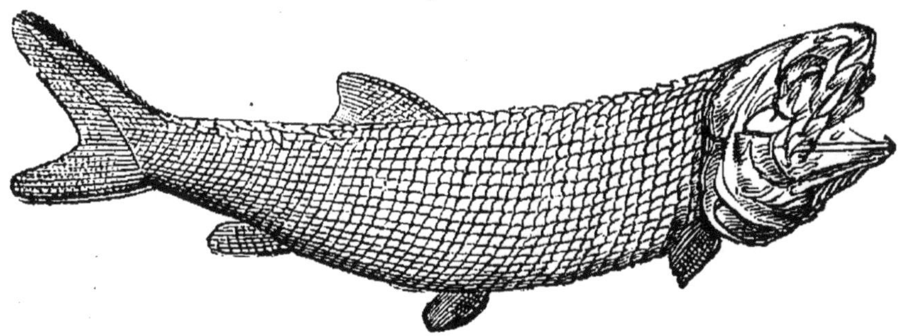

Fig. 238, Palæoniscus Freieslebeni (× 1/3).

Un grand nombre de Sélachiens ou Requins atteignaient de grandes dimensions, ainsi qu'on le voit par les épines

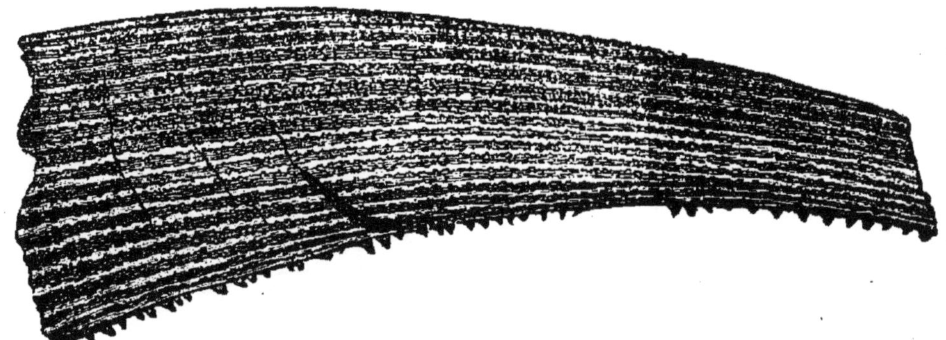

Fig. 239. Portion d'épine de Ctenacanthus major.

de leurs nageoires. La figure 239 représente une petite portion de l'une de ces épines, en grandeur naturelle, provenant des couches subcarbonifères enropéennes. L'un

Fig. 240-242.

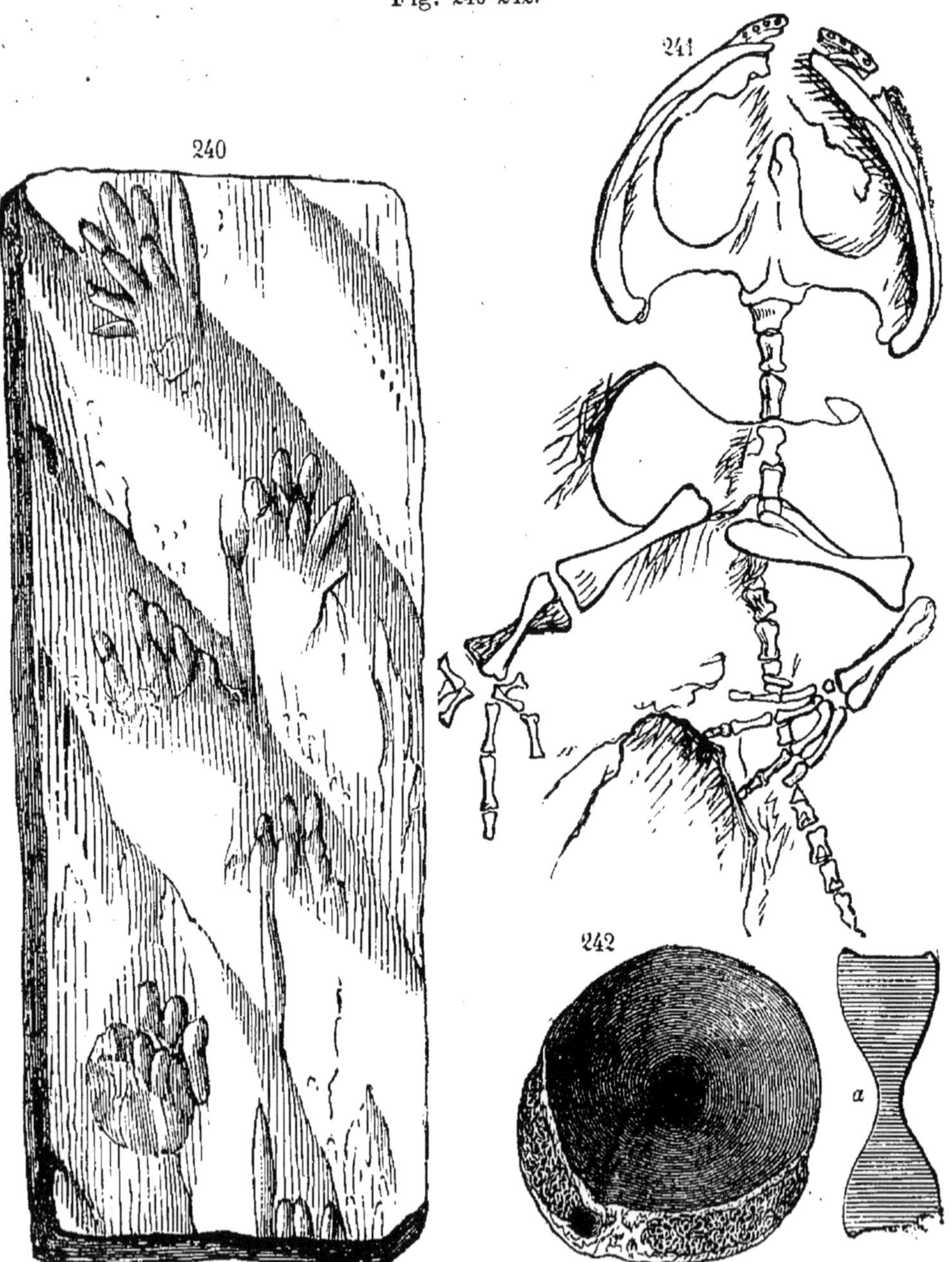

Fig. 240, Traces de Sauropus primævus (× 1/8). — 241, Raniceps Lyellii. — 242 *a*, Vertèbre de l'Eosaurus Acadianus.

des plus grands spécimens de ce genre qu'on ait jusqu'à

présent trouvés a une longueur de 38 centimètres, et devait dans son entier mesurer au moins 45 centimètres. Les premières traces de reptiles connus se rencontrent dans les couches subcarbonifères de Pottsville (Pensylvanie).

La figure 240 est un dessin réduit d'une plaque contenant des traces de cette espèce et des empreintes laissées par la queue de l'animal. Les traces des pieds de devant indiquent 5 doigts et ont une largeur de 10 centimètres; celles des pieds de derrière, presque de même dimension, ont quatre doigts, l'enjambée étant de 34 centimètres. La figure 241 représente le squelette d'un amphibie du bassin houiller de l'Ohio et la figure 242 une vertèbre d'un saurien aquatique qui se rapporte probablement aux Enaliosaures ou sauriens marins du Mésozoïque. Cette vertèbre est concave sur les deux faces, ainsi qu'on le voit sur la coupe fig. 242 *a*, et à cet égard ressemble à celles des poissons. Les Enaliosaures avaient des nageoires comme les baleines.

Ces reptiles nageurs constituent l'espèce animale la plus parfaite qu'on ait jusqu'ici découverte dans les roches de la période carbonifère. Pendant la période permienne il y avait des reptiles encore plus parfaits nommés Thécodontes, parce que leurs dents étaient placées dans des alvéoles, et qui étaient encore caractérisés par des vertèbres doublement concaves comme celles des poissons.

5. Observations générales.

Formation de la houille et des couches houillères. — 1. *Origine de la houille.* — L'origine végétale de la houille est prouvée par les faits suivants :

1° Des troncs d'arbres, gardant encore la forme primitive et en partie la structure du bois, ont été trouvés changés en charbon minéral, à l'époque carbonifère aussi bien que dans les formations plus modernes, ce qui montre que la transformation du bois en houille peut et doit s'être effectuée.

2° Il existe dans des marécages modernes des couches de tourbe résultant de la végétation et de l'accumulation de débris végétaux, et, dans certains cas, leur portion inférieure altérée est transformée en une houille imparfaite.

3° Des restes de plantes avec leurs feuilles, leurs branches, leurs tiges ou leurs troncs abondent dans les dépôts houillers; quelquefois ces troncs s'étendent verticalement depuis la couche de houille à travers la roche recouvrante: les lits de l'under-clay sont remplis de tiges ou de racines.

4° L'anthracite le plus dur contient dans sa masse des tissus végétaux. On a examiné sous un très fort grossissement plusieurs morceaux d'anthracite brûlés à une extrémité (fig. 246); en prenant des fragments placés à la

Fig. 243-245.

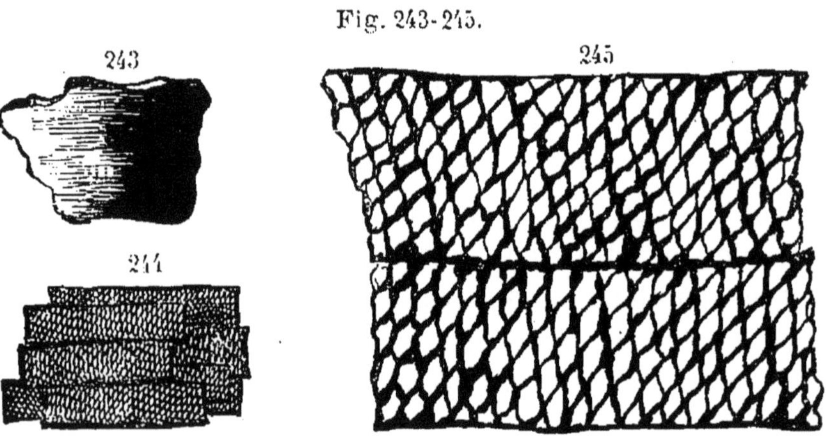

jonction du blanc et du noir, on a parfaitement distingué les tissus.

La figure 244 représente les vaisseaux tels qu'ils ont apparu sous le microscope, et la figure 245 une portion encore plus agrandie.

2. *Décomposition de la matière végétale.* — Le carbone, l'élément essentiel de la houille, est un des principes constituants du bois et de toute matière végétale et forme les $\frac{49}{100}$ ou presque la moitié du bois sec. Pour obtenir ce carbone à l'état de charbon, il suffit de chasser les autres principes constituants du bois, c'est-à-dire les gaz *oxygène* et *hydrogène*. De la matière végétale se décomposant à l'air libre ou du bois brûlant dans un foyer ouvert se transforment complètement en combinaisons gazeuses, et il ne reste que peu ou point de carbone. Mais, lorsque ces corps se décomposent lentement sous l'eau ou dans un feu doux, à demi éteint, il ne se perd qu'une partie du carbone à l'état de combinaisons gazeuses, et le reste demeure à l'état de *houille* dans le premier cas, et de *charbon de bois* dans le second.

La perte actuelle en poids, dans la transformation en charbon bitumineux, est au moins des *trois quarts* du bois, et pour l'anthracite des *cinq sixièmes*. En ajoutant à cette perte celle qui est due à la compression qui a donné au minéral la densité de la houille, la réduction totale n'est pas inférieure aux *sept huitièmes* dans le premier cas et aux *onze douzièmes* dans le second. En d'autres termes, il faut 8 mètres de matière végétale pour former 1 mètre de charbon bitumineux, et 12 mètres pour en former 1 d'anthracite.

3. *Impuretés existant dans la houille.* — La houille ainsi formée contient la silice qui existe en petite quantité dans les substances végétales, ainsi que d'autres matières terreuses. C'est ainsi que, par l'addition de l'argile et de la terre introduites par les eaux ou le vent la houille a été souillée de ces impuretés qui donnent lieu aux cendres et aux scories se formant dans les foyers allumés.

4. *Accumulation et formation des couches de houille.* — L'origine des couches de houille a donc été la suivante :

Les plantes des grands marécages et des lacs peu profonds de l'ère carbonifère, ceux-ci avec *leurs îles flottantes* formées de végétaux, ont continué à croître pendant une longue période, laissant tomber chaque année leurs feuilles, perdant parfois leurs tiges ou leurs branches, jusqu'à ce qu'il se soit formé une épaisse accumulation de débris végétaux, probablement de 8 mètres d'épaisseur pour une couche de 1 mètre de charbon bitumineux, ou de plus de 18 mètres pour une couche telle que celle de Pittsburg. La couche de matière ainsi préparée sur les vastes surfaces humides du continent a commencé à subir au fond cette lente décomposition dont le résultat final a été la houille. Mais, comme les couches de houille alternent avec des grès, des schistes, des conglomérats et des calcaires, on peut en déduire qu'une longue période de verdure a été suivie d'une autre période, pendant laquelle les eaux généralement salées, comme le prouvent les fossiles, reprenaient leur position et transportaient des sables, des cailloux ou de la terre au-dessus de l'ancien marécage, de manière à former des dépôts atteignant des vingtaines ou des centaines de pieds en épaisseur. Ainsi la couche de détritus végétaux était enfouie là où pouvait s'accomplir le phénomène de décomposition qui donnait lieu à la formation de la houille; et l'enfouissement aussi bien que la présence de l'eau aidaient le phénomène d'une influence que l'on pourrait comparer à l'extinction d'un feu.

5. *Climat de l'âge carbonifère.* — L'abondante distribution des régions houillères sur le globe, depuis les tropiques jusqu'aux contrées arctiques, et la ressemblance générale des restes végétaux dans les couches carbonifères de ces zones éloignées, prouvent qu'il y avait une uniformité générale de climat sur le globe pendant la période carbonifère, ou au moins que le climat ne s'abaissait jamais au-dessous d'une température *tempérée-chaude.*

Des coraux et des coquillages semblables existaient pendant la période subcarbonifère en Europe, aux États-Unis et sur les terres arctiques, jusqu'à 20° du pôle nord, et en telle profusion qu'ils formaient d'épais calcaires par leur accumulation. Les eaux océaniques, même celles des mers arctiques, étaient donc chaudes, comparées à celles de nos zones tempérées modernes, et probablement à la même température que celles des mers à récifs de corail de notre époque, qui s'étendent en général entre le 28e parallèle de chaque côté de l'équateur.

6. *Atmosphère.* — A d'autres points de vue, l'atmosphère était parfaitement appropriée à cet âge. Plus que maintenant, elle contenait une grande quantité de gaz acide carbonique qui, s'il n'est point en excès, provoque l'accroissement de la végétation. Les plantes retirent leur carbone principalement de l'acide carbonique de l'atmosphère, et, par conséquent, la houille du globe mesure en quelque sorte la somme d'acide carbonique répandu dans l'atmosphère de la période carbonifère. La puissance de la flore de cet âge était un moyen de purifier l'atmosphère, de manière à l'approprier à la vie terrestre plus parfaite qui, dans la suite, régna sur le globe.

L'atmosphère était plus humide qu'actuellement, ce qui provenait de la plus grande chaleur du climat et de la présence d'océans à la fois plus étendus et plus chauds. Pendant ces intervalles de verdure, les continents, quoique vastes si on les compare avec la superficie des terres situées au-dessus du niveau de la mer pendant l'époque dévonienne ou silurienne, étaient encore assez petits et assez bas. Il faut donc en conclure l'existence d'une ère de nuages et de brouillards. Ce climat humide n'a pourtant pas dû être universel, car même actuellement l'Océan, par suite des courants aériens, est sur de vastes espaces recouvert d'une atmosphère sèche. L'Amérique est aujourd'hui le climat forestier humide du globe, et la grande étendue des bassins houillers, dans sa moitié septentrionale, prouve qu'elle offrait le même caractère pendant l'âge carbonifère.

Les marécages n'étaient pas seuls couverts de verdure. La végétation s'étendait probablement sur toute la terre sèche, mais il ne se formait d'épais dépôts de détritus végétaux que là où il existait des marais, au-dessous de jungles épaisses et des lacs peu profonds semés d'îles flottantes.

5. *Alternances de condition, changements de niveau.* — Nous avons remarqué que les nombreuses alternances constatées entre les couches de houille, les grès, les schistes, les conglomérats et les calcaires, étaient la preuve des nombreux changements de niveau pendant l'ère. Après que les marécages avaient été longtemps couverts de verdure, l'Océan recommençait à empiéter sur eux et finalement s'étendait sur toute leur surface, détruisant la terre et toute la vie des eaux douces, c'est-à-dire les plantes terrestres et d'eau douce, les mollusques, les insectes et les reptiles, mais distribuant en même temps la nouvelle vie des eaux salées. Alors, après une autre longue période signalée par diverses oscillations dans le niveau des eaux au sein desquelles s'étaient formées de nombreuses alternances de couches sédimentaires, les continents renaissaient encore pour la vie aérienne, et les marais et les lacs peu profonds pour la luxuriante végétation carbonifère. Ainsi la mer prévalait à des intervalles de longue durée, pendant l'ère même des couches de houille, car les lits sédimentaires associés sont au moins cinquante fois aussi épais que les couches de houille.

La période carbonifère fut donc essentiellement variable dans sa géographie.

III. — ÉPOQUE MÉSOZOIQUE

1. Ages. — Le temps mésozoïque, ou moyen âge de l'histoire géologique, ne comprend qu'un seul âge, celui des reptiles. Pendant sa durée, la classe des reptiles atteignit son point culminant, et ses espèces s'accrurent en nombre, en dimension et en diversité de formes, de manière à dépasser sur chacun de ces points les reptiles de toutes les époques précédentes ou suivantes.

L'âge des reptiles comprend trois périodes :

1. **Période triasique.** — Cette période a reçu son nom du latin *tria, trois*, par allusion à ce que les roches de cette période en Allemagne consistent en trois groupes de couches. Cette subdivision est locale et ne caractérise pas les roches de la Grande-Bretagne et de la plupart des autres parties de l'Europe.

2. **Période jurassique.** — Elle tire son nom des montagnes du Jura situées sur la frontière orientale de la France, qui séparent cette contrée de la Suisse, et où l'on rencontre des roches de cette période.

3. **Période crétacée.** — Elle est nommée ainsi du latin *creta, craie,* parce que les couches de craie de la Grande Bretagne et de l'Europe sont comprises dans la formation crétacée.

1 et 2. — PÉRIODES TRIASIQUE ET JURASSIQUE.

1. **Roches : leur nature et leur distribution.** — Les roches américaines de la période triasique n'ont pas encore été séparées de celle du jurassique, sauf sur un petit nombre de points à l'ouest du Mississipi.

Elles sont surtout des grès et des conglomérats; mais elles comprennent des couches considérables de schistes, et, en divers endroits, un lit de calcaire impur. Les grès sont généralement rouges ou d'un rouge brunâtre.

En Europe, les roches triasiques de la France orientale et de l'Allemagne, consistent en un calcaire coquillier appelé en allemand *Muschelkalk*, reposant sur un épais grès rougeâtre (*Bunter sandstein*) et recouvert par des couches de marnes et de grès rougeâtres et bigarrés (*Keuper* des Allemands). En Angleterre, la roche est un grès rougeâtre et une marne.

Cette formation, en Europe, contient en beaucoup d'endroits des couches de sel, et pour cette raison est souvent appelé *groupe salifère*. A Northwich, dans le Cheshire en Angleterre, il existe deux couches de sel gemme épaisses de 25 à 30 mètres, et, en Europe, on trouve de semblables couches à Vic et à Dieuze en France, ainsi que dans le Wurtemberg en Allemagne.

Les roches jurassiques de la Grande-Bretagne et de l'Europe sont divisées en trois groupes principaux :

1. Le *Lias* consistant en couches de calcaire compacte grisâtre.

2. L'*Oolithe* se composant surtout de calcaires blanchâtres et grisâtres dont une partie est oolithique. Une couche, vers le milieu de la série, est un calcaire corallien ressemblant beaucoup aux roches de nos mers coralliennes actuelles, bien que les espèces de corail qu'il renferme soient complètement différentes. Près du sommet de la série, on trouve en quelques endroits des couches d'eau douce ou d'origine terrestre qu'on a nommées groupe de Purbeck ; l'une d'elles, située dans l'île de Portland, a reçu le nom significatif de *couche de boue de Portland*. Le calcaire lithographique de Solenhofen est une roche très finement grenue, et, par conséquent, propre à la lithographie, appartenant à l'oolithe moyenne et se rencontrant à Pappenheim en Bavière.

3. Le *Weald* est une série de couches d'origine d'eau

douce ou saumâtre, se composant surtout d'argile et de sable, mais en partie de calcaire. Ces couches se trouvent dans le sud-est de l'Angleterre et ont reçu leur nom de la région où elles ont été étudiées pour la première fois, le *Weald* qui comprend une portion du Kent, du Surrey et du Sussex.

En France, le trias se compose de trois étages qui sont le terrain vosgien ou du grès bigarré, le franconien et le keuper; on le reconnaît aux environs d'Autun, de Châlon-sur-Saône, dans la Var, à Fozière dans l'Hérault, près de Bayonne, dans le Cotentin, le Boulonnais, les Alpes Occidentales et surtout les Vosges. Les gîtes salifères de la Lorraine se rattachent à cette époque.

Le terrain jurassique se divise en deux étages, le lias et l'oolithe. Le premier de ces terrains existe en Lorraine, dans le Luxembourg, les Ardennes, en Bourgogne, en Franche-Comté, dans le Jura; aux environs de Lyon et en plusieurs autres points. L'oolithe est particulièrement développée en Normandie, dans la Côte-d'Or, en Franche-Comté et près de Grenoble.

Quant à la période crétacée, elle est divisée en infra-crétacé (Jura, Bourgogne, pays de Bray, etc.) et en crétacé proprement dit (Normandie, Ile-de-France, Champagne et ouest de la France).

2. **Vie.**

1. *Plantes.*

La végétation des périodes triasique et jurassique comprend de nombreuses espèces de fougères, grandes et petites, des calamites et des conifères, et, par conséquent, elle n'est pas sans présenter quelque ressemblance avec la flore de l'âge carbonifère. Mais il n'existait pas alors de forêts et de jungles de Lepidodendra et de Sigillariæ. Au lieu de ces types carbonifères, il y eut un nouveau groupe d'arbres et d'arbrisseaux, celui des *Cycadées*. Ce groupe est éminemment caractéristique du monde mésozoïque, il ne possède aujourd'hui que peu d'espèces vivantes, et les genre *Cycas* et *Zamia* sont ceux dont les noms sont les mieux connus. Ces plantes ressemblent à des palmiers,

Fig. 246-247.

Fig. 246, Feuille d'une Zamia de l'époque actuelle (× 1/20). — 247, Tronc d'une Cycadée, Mantellia (Cycadeoidea) megalophylla (× 1/12).

et prouvent qu'il y avait dans les forêts mésozoïques un mélange d'arbres analogues aux palmiers et de conifères. Cependant les cycadées ne sont pas de vrais palmiers, mais bien des *Gymnospermes* comme les conifères, ainsi que cela se déduit de la structure du bois, et du fruit. Leur ressemblance avec les palmiers provient surtout du bouquet de grandes feuilles qui couronne leur sommet et de l'apparence extérieure du tronc. La figure 246 représente la feuille d'une espèce moderne réduite à un vingtième de sa grandeur naturelle, et la figure 247 le tronc d'une espèce fossile provenant des couches de boue de

Portland où elle est commune. Les troncs de quelques cycadées ont une hauteur de 5 à 6 mètres. Quoique la forme des feuilles soit semblable à celle des palmiers, les folioles ne peuvent, comme chez ceux-ci, se fendre avec facilité

Fig. 248-252.

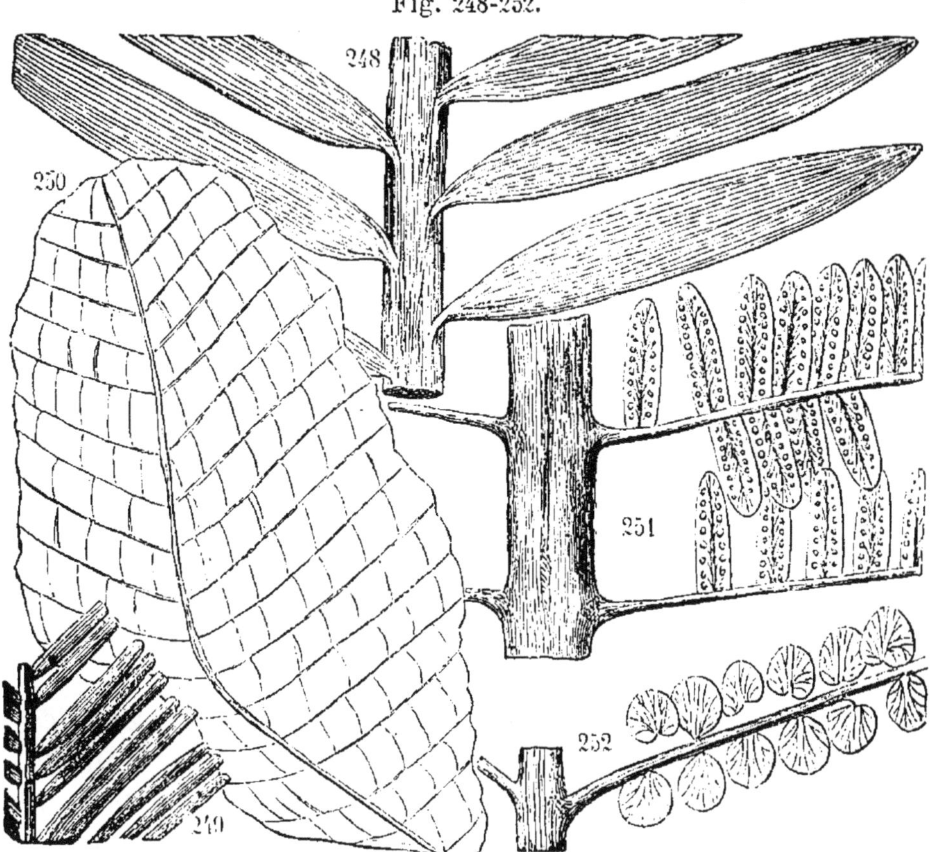

Fig. 248, Podozamites lanceolatus. — 249, Pterophyllum graminioides. — 250, Clathropteris rectiusculus. — 251, Pecopteris (Lepidopteris) Stuttgartensis. — 252, Cyclopteris linnæifolia.

longitudinalement. Chez les cycadées comme chez les conifères, le développement de la jeune feuille est analogue, car celle-ci, primitivement enroulée sur elle-même, se déroule ensuite graduellement à mesure qu'elle se développe; ce point est important à noter. Les cycadées présentent donc des particularités relatives à trois ordres de plantes, les fougères, les palmiers et les conifères.

Les plantes fossibles sont communes dans les bassins houillers de Richmond en Virginie et de la Caroline du Nord; elles se rencontrent aussi sur d'autres localités. Les figures suivantes en représentent quelques espèces; les figures 248, 249 sont des portions de feuilles de deux espèces de cycadées; les figures 250 à 252 montrent quelques fougères; la figure 250 est une *Clathropteris;* la figure 251 un *Pecopteris.* On a trouvé aussi de grands cônes de sapin. Plusieurs plantes américaines sont d'espèces identiques à celles du trias européen, et un petit nombre se rapproche davantage des formes jurassiques.

2. *Animaux.*

A. Américains.

Les couches américaines sont remarquables par l'absence de véritable vie marine; toutes les espèces semblent être d'eau saumâtre, d'eau douce ou terrestres.

1° *Rayonnés et Mollusques.* — Les rayonnés sont inconnus, et il n'existe qu'un très petit nombre de mollusques qui sont des *Conchifères.*

2° *Articulés.* — Les coquilles de *Crustacés ostracoïdes* sont communes en Pensylvanie, en Virginie et dans la Caroline du Nord, mais on n'en a point trouvé dans la Nouvelle-Angleterre. La figure 253 représente une des petites

Fig. 253.

Estheria ovata.

coquilles de ces espèces bivalves nommée *Estheria;* on a supposé pendant longtemps que c'était un mollusque. Les *Estheriæ* étaient des espèces d'eau saumâtre.

On n'a rencontré que peu de restes d'insectes, mais les

traces de plusieurs espèces. Ces traces étaient probablement laissées sur la boue humide par des larves d'insectes, car certaines espèces vivent dans l'eau à l'état de larves.

Fig. 254-256.

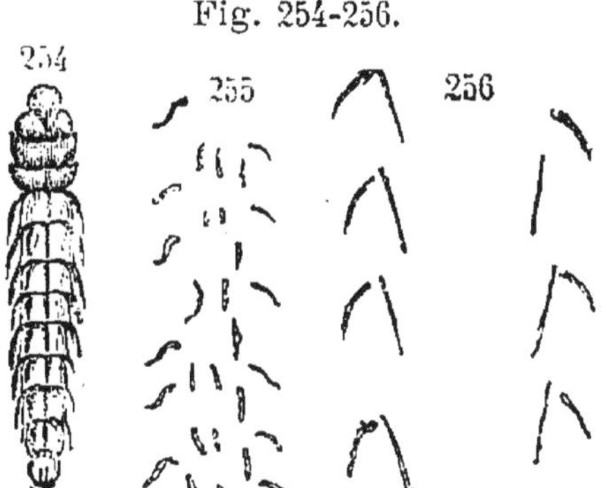

ARTICULÉS. — Fig. 254, Palephemera mediæva (× 3/2). — 255, 256, Traces d'insectes.

La figure 254 représente une de ces larves. Les figures 255, 256 sont des traces d'insectes.

Vertébrés. — Il y a des preuves de l'existence de poissons, de reptiles, d'oiseaux et de mammifères, les deux derniers types ayant fait alors leur première apparition; le sous-règne des vertébrés est donc finalement représenté dans toutes ses classes.

Fig. 257

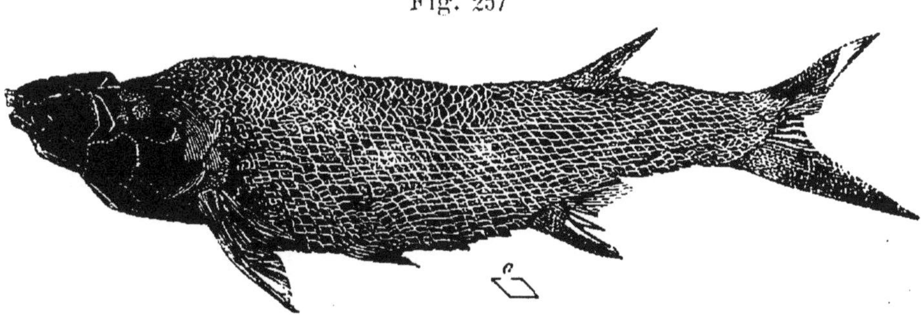

GANOÏDE. — Catopterus gracilis (× 1/2), *a* écaille du même, grandeur naturelle.

Les poissons trouvés dans les roches américaines sont tous des ganoïdes, quoique les restes de sélachiens soient communs en Europe. La figure 257 en représente une espèce réduite de moitié.

Les reptiles de cette ère nous sont connus en partie par leurs ossements fossiles et en partie par les empreintes de leurs pieds. Ces empreintes indiquent une variété merveilleuse de formes et de dimensions. La figure 258 repré-

Fig. 258-262.

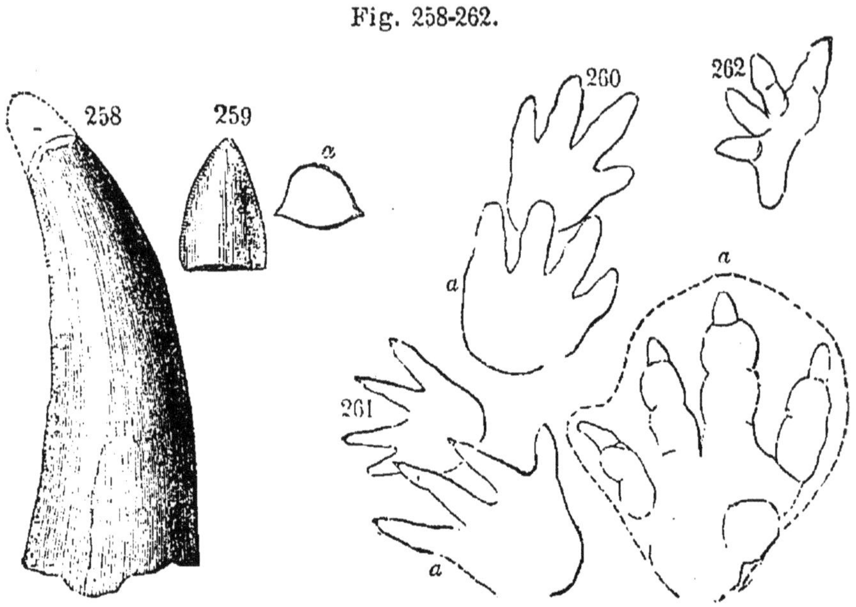

REPTILES. — Fig. 258, Bathygnatus borealis (× 1/2). — 259, Belodon priscus. — 259 *a*, section du même. — 260, 260 *a*, Pied de devant et pied de derrière de l'Anisopus Deweyanus (× 1/2). — 261, 261 *a*, Pied de devant et pied de derrière de A. gracilis (× 2/3). — 262, 262 *a*, Pied de devant et pied de derrière de Otozoum Moodii (× 1/18).

sente une dent, à moitié de grandeur naturelle, d'une espèce de la Nouvelle-Ecosse (*Bathygnatus borealis*), et la figure 259, la dent d'une autre espèce de la Caroline du nord *Belodon priscus*.

Les figures 260-262 représentent les traces de trois espèces de reptiles des couches de la vallée du Connecticut; 260-262 sont les empreintes laissées par les pieds de devant de chacune d'elles, et 260 a, 261 *a* et 262 *a*, celles des pieds de derrière. La figure 262 est réduite, car la vraie dimension de la trace est de 50 centimètres.

Les traces que l'on regarde comme provenant d'oiseaux

sont aussi très nombreuses. La plus grande a presque 60 centimètres de long (fig. 263); elle dépassait de beaucoup celle d'une autruche, et même celle que pourrait faire le gigantesque *Moa* de la Nouvelle-Zélande. La figure 264 représente sur une petite échelle une plaque de grès de la rivière Connecticut, couverte de traces

Fig. 263-264.

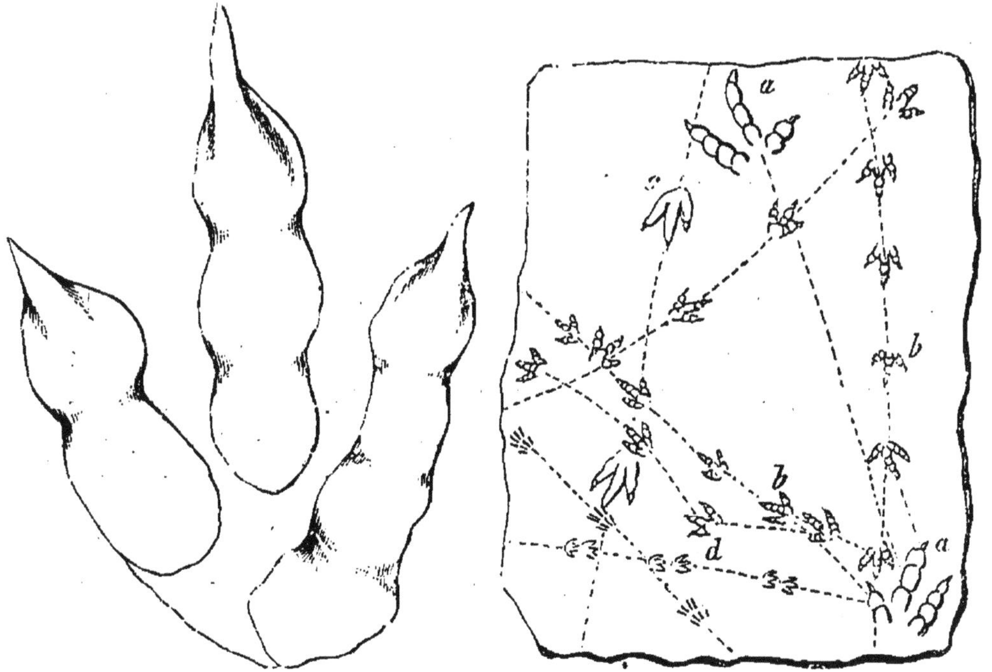

Fig. 263, Trace de Brontozoum giganteum (× 1/6). — 264, Plaque de grès avec traces d'oiseaux et de reptiles (× 1/30).

d'oiseaux et de reptiles. Les deux traces marquées *a* sont ajoutées en leur donnant une dimension relativement plus grande, afin que l'on puisse voir plus distinctement leur forme.

Le seul reste de mammifère jusqu'ici découvert dans les roches américaines est un os maxillaire (fig. 265). Il provient de la Caroline du Nord et a reçu le nom de *Dromatherium sylvestre*. Il appartient à l'ordre des Marsupiaux, qui comprend les modernes *opossum*.

Les faits prouvent que la population terrestre de l'Amérique mésozoïque comprenait des *Insectes*, des *Reptiles*,

Fig. 265.

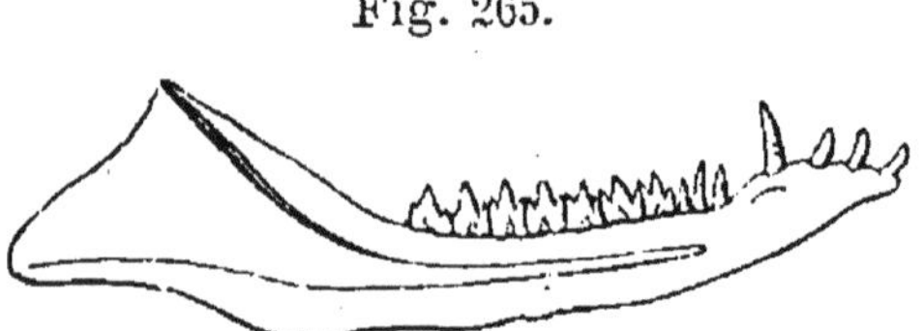

Os maxillaire de Dromatherium sylvestre.

des *Oiseaux* et des *Mammifères marsupiaux*, et que les forêts qui recouvraient les collines étaient surtout composées de *Conifères* et de *Cycadées*.

B. Animaux étrangers.

Les roches européennes et britanniques de ces deux périodes, et spécialement de la période jurassique, abondent en fossiles marins et nous font connaître la vie mésozoïque de l'Océan qui ne pourrait se déduire des restes américains. Les restes de vie terrestre ont aussi un grand intérêt et, comme ceux de l'Amérique, attestent l'existence d'oiseaux et de mammifères pendant le cours de cette ère.

1. *Rayonnés.* — Les polypiers coraux sont communs dans quelques couches jurassiques; on les rapporte à la tribu des coraux modernes parce qu'il n'existait plus alors aucun type paléozoïque. La figure 266 est une espèce oolithique. Il y avait des crinoïdes d'un grand nombre d'espèces, mais leur nombre, comparé à celui des autres fossiles, était beaucoup moindre que dans les âges précédents; elles étaient accompagnées par différentes formes nouvelles d'étoiles de mer et d'oursins. La figure 267 représente une des crinoïdes triasiques, l'*encrinite lys* ou *Encrinus liliiformis;* la figure 268 un oursin de l'oolithe.

privé de ses épines, et la figure 269 une de ces épines ou radioles isolée.

Fig. 266-269.

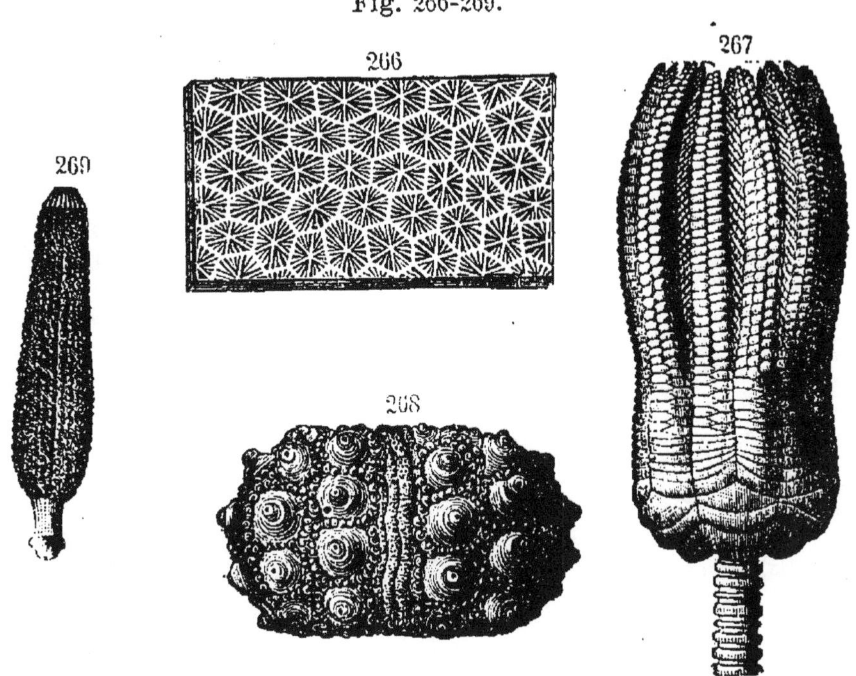

RAYONNÉS. — Fig. 266, Corail Prionastræa oblonga. — 267, Crinoïde Encrinus liliiformis. — 268, Cidaris Blumenbachii (Echinoderme). — 269, Radiole du même.

2. *Mollusques.* — Les brachiopodes étaient en petit nombre comparés à ceux du paléozoïque. Les dernières espèces des familles paléozoïques des *spirifères* et des *Leptænas* vécurent dans la première partie de la période jurassique. La figure 270 montre un de ces derniers représentants du groupe des spirifères. Les conchifères et les gastéropodes abondent en espèces et offrent beaucoup de genres nouveaux dont plusieurs sont parvenus jusqu'à nous. Le genre *Gryphea* (la fig. 271 en montre une espèce liasique) est commun dans les roches du lias et de la fin du mésozoïque; c'est une huître dont le bec est recourbé. La *Trigonia* (fig. 272) est un genre caractéristique du mésozoïque. Son nom fait allusion à la forme triangulaire de la coquille,

l'espèce figurée ici appartient à l'oolithe. La figure 273 représente une coquille d'eau douce fossile très abondante dans le calcaire d'eau douce du Weald et ressemblant beaucoup à nos espèces modernes.

Fig. 270-273.

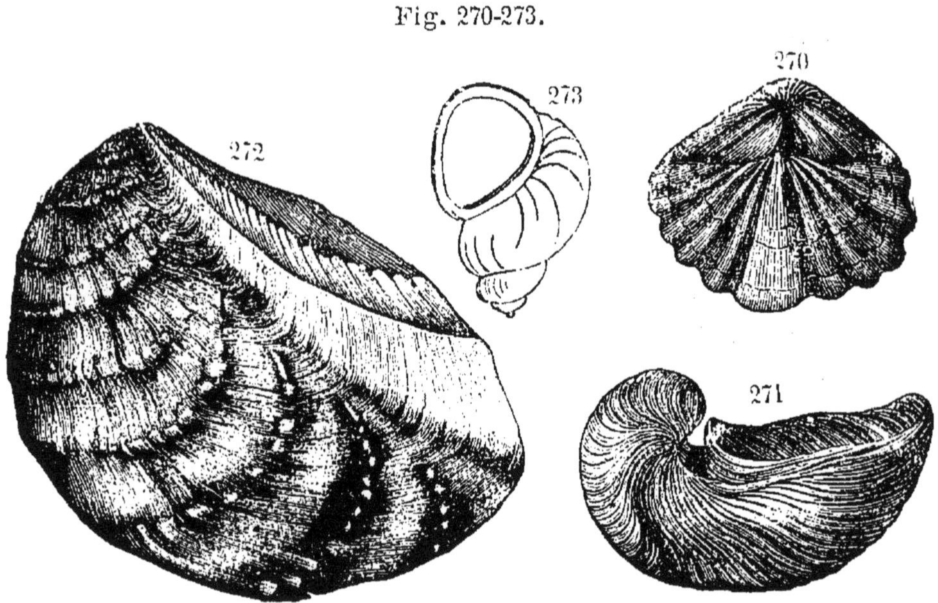

MOLLUSQUES. — Fig. 270, Spirifer Walcotti. — 271, Gryphæa arcuata. — 272, Trigonia clavellata. — 273, Viviparus (Paludina) fluviorum.

Mais les mollusques les plus remarquables et les plus caractéristiques étaient les céphalopodes. Cet ordre atteignit son maximum en nombre et en dimension pendant le mésozoïque, époque où il en existait des centaines d'espèces. Les derniers représentants du type paléozoïque des *Orthocères* et des *Goniatites* vécurent pendant la période du trias. C'est dans la même période que commença le genre *Ammonite,* le plus commun des genres mésozoïques, et, dans la première partie du jurassique, la famille des *Bélemnites,* autre type particulier au mésozoïque.

Les Ammonites ont une coquille extérieure comme celle des nautiles. Deux espèces oolithiques sont représentées figures 274-275 ; l'une d'elles (fig. 275) a les faces de l'ouverture très prolongées, mais le bord de la coquille,

Fig. 274-275.

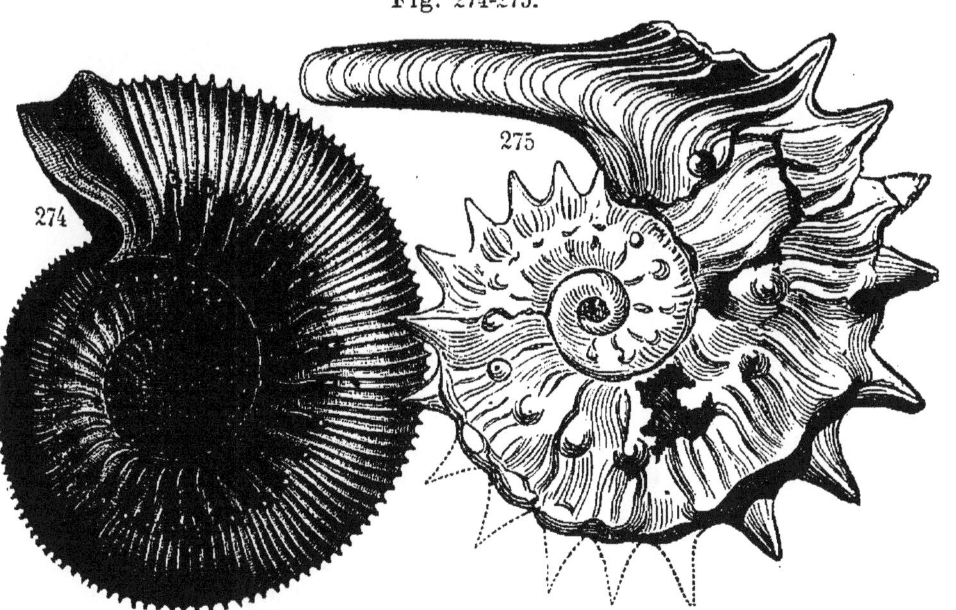

Mollusques. — Fig. 274, Ammonites Humphreysianus. — 275, A. Jason.

qu'il soit ou non prolongé, est rarement bien conservé. Les cloisons ou *septa*, contenues dans l'intérieur des co-

Fig. 276.

Ammonites tornatus.

quilles des ammonites, sont repoussées en arrière suivant un grand nombre de plis, dont chacun est encore très replié sur lui-même. La vue de face de la partie extérieure, avec l'entrée à ses poches latérales, est montrée sur la

Fig. 277-281.

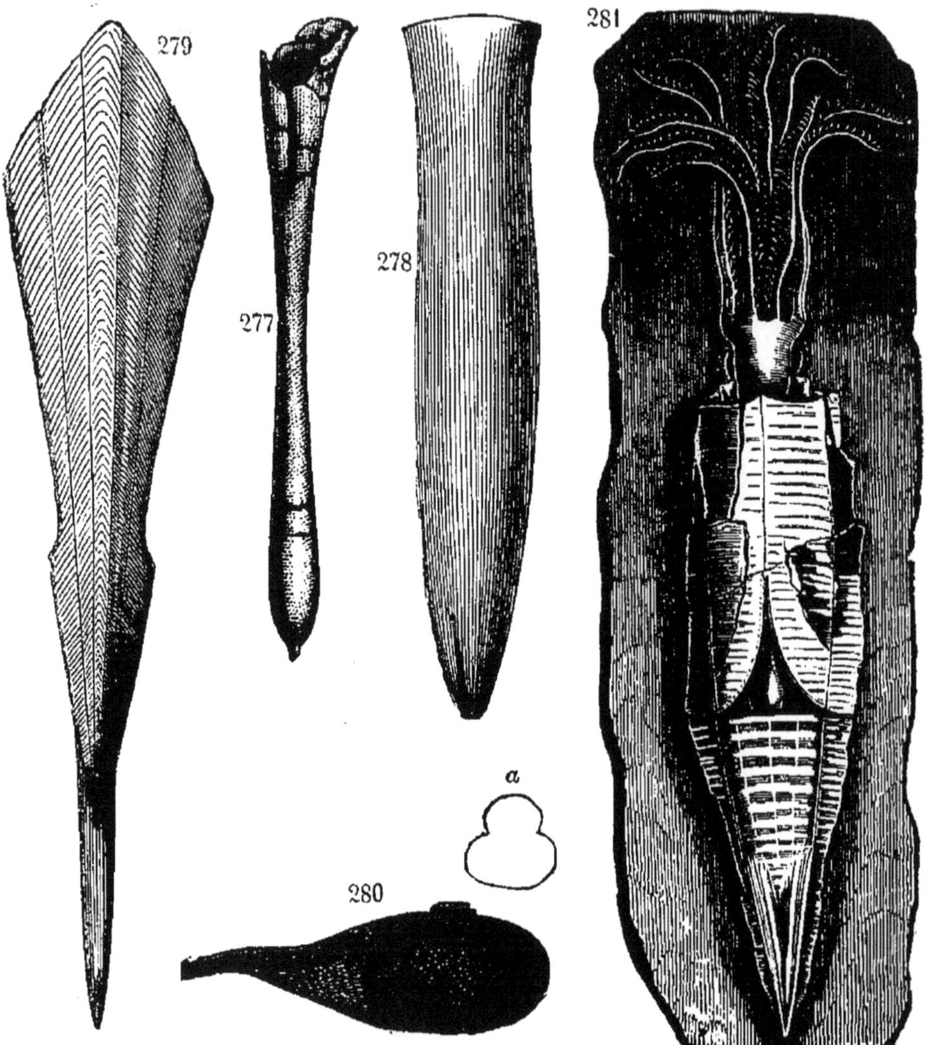

MOLLUSQUES. — Fig. 277, Belemnites clavatus. — 278, B. paxillosus. — 278 *a*, Contour d'une coupe de la même près de l'extrémité. — 279, Vue réduite de l'osselet complet d'une bélemnite. — 280, Poches à encre fossiles d'un Céphalopode. — 281, Acanthoteutis antiquus.

figure 276. Le manteau charnu de l'animal descendait dans ces poches et aidait celui-ci à adhérer solidement à sa coquille. Dans les ammonites, le siphon est dorsal. Les goniatites paléozoïques étaient de la famille des ammonites, mais leurs poches étaient beaucoup plus simples, car les bords des cloisons étaient dépourvus de plis.

Le fossile *bélemnite* est l'os interne d'une espèce de céphalopode, analogue à la plume ou os interne ou osselet d'une *sepia* ou *seiche* (*Voir* fig. 281). C'est un fossile épais et lourd, dont les figures 277, 278, montrent des formes, pourvu d'une cavité conique à sa partie supérieure. Les fossiles sont plus ou moins brisés à cette extrémité ; mais, lorsqu'elle est entière, l'ouverture se prolonge, suivant un bord mince et quelquefois d'un côté, en une plaque peu épaisse de la forme de la figure 279. L'animal avait une poche à encre comme nos seiches modernes, et l'encre de ces anciens céphalopodes a servi quelquefois à tracer l'image de leurs restes fossiles. La figure 280 montre une de ces poches appartenant aux céphalopodes jurassiques. La figure 281 est un autre céphalopode du même genre montrant à peu près la forme de l'animal, ainsi que la place occupée par la poche.

3. *Articulés.* — Les Articulés comprennent différentes crevettes (la fig. 282 est une espèce du trias), des crabes et des crustacés tétradécapodes (fig. 283), mais aucun trilobite; ils comprennent encore les premières connues des véritables araignées (fig. 284) et des espèces de plusieurs ordres d'insectes. La figure 285 est une *libellule* de la période jurassique, provenant de Solenhaufen, et la figure 286, l'élytre d'un bupreste de l'oolithe de Stonesfield.

3. *Vertébrés.* — Les *poissons* étaient des ganoïdes ou des sélachiens. Dans les couches du trias se rencontrent les dernières espèces des ganoïdes hétérocerques, et les premières des homocerques, avec quelques caractères intermédiaires indiqués figure 257, c'est-à-dire avec la angeoire caudale vertébrée sur une moitié de sa lon-

gueur. La figure 287 représente un des ganoïdes homocerques du lias. Parmi les *Requins* ou sélachiens, la

Fig. 282-286.

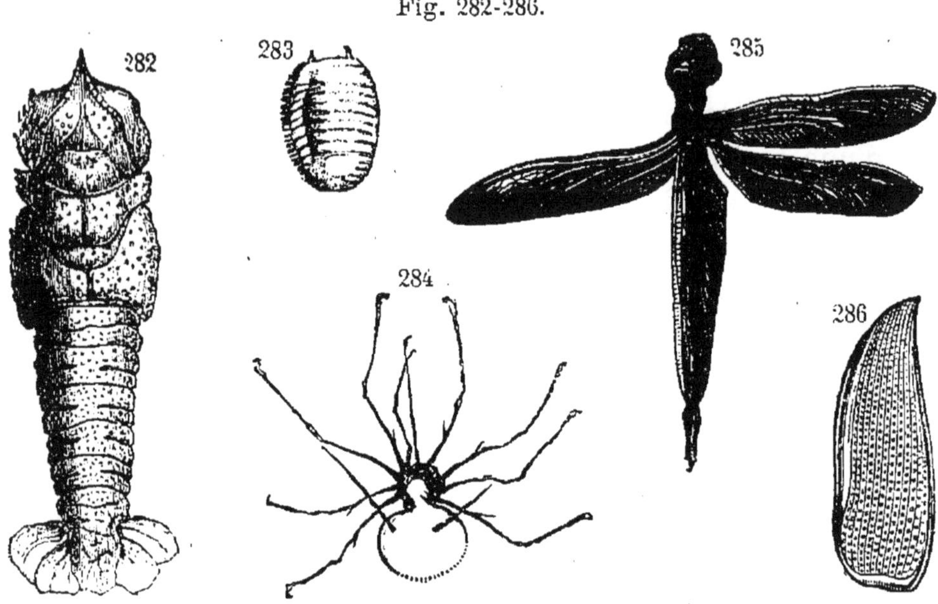

ARTICULÉS. — Fig. 282, Pemphix Sueurii. — 283, Archæoniscus Brodiei. — 284, Palpipes priscus. — 285, Libellule. — 286, Elytre d'un Bupreste.

tribu des *Cestracions*, la plus ancienne caractérisée par un pavage de dents implantées, continua encore, et fut re-

Fig. 287.

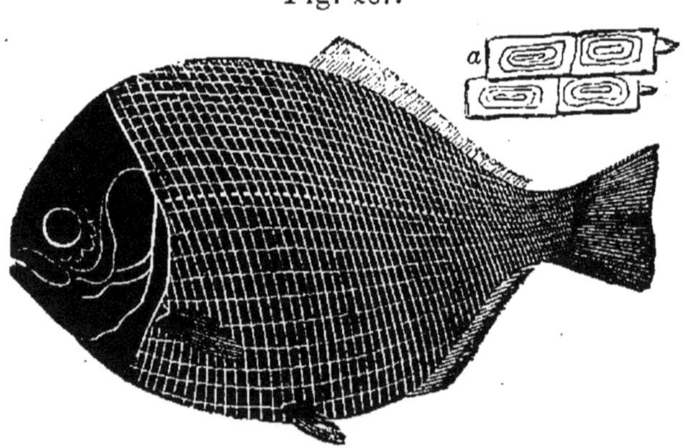

VERTÉBRÉS. — Fig. 287, Vue restaurée de l'Œchmodus (Tetragonolepis) du lias (× 1/6). — 287 *a*, Écailles du même.

présentée par de très nombreux individus. On trouve encore, dans les couches jurassiques, les premières dents de requins à bords tranchants, de la tribu des requins habitant nos eaux modernes.

Les reptiles étaient la race dominante dans le monde reptilien, et parmi eux il y avait des amphibies, division la plus commune pendant l'âge carbonifère, et un grand nombre de vrais reptiles. Ils comprenaient des espèces d'eau, de terre et d'air.

Dans le trias, la division des amphibies semble avoir atteint son maximum. Un des *Labyrinthodons*, analogues aux grenouilles, avait un crâne de la forme de la figure 288, dont la longueur était de 1 mètre à 1m,20;

Fig. 288-290

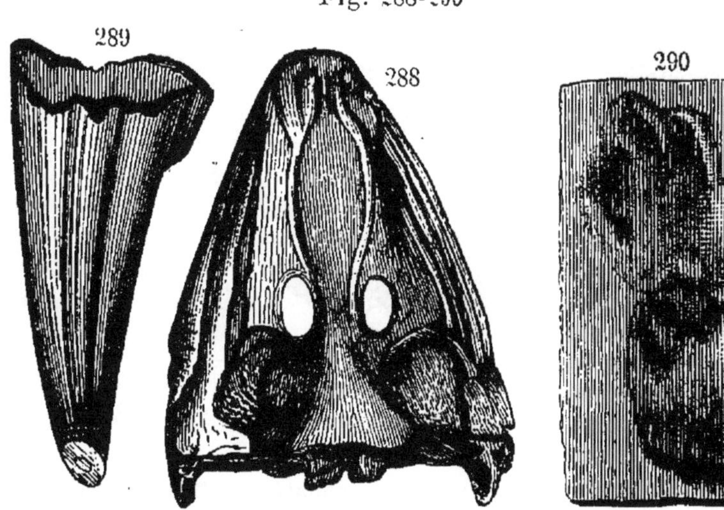

Fig. 288. — Crane de Mastodonsaurus gigauteus (× 1/12). — 289, Dent du même (× 1/2). — 290, Empreintes de pieds de Cheriotherium (× 1/12).

sa bouche était garnie par une rangée de dents de 7 centimètres de long (fig. 289) et son corps était couvert d'écailles. L'échantillon représenté a été trouvé en Saxe. Il est probable que quelques espèces de reptiles américains, dont les traces sont si communes dans la vallée du Connecticut, appartenaient à ce type. La figure 290 est une vue réduite d'une empreinte ressemblant à une main, venant de la même localité que ci-dessus et que l'on suppose avoir été laissée par un animal de la même espèce. Les grenouilles de nos jours sont de faibles diminutifs des amphibies jurassiques.

Les reptiles nageurs ou sauriens, nommés *Enaliosaures*, parce qu'ils vivaient dans la mer, existaient probablement

Fig. 291-296.

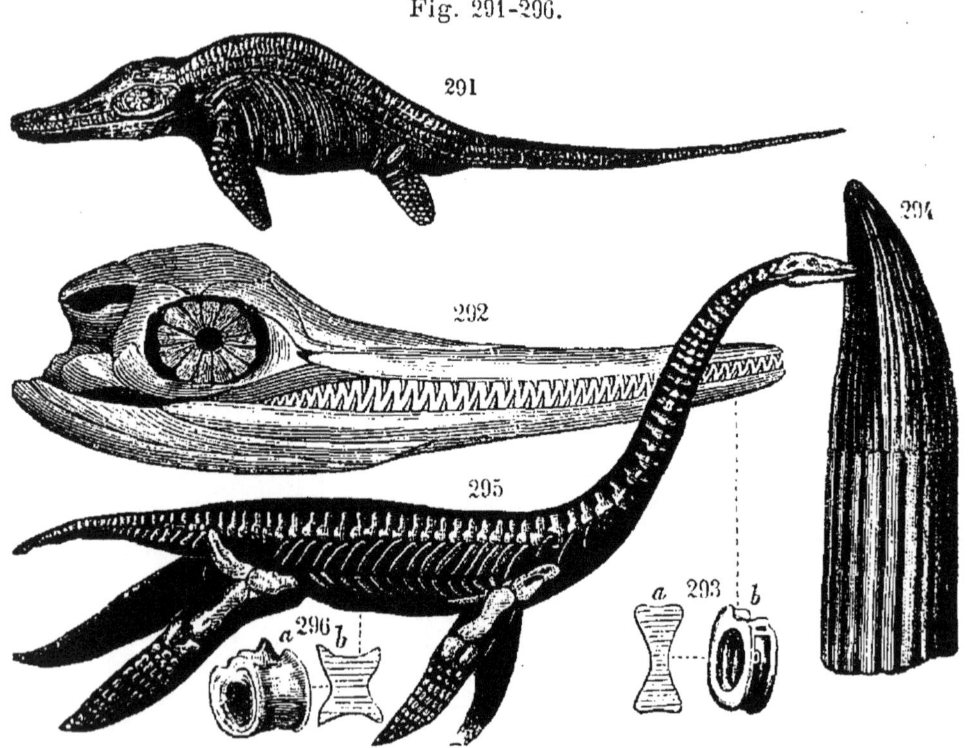

VERTÉBRÉS. — *Fig.* 291, *Ichthyosaurus communis* (× 1/100). — 292, Tête du même (× 1/30). — 293*a*, 293 *b*, Vue et coupe d'une vertèbre du même (× 1/3). — 294, Dent du même, grandeur naturelle. — 295, Plesiosaurus dolichodeirus (× 1/80). — 296 *a*, 296 *b*, Vue et coupe d'une vertèbre du même.

dans l'âge carbonifère ; pendant le mésozoïque, ils devinrent nombreux et atteignirent de grandes dimensions. Ils avaient des nageoires comme les baleines et étaient donc parfaitement disposés pour une existence marine. Leurs espèces les plus communes étaient les *Ichthyosaures* et les *Plesiosaures*.

Les *ichthyosaures* (fig. 291) avaient un cou court, une tête longue et large, des yeux énormes et des vertèbres minces, analogues à celles des poissons, c'est-à-dire doublement concaves. La figure 292 représente la tête d'un *ichthyosaure* à un trentième de sa grandeur naturelle, et montre la vaste dimension des yeux ainsi que le grand nombre des dents. La figure 293 *b* est une des vertèbres réduite, et la figure 293 *a*, une coupe transversale de celle-ci, montrant que les deux surfaces en sont profondément concaves, presque comme chez les poissons; la figure 294 est une des dents en grandeur naturelle. Quelques ichthyosaures atteignaient 10 mètres de long.

Les *plésiosaures* n'étaient pas tout à fait des sauriens; l'un d'eux est représenté très réduit sur la figure 295; ils avaient un long cou comme les serpents, un corps relativement court et une petite tête. La figure 296 *a* montre une des vertèbres, et 296 *b*, sa section transversale; elle est doublement concave, mais moins profonde et beaucoup plus épaisse que celles de l'ichthyosaure. Quelques espèces de plésiosaures avaient 8 à 10 mètres de long. Un autre reptile du même genre, nommé *pliosaure* avait 10 à 12 mètres. On a trouvé dans les roches jurassiques, les restes de plus de 50 espèces d'énaliosaures.

Outre ces sauriens nageurs, il y avait de nombreuses espèces de *lacertiens* (lézards), des *crocodiles* longs de 3 à 15 mètres, et des *dinosaures*, les plus complets et les plus parfaits des sauriens comme organisation, longs de 7 à 18 mètres.

Au groupe des dinosaures appartient l'*Iguanodon* des couches du Weald, dont le corps avait de 8 à 10 mètres de long et qui se tenait debout sur le sol comme les quadrupèdes, le fémur seul ou os de la cuisse mesurant presque 1 mètre. On suppose que ses habitudes se rapprochaient de celles de l'hippopotame, et que l'animal broutait les plantes et les arbrisseaux des marais, des estuaires ou des fleuves dans lesquels, ou près desquels, il vivait. Il avait les dents comme celles de l'iguane moderne, mais il possédait une dimension relativement plus petite. Le *Mégalosaure* était un autre gigantesque dinosaure de la dernière partie de la période jurassique. C'était un saurien carnivore terrestre, d'environ 10 mètres de long.

Les reptiles conformés pour vivre dans l'air, c'est-à-dire pour voler, sont désignés sous le nom de *Ptérosaures*. Le genre le plus commun est le *ptérodactyle*. On voit, fig. 297

Fig. 297.

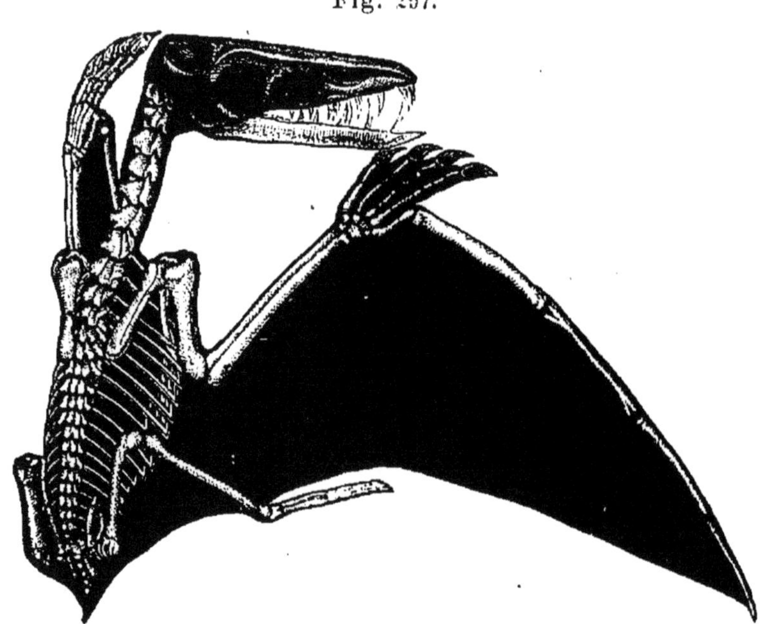

VERTÉBRÉ. — Pterodactylus crassirostris (× 1/4).

la forme générale de cet animal. L'os d'un des doigts est très allongé, afin de supporter une vaste membrane dont, comme les chauves-souris, l'animal se servait pour voler. Les ptérodactyles étaient, pour la plupart, petits et possédaient probablement les mœurs des chauves-souris; les plus grands ont une envergure d'environ 3 mètres. Contrairement aux oiseaux, leur bouche était armée de dents, et ils n'avaient point de plumes. De même que les chauves-souris sont des mammifères volants, les ptérosaures étaient simplement des reptiles volants, et, sauf par les os creux, ne ressemblaient point aux oiseaux par la structure.

Outre les espèces de reptiles ci-dessus mentionnées, il y avait, pendant la période jurassique, des tortues, mais point de serpents.

Les *Coprolites,* ou excréments fossiles de reptiles et de poissons, étaient communs dans les lits d'ossements fossiles.

On a trouvé des restes d'oiseaux dans les carrières de Solenhaufen. Ils ont révélé le fait qu'une partie au moins des espèces mésozoïques, en Amérique aussi bien qu'en Europe, possédait quelques-uns des caractères des reptiles. Le squelette trouvé montre que ces animaux avaient, comme les reptiles, de longues queues se composant d'un grand nombre de vertèbres, et des griffes en forme de doigts sur les membres de devant ou ailes, comme celles des ptérodactyles et des chauves-souris, et destinées évidemment à les soutenir en l'air. Mais, outre ces animaux reptiles par quelques points de leur structure, il y avait aussi des oiseaux couverts de plumes et dont les ailes étaient formées, non pas par une membrane mince comme les ptérodactyles, mais par de longues plumes. Ces plumes étaient disposées en rayon de chaque côté de leur longue queue. Les pattes étaient exactement semblables à celles des oiseaux.

On rencontre des restes de *Mammifères* dans le trias supérieur ou base du lias d'Allemagne, dans les dépôts de l'oolithe inférieure à Stonesfield, Angleterre, et dans les lits de boue de Portland dans l'oolithe supérieure. On a recueilli près de 20 espèces, dont 14 dans les couches de boue de Portland. La majeure partie est constituée par des marsupiaux, dont quelques-uns ont été reconnus pour faire partie de l'ordre des *Insectivores*. Les figures 298, 299 représentent des maxillaires appartenant à deux espèces de Stonesfield, au double de leur dimension réelle.

Fig. 298-299.

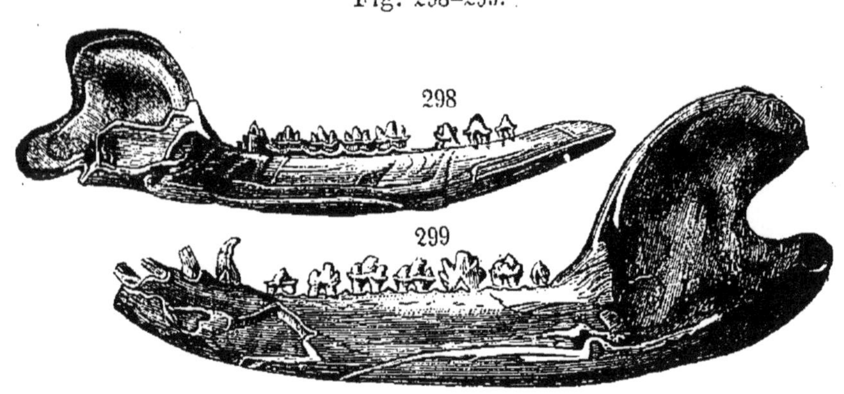

VERTÉBRÉS. — Fig. 298, Amphitherium Broderipii (× 2). — 299, Phascolotherium Bucklandi (× 2).

1. GÉOGRAPHIE. — La nature des couches triasiques de la Grande-Bretagne et de l'Europe montre qu'il existait encore de vastes mers intérieures et basses sur le côté est de l'Atlantique. Les dépôts de sel dans les couches, la rareté des fossiles dans la plupart des strates et la prédominance des marnes, indiquent les mêmes conditions que celles qui existaient dans l'État de New-York pendant la formation des couches salifères du silurien supérieur et des conditions à peu près semblables à celles qui donnèrent lieu à la formation gypseuse des montagnes Rocheuses. Le calcaire qui se déposa le long du Rhin, entre les deux formations de grès et de marne, prouve l'apparition accidentelle d'une mer plus ouverte, tandis que les impuretés du calcaire suggèrent l'idée que l'Océan ne s'est pas complètement répandu sur cette région.

Les couches de la période jurassique offrent presque toutes l'évidence, par leur constitution et leur abondante vie marine, que l'Océan s'est librement étendu sur de vastes portions de l'aire continentale. Les limites pourtant se resserrèrent dans le cours de la période, et, vers sa fin, les couches d'eau douce et terrestres se formaient en divers endroits qui, plus anciennement dans la période, avaient été recouverts par les eaux salées.

2. Climat. — Les récifs de coraux jurassiques de la Grande-Bretagne indiquent que l'Angleterre s'étendait alors sous une zone océanique intertropicale.

Dans l'Amérique arctique, les espèces de coquilles alliées à celles d'Europe et de l'Amérique intertropicale, se rencontrent aux latitudes 60° à 77° 16′, et une espèce de bélemnite ainsi qu'une ammonite sont, dit-on, identiques aux espèces qui se trouvent dans ces deux régions éloignées et maintenant complètement différentes. Il est donc probable qu'une zone océanique tempérée chaude couvrait la zone arctique jusqu'au parallèle de 78°, sinon plus loin. Il n'existe point aujourd'hui de grands reptiles en dehors des zones tempérées chaudes.

3. Période crétacée.

Caractères généraux. — La période crétacée, déterminant la fin du temps mésozoïque, fut en quelque sorte une période de transition entre le mésozoïque et le cénozoïque. Pendant ses progrès, avait lieu le déclin, et à sa fin, l'extinction d'un grand nombre des tribus du monde du moyen âge, tandis que d'autres tribus éminemment caractéristiques du monde moderne faisaient leur apparition. Parmi ces dernières on peut citer l'introduction des *Palmiers* et des *Angiospermes* parmi les plantes, et celle des *Téliostes* parmi les poissons.

Les Palmiers et les Angiospermes comprennent presque tous les arbres fruitiers du monde et la plus grande partie des essences forestières modernes. Partout où des conifères et des cycadées se trouvent, de nos jours, auprès de bosquets d'angiospermes, on peut distinguer le contraste existant entre le feuillage du moyen âge géologique et le feuillage actuel. Les Téliostes embrassent presque tous nos poissons modernes, sauf ceux de l'ordre des requins ou sélachiens. Leur apparition était un aussi grand changement pour les eaux que celle de nouvelles tribus de plantes pour la terre. Ces tribus de plantes et de poissons ne firent que commencer pendant le crétacé; leur plein développement appartient au temps cénozoïque et à l'âge de l'homme.

1. *Roches, leurs variétés et leur distribution.*

Dans l'Amérique du Nord, la formation crétacée borde le continent du côté de l'Atlantique, au sud de New-York, et les côtes nord et ouest du golfe du Mexique; en outre elle s'étend depuis le Texas vers le nord, sur les pentes des montagnes Rocheuses.

En Angleterre, la formation occupe une région exactement à l'est du jurassique, s'étendant depuis Dorset sur la Manche vers l'est, et vers le nord-est jusqu'à Norfolk sur la mer du Nord, puis elle continue le long des rivages de cet océan, encore plus au nord, au delà de Flamborough Head.

En France, on trouve le terrain crétacé en divers points du bassin de la Seine et notamment en Champagne, le long de la vallée de la Loire, sur le versant sud-ouest du plateau central en une bande se dirigeant du nord-ouest au sud-est depuis Rochefort jusqu'à Sarlat. On reconnaît encore ce terrain de part et d'autre de la chaîne des Pyrénées, et en Provence, dans les départements du Var, des Bouches-du-Rhône, des Basses-Alpes, de Vaucluse, de l'Isère, de la Drôme et de l'Ain.

Les diverses variétés des roches crétacées sont les suivantes : la variété tendre de calcaire nommée *craie;* des calcaires durs, des schistes et des conglomérats comme ceux des autres âges, mais encore plus communément des couches de sable tendre, d'argile et de coquilles, consolidées d'une façon si imparfaite que l'on peut les attaquer à la pioche.

Beaucoup de lits de sable ou grès ont une couleur vert foncé et ont reçu le nom de *sables verts*. Cette couleur est due à la présence de grains vert foncé, qui se trouvent mélangés à une quantité plus ou moins grande de sable commun. C'est un silicate de fer et de potasse hydraté. Ce *sable vert* est souvent employé pour fertiliser le sol.

Les couches de craie ont donné naissance au silex, distribué à travers la craie en lits composés de nodules ou masses de formes irrégulières. Quoique souvent les formes en soient arrondies, ils ne sont point des cailloux roulés d'origine étrangère, mais ont été formés sur place.

La craie constitue une notable proportion de la formation crétacée de l'Angleterre et de quelques parties de l'Europe, mais elle n'est point connue dans le crétacé américain. La succession des couches en Angleterre est la suivante : 1° le *crétacé inférieur*, consistant surtout en couches de sable vert et autres couches arénacées nommées collectivement *sable vert inférieur;* 2° le *crétacé moyen*, contenant le *sable vert supérieur* et quelques autres couches; 3° le *crétacé supérieur*, comprenant les *couches de craie* dont la partie supérieure est dépourvue de nodules de silex.

On suppose que les couches crétacées dans l'Amérique du Nord correspondent aux portions moyenne et supérieure du crétacé européen. Elles se composent de lits de sable vert, d'épaisses couches de sable d'autre nature, d'argiles, de lits coquilliers, et dans quelques endroits, de calcaire.

2. *Vie.*

Les premiers angiospermes et palmiers datent de la période crétacée. Les feuilles de quelques espèces américaines d'angiospermes sont représentées par les figures 300-303 ; la figure 301 est une espèce de *Sassafras*, la

Fig. 300-303.

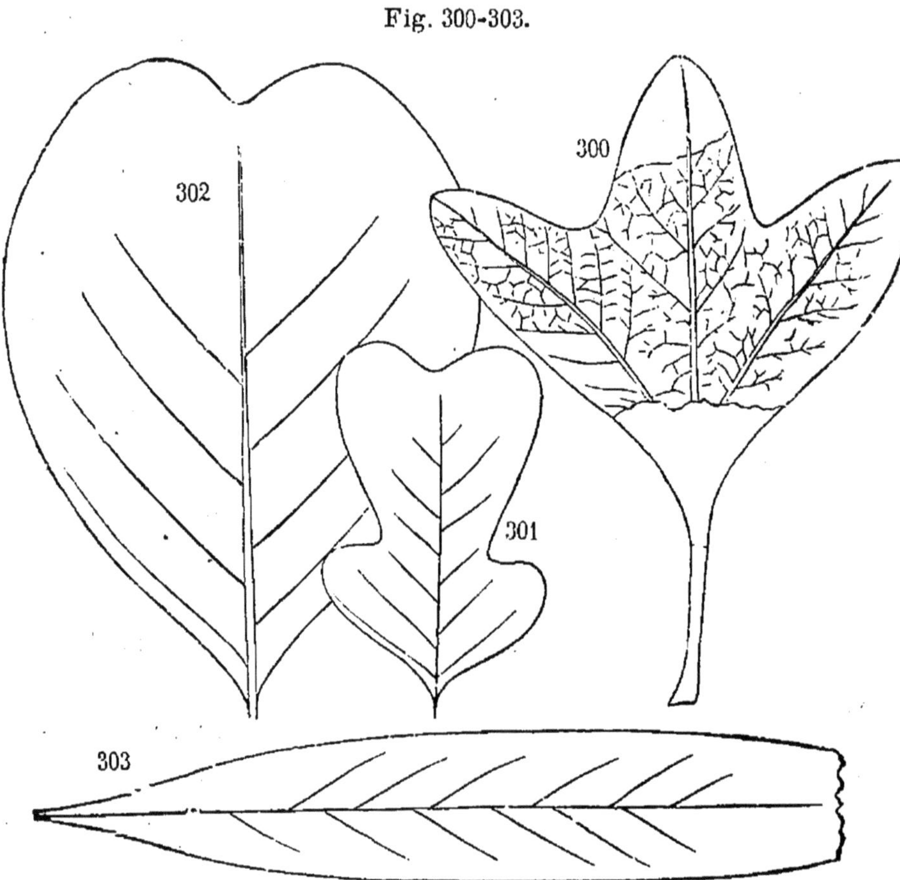

300, Leguminosites Marcouanus. — 301, Sassafras cretaceum. — 302, Liriodendron Meckii. — 303, Salix Meckii.

figure 302 un *Liriodendron*, la figure 303 un *Saule;* on trouve encore des feuilles de *Chêne*, de *Cornouiller*, de *Hêtre*, de *Peuplier*, etc.

Outre ces échantillons de plantes les plus parfaites, il

y a encore des conifères, des fougères et des algues marines comme dans les temps précédents, ainsi que quelques cycadées. Les algues microscopiques nommées *Diatomées*, qui forment des enveloppes siliceuses, et d'autres nommées *Desmides*, qui consistent en une ou plusieurs simples cellules vertes, étaient alors très abondantes. On croit même que les diatomées ont fourni une partie de la silice dont est formé le flint ou silex corné.

3. *Animaux*.

1° *Protozoaires*. — Les plus simples des animaux, les *Rhizopodes*, du groupe des Protozoaires, avaient une grande importance géologique pendant la période crétacée. En effet, on suppose que la craie est principalement composée de leurs petites coquilles calcaires. On trouve souvent que la craie pulvérisée contient un grand nombre de ces coquilles, dont la plus grande partie ne dépasse pas la dimension d'une tête d'épingle. Quelques-unes de ces formes sont représentées sur les figures 304-308, toutes

Fig. 304-308.

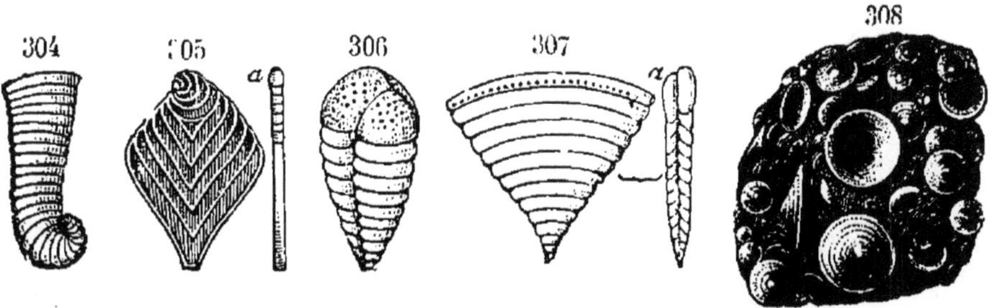

RHIZOPODES. — Fig. 304, Lituola nautiloidea. — 305, Flabellina rugosa. — 306, Chrysalidina gradata. — 307, Cuneolina pavonia. — 308, Orbitolina Texana.

très agrandies, sauf 308 qui est en grandeur naturelle. Une espèce très commune ressemble à celle de la figure 99, et se nomme une *Rotalia*. La figure 308 représente une grande espèce en forme de disque, nommée *Orbitolina* et venant du Texas.

Outre les Protozoaires mentionnés ci-dessus, les éponges étaient aussi très abondantes, et leurs *spicules*

Fig. 309.

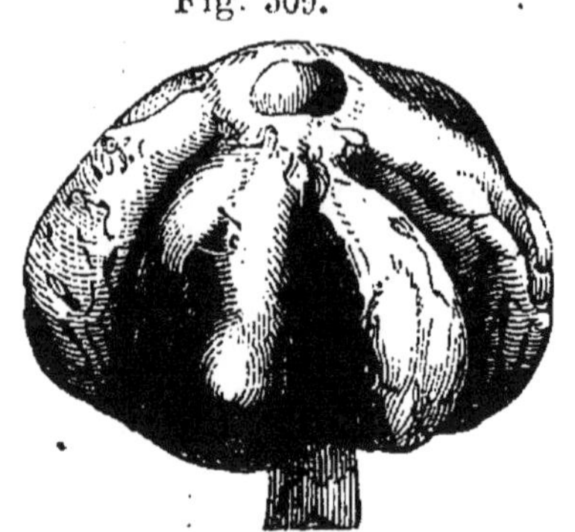

Siphonia lobata.

siliceuses étaient une source importante de la silice du flint. La figure 309 représente une des éponges de la craie d'Europe.

Fig. 310-313.

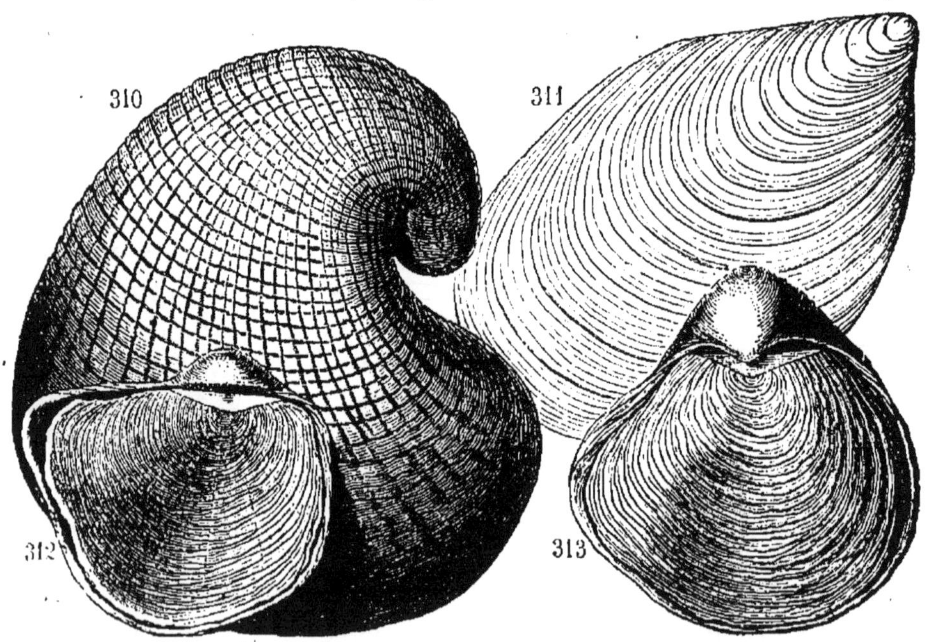

MOLLUSQUES. — Fig. 310, Exogyra arietina. — 311, Inoceramus problematicus — 312, Gryphæa vesicularis. — 313, G. Pitcheri.

2. *Rayonnés, — Mollusques.* — Parmi les rayonnés, les

Fig. 314-320.

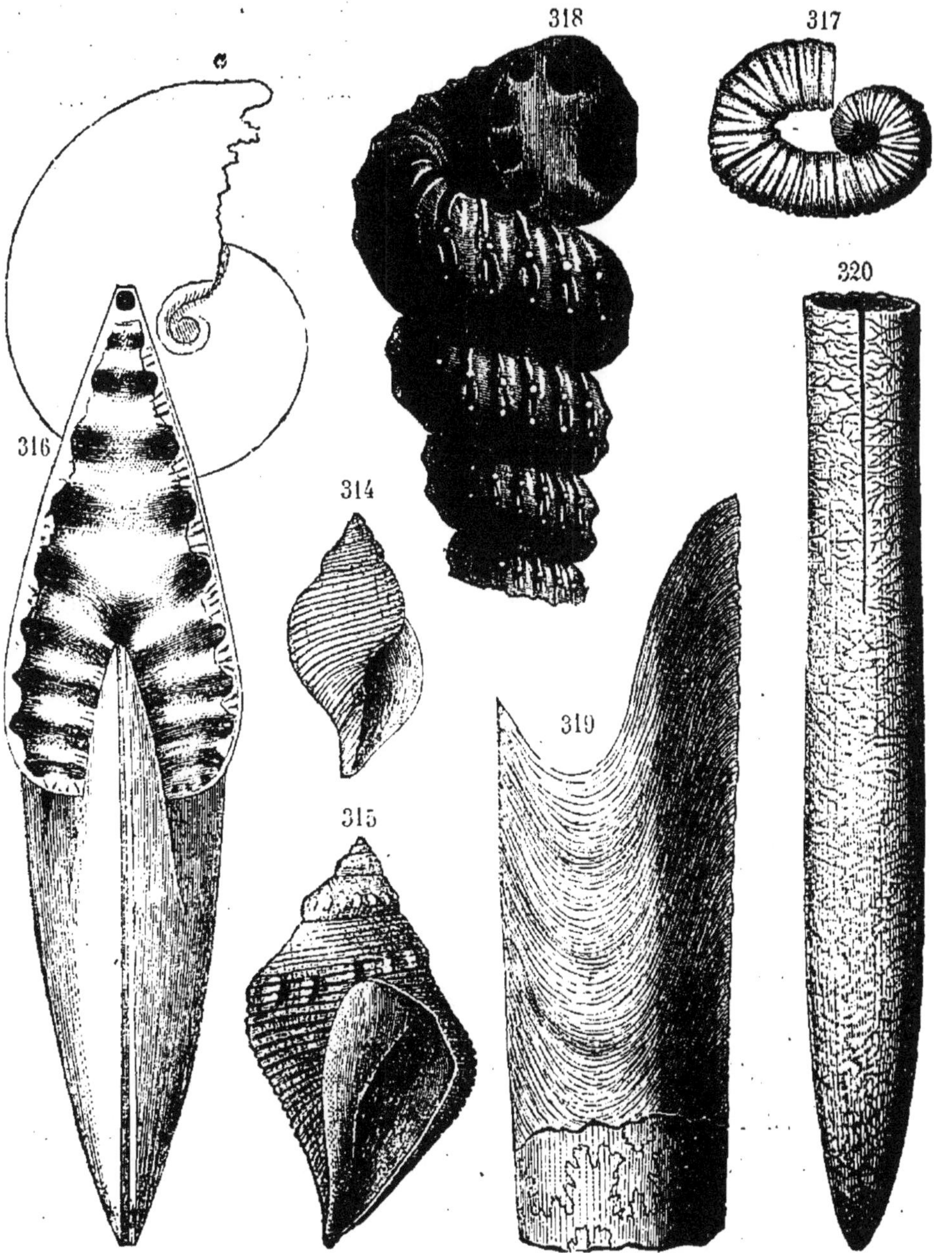

Mollusques. — Fig. 314, Fasciolaria buccinoides. — 315, Pyrifusus Newberryi. — 316, Ammonites placenta. — 316 *a*, Ammonite de profil et réduite. — 317, Scaphites larvæformis. — 318, Turrilites catenatus. — 319, Baculites ovatus. — 320, Belemnitella mucronata.

coraux et les oursins étaient communs. Les mollusques abondaient et appartenaient au type Ammonite ou au type Bélemnite, en outre d'autres genres non particuliers au mésozoïque. Beaucoup de genres sont identiques à ceux qui sont représentés dans nos mers modernes.

Les figures 310-313 montrent quelques-uns des conchifères les plus caractéristiques du crétacé américain. La figure 310 est une *Exogyra*, la figure 311 un *Inoceramus*, les figures 312-313 des *Gryphées*, genres maintenant éteints. Les figures 314-315 représentent des coquilles de gastéropodes, et 316-320 des céphalopodes, tous américains, sauf celui qui porte le numéro 318 ; la figure 316 est la partie supérieure vue de face d'une *Ammonite*, montrant les poches situées le long des côtés d'une des cloisons ; la figure 316 *a*, une vue réduite de la même ammonite en profil ; les figures 317-319, trois espèces de la famille des ammonites, mais non du genre *Ammonites*, l'une (fig. 317) se nommant *Scaphites*, dont la coquille est partiellement recourbée, ce qui lui donne quelque ressemblance avec un bateau ; la figure 318, une *Turrilite*, ou ammonite *turriculée*, anomalie dans la famille, car l'espèce est presque toujours enroulée sur un plan horizontal, la figure 319, une *Baculite* ou ammonite droite ; la figure 320 représente une espèce de *Bélemnite*. Quelques ammonites de la période crétacée atteignent un diamètre de 1 mètre à $1^{m},25$.

3. *Vertébrés*. — Parmi les vertébrés apparaissent les premiers *Téliostes* ou *Poissons osseux*, alliés à la perche, au saumon, au brochet, etc. Ils se trouvent accompagnés de nombreux requins de types anciens et modernes (Cestracions et Squalodontes) et de beaucoup de ganoïdes. Ainsi les formes anciennes et modernes de poissons étaient unies pour peupler les mers crétacées, les premières faisant à peine cependant la dixième partie du

nombre total des espèces. La figure 321 représente un de ces poissons téliostes, rapporté au saumon et à l'éperlan

Fig. 321.

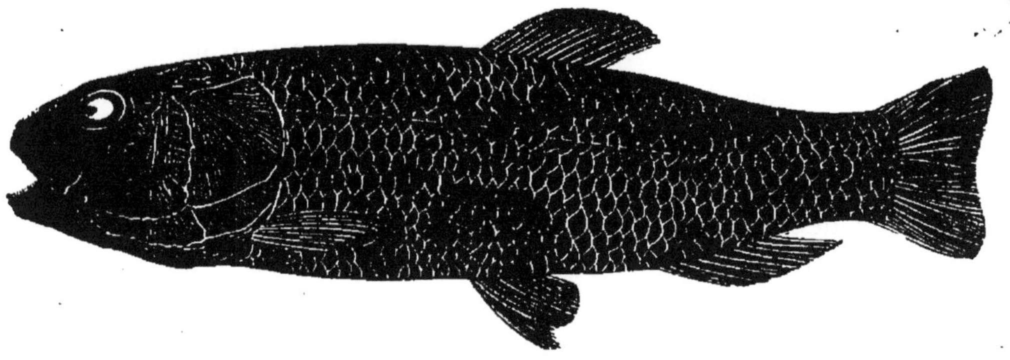

Osmeroides Lewesiensis (× 1/4).

de la craie de Lewes, Angleterre. Il y avait encore des harengs et beaucoup d'autres espèces.

Les reptiles comprenaient des espèces de quelques

Fig. 322.

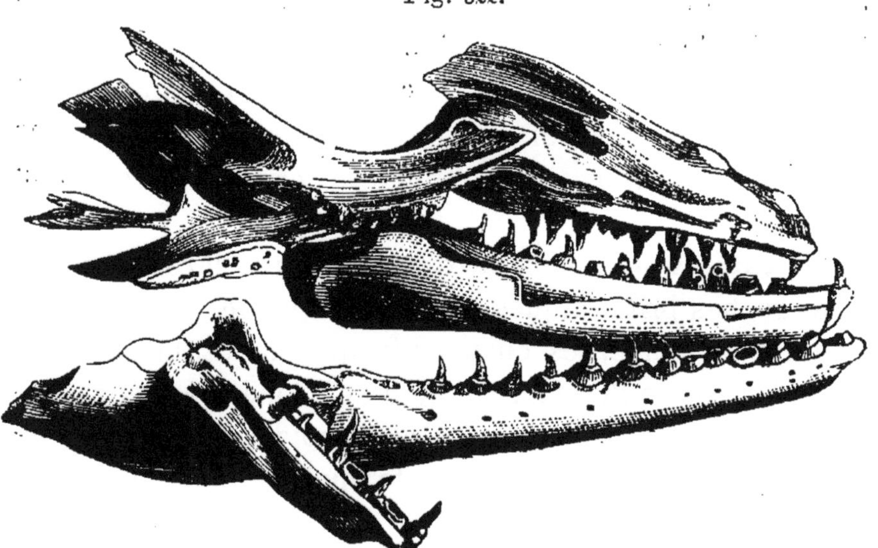

Mosasaurus Hofmanni (× 1/18).

genres jurassiques, tels que les *Ptérodactyles*, les *Ichthyosaures*, les *Plésiosaures*, et l'*Iguanodon;* il se trouvait encore d'autres genres, comme les *Mosasaures* (fig. 322) et de vrais *Crocodiles*.

4. *Observations générales.*

1. **Géographie.** — En Europe, la craie semble avoir été accumulée dans une mer ouverte, où les eaux avaient une profondeur de une ou plusieurs centaines de pieds. Nous savons déjà que la matière de la craie était principalement formée de coquilles de rhizopodes, et que celle du flint qui lui est associé provient de diatomées et d'éponges. Les rhizopodes et les diatomées vivent maintenant dans diverses parties de l'Océan, sur le fond et même à une profondeur de plusieurs centaines de pieds, et ils y forment des accumulations d'une vaste superficie. Il semble donc que les mers actuelles se trouvent dans les conditions requises pour former de la craie et du flint. Les nombreux oursins, éponges et coquilles trouvés dans les couches de craie montrent pourtant que la profondeur de l'eau, si elle atteignait quelques centaines de pieds, ne dépassait guère cette limite. Les fossiles de la craie, sont en beaucoup d'endroits transformés en flint, et quelques échantillons creux sont remplis de cristaux de quartz ou d'agate.

2. **Climat.** — Les coraux et les autres êtres tropicaux des roches britanniques indiquent que les mers étaient au moins tempérées chaudes jusqu'à la latitude de 60°N., du côté est de l'Océan. Du côté de l'Amérique, elles semblent au contraire avoir été plus froides, comme aujourd'hui, à latitude correspondante, mais la température était considérablement plus chaude que maintenant. La zone océanique chaude qui s'étend sur les mers Britanniques semble, par la distribution de ses fossiles, avoir couvert la côte de l'Amérique du Nord, au sud de Long-Island; mais pourtant elle n'atteignait pas la côte au nord du cap

Hatteras. Les plantes de la région du Missouri supérieur indiquent que sur ce territoire régnait un climat tempéré chaud.

Observations générales sur le mésozoique.

1. **Rapport des temps.** — Les rapports entre les âges paléozoïques, relativement aux longueurs des temps écoulés pendant leur durée, ou leurs *rapports de temps*, ont été fixés comme peu éloignés de 3 : 1 : 1.

En Europe il y a beaucoup d'incertitude sur l'épaisseur véritable des roches mésozoïques. En calculant d'après les meilleures évaluations qui aient été données de cette épaisseur, le rapport des temps entre le paléozoïque et le mésozoïque est presque 3 : 1/2 : 1, et celui entre les périodes triasique, jurassique et crétacée est 1 : 1 1/4 : 1. En d'autres termes, le mésozoïque fut à peine d'un tiers plus long que le paléozoïque, et les trois périodes du mésozoïque furent à peu près égales, la période jurassique étant plus longue d'un quart.

2. **Géographie européenne.** — L'Europe a ses roches mésozoïques distribuées en îlots ou suivant plusieurs surfaces, sinon indépendantes, du moins presque indépendantes, ce qui prouve que cette partie du monde conserva sa condition d'archipel pendant le temps mésozoïque. Les oscillations de niveau indiquées par la diversité de nature et de distribution des roches étaient plus nombreuses et plus irrégulières que dans l'Amérique du Nord. Les élévations montagneuses formées étaient pourtant peu nombreuses et petites, comparées à celles qui suivirent l'ère paléozoïque ou l'ère mésozoïque. Une série de troubles est rapportée à la fin du trias, et une autre à la fin du jurassique.

Parmi les formations mésozoïques du continent européen, il existe des dépôts divers, appartenant aux plages marines, aux eaux basses éloignées des rivages, aux mers intérieures, aux eaux océaniques de médiocre profondeur et aux terres marécageuses couvertes de forêts.

En Amérique comme en Europe, il s'était formé quelques couches de houille, de faible étendue si on les compare à celles de l'âge carbonifère.

3. **Vie.** — L'ère mésozoïque est caractérisée par : 1° la disparition de tous les types anciens ou paléozoïques de plantes et d'animaux; 2° l'accroissement et la culmination des types du moyen âge ou mésozoïques, et 3° l'apparition de quelques-uns des types les plus importants modernes ou cénozoïques.

1° *Disparition des types caractéristiques anciens ou paléozoïques.* — Parmi les anciennes tribus de plantes, les calamites et plusieurs genres de fougères disparurent pendant le jurassique. Parmi les anciens brachiopodes, les tribus de Spirifer et les familles de Leptæna prirent fin pendant le trias, et parmi les mollusques plus parfaits le type silurien des Orthocères et le type dévonien des Goniatites donnèrent leurs dernières espèces pendant le trias.

2° *Progrès dans les types mésozoïques.* — Les cycadées étaient les plantes les plus caractéristiques du mésozoïque; elles formèrent plus tard d'autres espèces, et cette tribu est maintenant presque éteinte. Les céphalopodes, parmi les mollusques, existaient en grand nombre, soit ceux à coquilles externes comme les ammonites, soit ceux qui, comme les bélemnites, en sont privés. Le nombre de toutes les espèces de céphalopodes aujourd'hui connues dans les formations mésozoïques est d'à peu près 1200, dont environ 950 appartenaient aux familles Nautile et Ammonite. Depuis la période crétacée, aucune ammonite n'a existé, et à présent il n'y a que deux ou trois espèces de nautiles. Le nombre total des espèces de céphalopodes vivant pendant le cours de l'ère mésozoïque était de trois ou quatre fois 1200, car il y a lieu de supposer qu'une partie seulement a été conservée à l'état fossile. Le sous-règne des mollusques atteignit donc son point culminant pendant l'ère mésozoïque, car son ordre le plus parfait, celui des céphalopodes, était alors à son maximum.

Pendant l'ère mésozoïque, le type des reptiles s'augmenta et atteignit sa perfection, c'est-à-dire son maximum comme nombre, variété et rang des espèces; il commença même à décliner.

Il y avait alors d'immenses sauriens nageurs, les énaliosaures, dans les mers; des sauriens analogues aux chauves-souris, les Ptérodactyles[1], volaient à travers les airs, et des sauriens quadrupèdes, herbivores et carnivores, dont plusieurs atteignaient 8 à 15 mètres de long, habitaient les marécages et les estuaires. Pendant l'ère du weald et du crétacé inférieur, vivaient en Angleterre et aux environs 4 ou 5 espèces de dinosaures de 6 à 15 mètres de long, 10 à 12 crocodiles, lézards et énaliosaures, de 6 à 15 ou 20 mètres, outre des ptérodactyles et des tortues. Ces nombres doivent être au-dessous de la vérité, car toutes les espèces vivant alors n'ont point certainement laissé leurs restes dans les dépôts. Pour apprécier cette particularité du moyen âge géologique, on doit considérer qu'actuellement la Grande-Bretagne n'a point de grands reptiles; en Asie il n'en existe que *deux* espèces dépassant 5 mètres, en Afrique *une* seule, dans toute l'Amérique *trois*, et dans le globe entier pas plus de *six*, et les plus grands de ces six n'ont pas plus de 8 mètres de longueur. L'ère mésozoïque est donc à juste titre nommée *âge des Reptiles*.

Tous les animaux mésozoïques, sauf les mammifères, appartiennent aux divisions ovipares, et les mammifères étaient surtout des Marsupiaux, c'est-à-dire semi-ovipares;

ces espèces étaient donc très en harmonie avec les autres êtres de cette ère. Les oiseaux de cet âge, ou au moins une partie d'entre eux, partageaient les traits des reptiles, car ils possédaient de longues queues, bien qu'ils fussent recouverts de plumes, et ils offraient quelques-unes des particularités des tribus à écailles. Les oiseaux à longue queue et les ptérodactyles étaient les animaux volants de cet âge ; les Ichthyosaures, les Plésiosaures, les Téléosaures, les Iguanodons, et les autres espèces gigantesques des estuaires et des marécages, étaient les êtres rampants. Ces espèces, ainsi que les petits marsupiaux et les insectivores des forêts de cycadées et de conifères, étaient les types les plus proéminents de la vie mésozoïque.

3° *Apparition des types cénozoïques.* — Parmi les plantes, c'est dans le crétacé qu'on trouve les premiers palmiers et les premiers angiospermes, ordre comprenant tous les arbres ayant une écorce, chêne, érable, pommier, etc., sauf les conifères. Ces plantes devinrent caractéristiques de l'ère cénozoïque et de l'âge de l'homme.

Parmi les vertébrés, les premiers représentants du grand ordre des téliostes ou poissons osseux apparurent dans le crétacé, toutes les espèces précédentes étant ou des sélachiens ou des ganoïdes ; les premiers types de la moderne tribu des requins se montrent dans le jurassique ; les premiers du genre moderne des crocodiles, dans le jurassique ; les premiers oiseaux, les oiseaux reptiles, dans le trias ou le jurassique ; et dans le trias, les premiers mammifères (marsupiaux ou mammifères semi-ovipares, et quelques insectivores).

Dans la classe des vertébrés, les poissons et les reptiles commencent au milieu ou à la fin du paléozoïque, et les oiseaux et les mammifères dans le commencement ou le milieu du mésozoïque.

TROUBLES ET CHANGEMENTS DE NIVEAU MARQUANT LA FIN DU MÉSOZOÏQUE

A la fin de la dernière période de l'ère mésozoïque, le crétacé, il y eut une extermination des espèces aussi complète que celle qui avait mis fin à l'ère paléozoïque. Il a été prouvé qu'aucune espèce n'avait passé du crétacé dans l'ère cénozoïque, excepté peut-être quelques requins. Les espèces que l'on peut le mieux supposer avoir vécu au delà de la période de troubles qui survint alors sont les espèces de haute mer, telles que les requins, car les variations qui se présentent dans les climats du globe et les changements de niveau de sa surface n'affectent que légèrement les eaux océaniques éloignées des côtes.

Outre la destruction des espèces, il se fit une extinction complète de plusieurs familles ou tribus. La grande famille des ammonites et plusieurs autres mollusques, tous les genres de reptiles, sauf les crocodiles, atteignirent leur fin pendant cette révolution.

La rencontre de roches crétacées dans la structure de certaines montagnes ou dans les environs de leur sommet, et l'existence de roches marines de la période suivante ou tertiaire seulement à de bas niveaux sur les flancs de ces montagnes ou vers leur pied, ont fait connaître que cette époque de troubles ou de révolution était remarquable par le nombre de grandes chaînes de montagnes qui commencèrent alors à exister au-dessus de l'Océan, ou dont l'altitude s'augmenta. La région occupée par la mer crétacée doit s'être transformée en élévations montagneuses, avant que les strates formées par les rivages marins tertiaires se soient déposées près de leur base. Les montagnes Rocheuses, les Andes, les Himalayas et les Alpes reçurent une grande partie de leur soulèvement immédiatement après l'ère mésozoïque, et un nouveau soulèvement considérable, immédiatement après la fin de la période crétacée ; cependant ces grandes chaînes du globe continuèrent à grandir pendant et après la période tertiaire.

Les monts Himalayas n'ont dans leur structure aucune roche crétacée connue, mais des couches oolithiques se présentent à une hauteur de 4,000 à 5,000 mètres, et s'étendent le long de ces élévations à 650 kilomètres de distance. La terre peut avoir en partie accompli son émergence hors de la mer avant le commencement de la période crétacée ; quelle que soit l'hypothèse adoptée, elle continua à s'exhausser longtemps encore après cette époque ; l'élévation de la portion occidentale de la chaîne, près de Cachemire, n'était pas achevée avant que la période tertiaire n'eût accompli une notable portion de son existence. Les Apennins commencèrent à s'élever vers le milieu de la période crétacée, mais ils atteignirent la plus grande partie de leur hauteur pendant le tertiaire. Les Andes ont des couches crétacées sur leurs plus hauts versants, ce qui prouve que leur élévation a été essentiellement contemporaine de celle des montagnes Rocheuses et des autres plus hautes montagnes du globe.

Ces faits seront mieux compris après une étude des formations tertiaires, qui fournissent une partie des preuves sur lesquelles sont basées ces conclusions.

Extermination de la vie. — Les preuves d'élévation sont si nombreuses qu'il est raisonnable d'en conclure qu'un grand changement de climat doit s'être alors effectué sur le globe. Les régions arctiques doivent avoir été plus exhaussées que celles des latitudes inférieures, car il ne se trouve pas de roches tertiaires sur les côtes orientales du continent américain au nord du 42e parallèle N., ce qui montre en outre que ce continent était en ce moment au-dessous de son niveau actuel. Le changement de climat, conséquence de l'élévation des terres arctiques, le nombre croissant et la hauteur des chaînes de montagnes peuvent avoir été assez grands pour donner, comme principal résultat, l'extinction de la vie qui se manifesta alors à la fois sur la terre et le long des rivages de l'océan. Si les vents et les courants océaniques froids de la partie nord de la zone tempérée ont pénétré pendant quelques années dans les régions tropicales, ils y auront produit une extermination générale des plantes, des animaux terrestres, ainsi que des animaux et des plantes peuplant les côtes et les rivages maritimes. Si, comme on l'a supposé, un changement de climat eut lieu à la fin du crétacé, ces résultats ont certainement été atteints. En outre, les eaux et l'air froids doivent, aussi bien en Europe que sur une grande partie des États-Unis, avoir rencontré la vie tropicale beaucoup plus près du pôle que maintenant.

IV. — ÉPOQUE CÉNOZOIQUE

1. **Age des Mammifères.** — L'époque cénozoïque ne comprend qu'un seul âge, celui des mammifères.

2. **Caractères généraux.** — Pendant la transition à cet âge, la vie du globe prit un nouvel aspect. Des arbres de types modernes, chênes, érables, saules, etc., et des palmiers associés à des conifères forment les forêts; des mammifères de dimensions et de caractères variés, herbivores, carnivores, et autres successeurs des petits mammifères semi-ovipares et insectivores, occupent la place des reptiles; de véritables oiseaux parcourent l'air à la place des oiseaux reptiliens et des ptérodactyles; des cétacés, des téliostes, des requins, appartenant surtout à des types modernes, peuplent les eaux à la place des Enaliosaures et à l'exclusion de presque toutes les anciennes tribus de requins cestracions et de ganoïdes.

On a vu précédemment que plusieurs de ces caractères modernes commencent à apparaître pendant l'ère mésozoïque. Ainsi donc, dans l'histoire géologique comme dans toute autre histoire, chaque âge est préparé dans ses progrès par l'âge précédent. Il n'y a pas de transitions brusques. Les mammifères, oiseaux, reptiles, téliostes et angiospermes du monde reptilien furent les précurseurs de l'ère future et brillante où ces espèces devaient former des races prédominantes. Les types de mammifères apparaissent pendant le cénozoïque et constituent différentes faunes successives d'espèces variées dont chacune à son tour était exterminée; ils se développent successivement jusqu'au moment où arrive dans sa plénitude l'âge des mammifères, qui, par le nombre des espèces et leur grandeur, l'emporte de beaucoup sur l'âge de l'Homme. Enfin les grands mammifères disparaissent dès le commencement de cet âge et pendant ses premiers progrès.

AGE DES MAMMIFÈRES.

L'âge des mammifères se divise en deux périodes : la période *tertiaire* et la période *post-tertiaire.*

Pendant le tertiaire, les mammifères appartiennent tous à des espèces actuellement éteintes, et il en est de même de presque tous les êtres vivants. En effet, le nombre des espèces vivantes d'invertébrés (rayonnés, mollusques et articulés) varie de *zéro*, dans la plus ancienne portion de la période, jusqu'à 90 p. 100 dans sa dernière partie.

Pendant le post-tertiaire, les mammifères sont presque tous d'espèces éteintes, mais les invertébrés appartiennent presque complètement à des espèces vivantes, car à peine 5 p. 100 sont éteintes aujourd'hui.

1. Période tertiaire.

1. ÉPOQUES.

Les couches de la période tertiaire ont été divisées par Lyell en trois séries :

1. **Eocène.** Les espèces antérieures sont complètement éteintes.

2. **Miocène**, 15 à 40 p. 100 des espèces antérieures sont éteintes.

3. **Pliocène**, 50 à 90 p. 100 des espèces antérieures sont éteintes.

2. ROCHES. — VARIÉTÉS ET DISTRIBUTION.

Le tertiaire de la Grande-Bretagne se rencontre surtout dans la partie Sud-Est de l'Angleterre, dans le bassin de Londres et sur les côtes S.-E. et E. où il borde le crétacé.

Sur le continent de l'Europe, le bassin de Paris est noté pour ses strates éocènes et ses mammifères fossiles. D'autres surfaces tertiaires couvrent les régions pyrénéenne et méditerranéenne, celles de la Suisse, de l'Autriche, etc. Quelques couches éocènes marines contiennent un fossile ayant la forme d'une pièce de monnaie et nommé Nummulite. Parfois les lits de calcaire sont tellement remplis de ces nummulites qu'on leur donne le nom de *calcaire nummulitique.*

En France, l'éocène est représenté par les sables de Rilly, du Soissonnais, de Beauchamps ; par des calcaires, des travertins et des marnes comme celles d'Aix en Provence. Le miocène affleure sous forme de calcaires dans la Brie et la Beauce, de sables à Fontainebleau, de fahluns ou mollasses à Bordeaux, près de Dax en Touraine ; enfin le pliocène existe dans la région voisine de la Manche entre le Hâvre et Calais, aux environs de Lesparre, Bordeaux, Bazas et Mont-de-Marsan, à Montpellier, en Provence sur la rive gauche de la Durance, dans la portion moyenne du cours de cette rivière et sur la rive gauche du Rhône et de la Saône, de Gray jusqu'à Tournon.

Les strates éocènes marines s'étendent très largement en Europe, dans l'Afrique septentrionale et en Asie; elles se rencontrent dans les Pyrénées, dont elles forment quelques-uns des sommets; dans les Alpes, à une hauteur de 3,000 mètres; dans les Carpathes, en Algérie, en Égypte, où les célèbres pyramides sont construites en calcaire nummulitique; en Perse, à l'ouest des monts Himalayas (région de Cachemire), à une hauteur de 4,500 mètres. Les dernières formations tertiaires ont une distribution beaucoup plus limitée; une grande partie est d'origine terrestre ou d'eau douce.

Les roches comprennent des grès et des calcaires compactes. Le grès est une pierre de construction très commune dans diverses parties de l'Europe; elle est assez tendre pour être taillée avec facilité et se durcit généralement par l'exposition, parce qu'elle contient des particules calcaires ou des coquilles triturées qui rendent calcaires les eaux d'infiltration, et que celles-ci en s'évaporant laissent en guise de ciment un dépôt calcaire qui relie les grains de sable.

La formation éocène du S.-E. de l'Angleterre se compose de couches d'argile et de sables dont les dépôts les plus inférieurs contiennent parfois des cailloux roulés. L'éocène inférieur comprend les sables de Thanet, les couches de Woolwich, l'argile de Londres et les couches de Bognor; l'éocène moyen comprend les couches de Bagshot, le groupe d'Headon, etc.; l'éocène supérieur, les couches d'Hempstead près d'Yarmouth. Le pliocène comprend le crag corallien, le crag rouge de Suffolk, et le nouveau pliocène le crag de Norwich qui est d'origine fluvio-marine.

3. Vie.

1. *Plantes.* — Le trait caractéristique de la végétation est la prédominance de la classe des angiospermes qui firent leur première apparition pendant le crétacé. Outre les restes de palmiers et de conifères, on a trouvé dans les

Fig. 323-327.

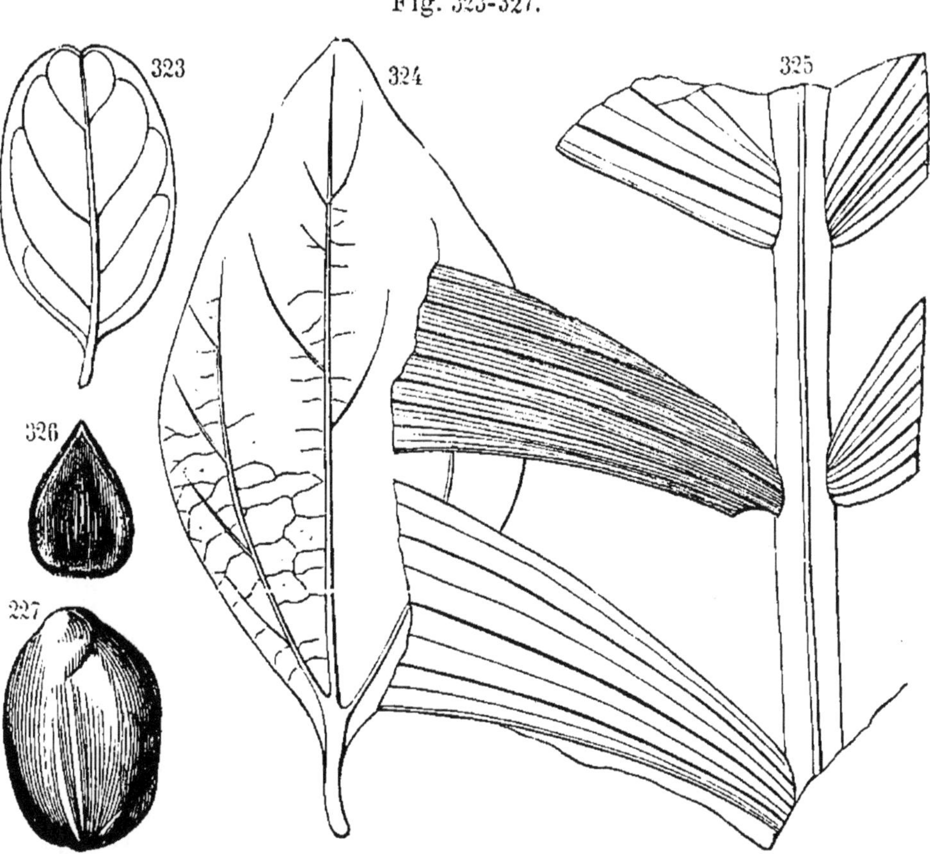

Fig. 323, Quercus myrtifolia (?). — 324, Cinnamomum Mississippiense. — 325, Calamopsis Danæ. — 326, Fagus ferruginea ?. — 327, Carpolithes irregularis.

couches tertiaires de l'Amérique ou de l'Europe des feuilles de chêne, de peuplier, d'érable, de cornouiller, de mûrier, de magnolia, de cannelier, de figuier, de sycomore, etc. Une feuille de Palmier-Éventail tertiaire (espèce de *Sabal*), trouvée dans le haut Missouri, devait avoir, dans son entier, une largeur de $3^m,80$. Les noix sont encore communes dans quelques couches, telles que celles de Brandon (Vermont). La figure 323 est la feuille d'un chêne, la figure 324 celle d'une espèce de cannelier, la figure 325 celle d'un palmier, la figure 326 la noix d'un hêtre tout à fait semblable à celle du hêtre commun; la figure 327 une autre noix provenant de Brandon, dont l'espèce est inconnue. Les plantes éocènes, dans le centre et le sud de l'Europe, ont en général une ressemblance frappante avec celles de l'Australie, et les plantes miocènes et pliocènes avec celles d'Amérique. Les forêts de l'Angleterre, pendant l'éocène, abondaient en palmiers.

Les plantes microscopiques, qui formaient des coquilles siliceuses de diatomées, constituent en quelques endroits de vastes dépôts. Une couche près de Richmond, Virginie, est épaisse de 10 mètres, et offre une étendue de plusieurs kilomètres; une autre près de Bilin, en Bohême, a $4^m,50$ d'épaisseur. A ce dernier endroit, la substance servait de poudre à polir sous le nom de *tripoli*, bien longtemps avant que l'on sût que sa fine poussière était due à des restes d'êtres microscopiques. Ehremberg a calculé qu'un pouce cube de cette ardoise finement terreuse contenait environ quarante et un mille millions d'organismes.

2. *Animaux.* — Le fait le plus important relatif aux invertébrés tertiaires est leur ressemblance générale avec les espèces modernes. Bien qu'un certain nombre de genres et toutes les espèces éocènes soient alors éteintes, on trouve cependant un aspect moderne à ces débris, et les spécimens ont souvent la fraîcheur des coquilles de nos rivages modernes.

Les espèces de coquilles tertiaires trouvées dans les couches européennes sont au nombre d'environ 6,000, tandis que les couches de l'Amérique du Nord n'en ont pas fourni plus de 3,000

Les figures suivantes représentent quelques espèces de l'époque de Claiborne. La figure 328 est une *huitre* éocène, la figure 329 est une espèce de *Crassatella*, la figure 330

Fig. 328-332.

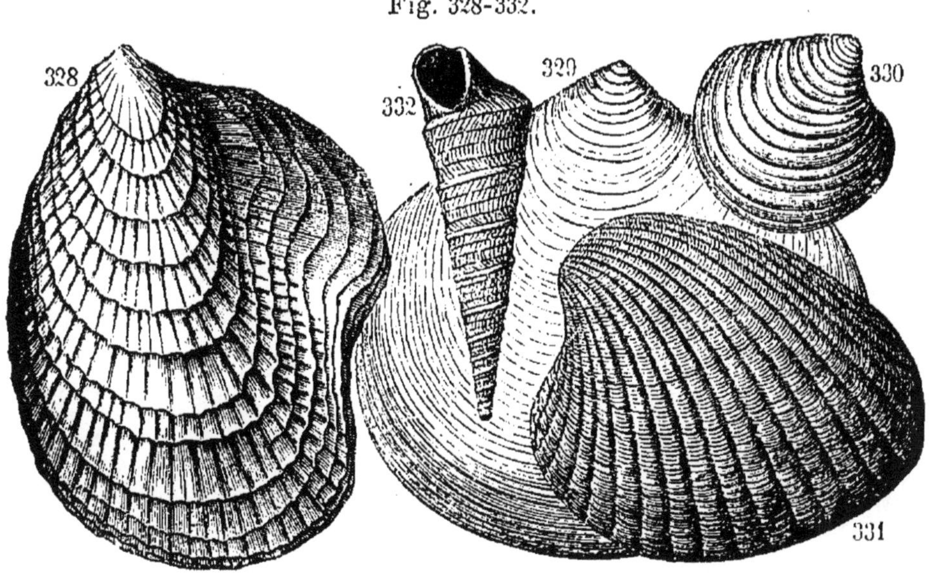

MOLLUSQUES. — Fig. 328, Ostrea sellæformis. — 329, Crassatella alta. — 330, Astarte Conradi. — 331, Cardita planicosta. — 332, Turritella carinata.

une *Astarte*, la figure 331 une *Cardita* et la figure 332 une *Turritella*, toutes de Claiborne, Alabama.

Les figures 333 à 336 sont des espèces de coquilles de l'époque de Yorktown, de la Virginie; les figures 333-334 représentent une *Crepidula* très commune vue en dessus et en dessous. Les espèces de cette époque comprennent l'huître commune, la moule et d'autres espèces modernes, qui sont ainsi à compter parmi les espèces les plus anciennement vivantes de notre globe. En effet, au commencement de l'époque miocène, toutes les espèces de mollusques qui avaient existé sur le globe disparurent, et il en fut de même de toutes les autres espèces d'êtres vivants, sauf quelques protozoaires et protophytes.

Relativement aux vertébrés, les points d'intérêt spécial sont les suivants :

1. Dans la classe des poissons, 1° la prédominance des téliostes ou poissons analogues à la perche et au saumon, et 2° l'abondance des requins dont quelques-uns avaient des dents longues et larges de 15 centimètres. Les dents de requins sont la partie la plus durable du squelette de

Fig. 333-336.

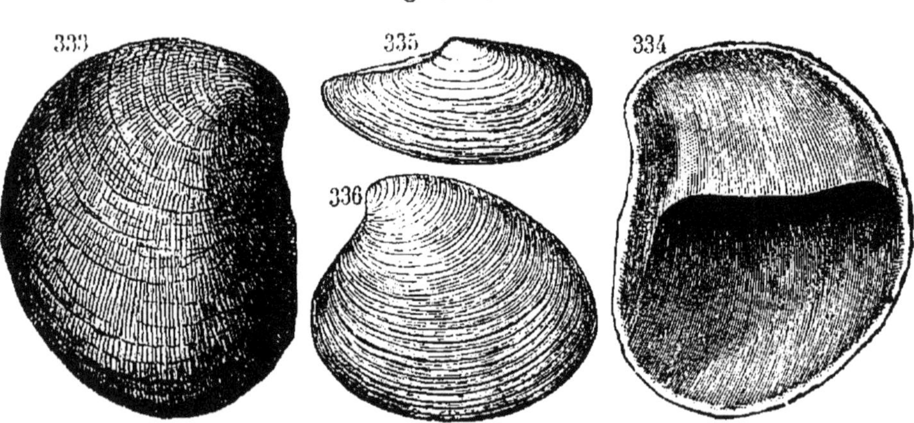

GASTÉROPODES. — Fig. 333, 334, Crepidula costata. — LAMELLIBRANCHES. — Fig. 335, Yoldia limatula. — 336, Callista Sayana.

ces animaux, et l'on en trouve une grande abondance dans les couches éocènes et miocènes. La figure 337 représente une dent de *Carcharodon angustidens*, et se trouve en différents endroits des rivages de l'Atlantique, depuis Martha's Vineyard au sud. La figure 338 représente la dent d'une autre espèce commune de requins, variété de *Lamna* (*L. elegans*).

Dans la classe des reptiles, on peut noter l'existence de nombreux crocodiles et tortues. L'écaille d'une des tortues miocènes trouvée à l'état fossile dans l'Inde, avait une longueur de 3m,50 et l'on suppose que l'animal avait 6 mètres de long. Toutefois, les premiers serpents n'apparaissent que dans l'éocène.

Dans la classe des oiseaux, les espèces trouvées ne sont pas reptiliennes ou à longue queue, mais elles ressemblent à nos oiseaux modernes; on les rapporte aux pélicans, aux faisans et aux vautours. Cependant les oiseaux fossiles se rencontrent très rarement; aucun n'a encore été trouvé en Amérique, bien que les restes de mammifères y soient communs.

Fig. 337-338.

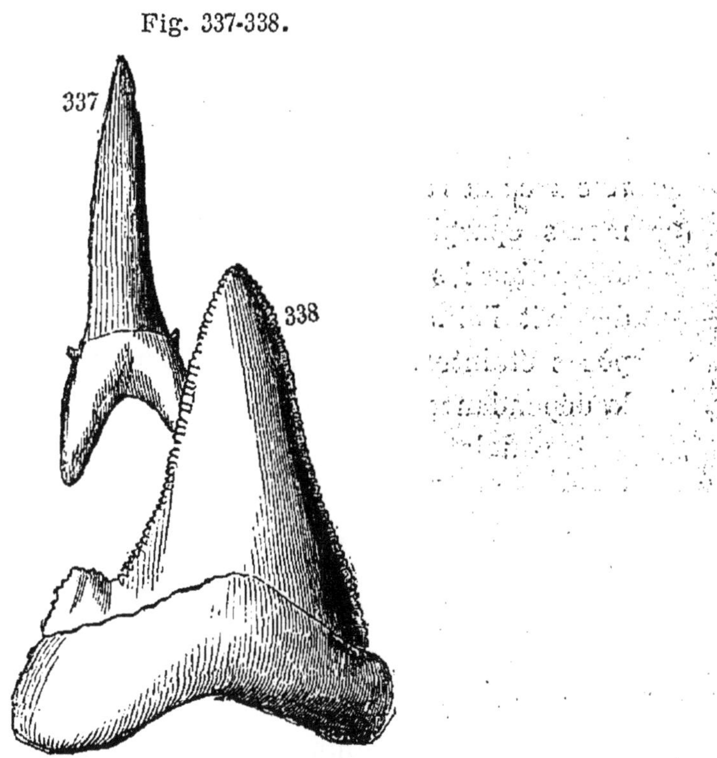

Fig. 337, Dent de Carcharodon angustidens. — 338, Dent de **Lamna elegans.**

Dans la classe des mammifères, c'est à ce moment qu'on rencontre les premières baleines, les premiers carnivores, herbivores, rongeurs, singes et d'autres représentants de diverses tribus, ce qui indique une grande population d'animaux d'espèces complètement différentes de celles d'aujourd'hui, quoique en général rapportées aux variétés modernes par la forme et la structure. Quelques types pourtant diffèrent tellement de ceux que l'on connaît, que jamais de telles assimilations ne se fussent présentées à l'esprit, sans l'aide fournie par l'étude des squelettes qui se trouvent à l'état fossile. Pendant l'éocène ancien, il semble y avoir eu plus d'herbivores que de carnivores; mais ensuite les carnivores atteignirent la proportion relative qu'ils possèdent aujourd'hui.

Cuvier, le premier, fit connaître à la science l'existence de mammifères fossiles. Les restes des couches des environs de Paris étaient depuis longtemps connus; mais on croyait qu'ils appartenaient à des animaux modernes. Cependant, par une étude soigneuse et une comparaison attentive avec des animaux vivants, Cuvier trouva que les ossements éparpillés pouvaient se réunir en squelettes; il détermina les tribus auxquelles ils se rapportaient, et il décrivit l'alimentation et la manière de vivre de ces espèces éteintes. Cuvier parvint à ce résultat en observant la dépendance mutuelle qui existe entre toutes les parties d'un squelette et, en réalité, entre toutes les parties d'un même animal. Une griffe acérée est la preuve que l'animal possède des molaires tranchantes et se repaît de chai r; un sabot, qu'il a des molaires larges et que l'espèce est herbivore, en un mot chaque os présente certaines modifications montrant le groupe de l'espèce à laquelle il appartient, et, par conséquent, il peut fournir l'indication, aux yeux d'une personne versée dans cette étude, du type spécial de l'animal, de sa structure, de la condition de son estomac et de sa peau.

Un de ces animaux parisiens se nomme *Paleotherium*, Sa forme, telle qu'on l'a restaurée, est montrée sur la figure 339. On le rapproche du Tapir moderne, et sa grandeur était celle d'un cheval. Une autre variété, nommée *Anoplotherium*, avait une taille plus élancée et ressemblait un peu à un cerf. D'autres animaux étaient rapportés au porc ou au pécari mexicain, et au cheval; il y avait encore quelques autres carnivores, une chauve-souris et un opossum.

Les seuls mammifères éocènes américains qui aient été découverts sont marins. Les os d'une variété de baleine nommée *Zeuglodon* se rencontrent sur plusieurs points des États limitrophes du golfe du Mexique, et, dans l'Alabama, ces vertèbres étaient jadis si nombreuses qu'on s'en servait en guise de pierres pour bâtir des murs ou qu'on les brûlait pour en débarrasser les champs. Ces animaux, pendant leur vie, avaient probablement une longueur de 22 mètres. Une des plus grandes vertèbres mesure 45 centimètres en longueur et 30 de diamètre.

Fig. 338.

Palæotherium magnum.

Les couches miocènes des « Bad Lands », sur la rivière Blanche, dans la région du haut Missouri, ont fourni les restes d'un grand nombre de quadrupèdes miocènes. Parmi eux, on trouve 8 carnivores rapportés quelquefois aux genres hyène, chien et panthère, 25 herbivores comprenant 2 rhinocéros et des espèces se rapprochant des tapirs, des pécaris, des daims, des chameaux et des chevaux, et 4 rongeurs, outre beaucoup de tortues. La figure 340 est

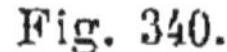

Fig. 340.

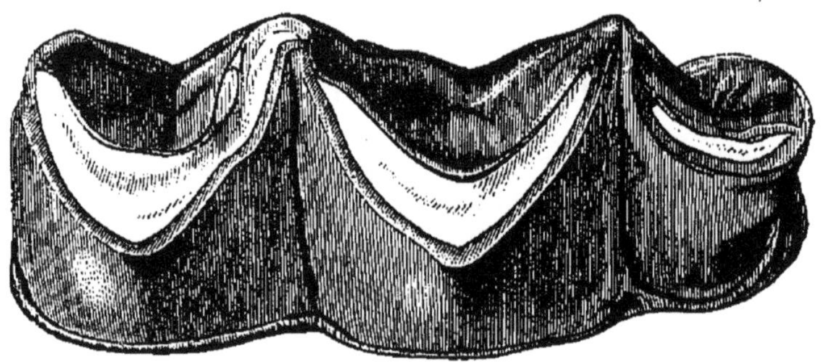

Dent de Titanotherium Proutii (× 1/2).

une dent, demi-grandeur naturelle d'un *Titanotherium*, animal rapporté au tapir, et d'un *Paleotherium*, de la taille d'un éléphant, car il avait probablement 2m,10 à 2m,30 de hauteur. La figure 341 représente quelques-unes des dents d'un des rhinocéros.

Parmi les mammifères du miocène européen, il y avait

Fig. 341.

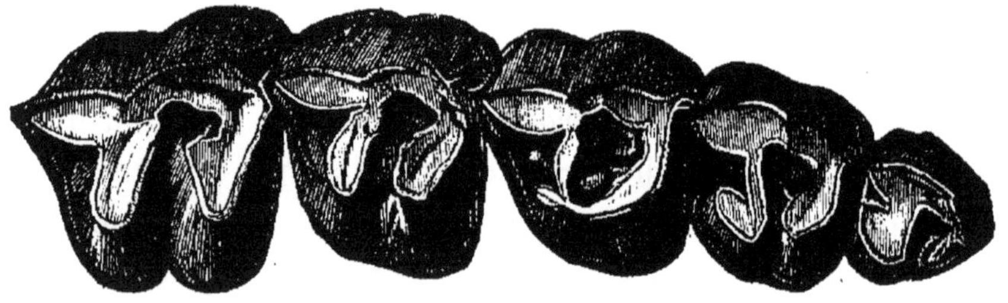

Dent de Rhinoceros (Hyracodon) Nebrascensis.

des éléphants, des mastodontes, des daims et d'autres herbivores, beaucoup de carnivores tels que singes, fourmiliers, etc. Une des espèces les plus singulières est le *Dinotherium*, dont la figure 342 montre la mâchoire, seule partie du squelette qui ait été trouvée, dont la longueur réelle atteint 1m,15. Cet animal semble avoir possédé une trompe comme un éléphant, mais ses défenses partaient de la mâchoire inférieure au lieu de sortir de la mâchoire supérieure, et elles se recourbaient en arrière.

Fig. 342.

Dinotherium giganteum (× 1/40).

Les couches pliocènes d'eau douce du haut **Missouri** contiennent les restes d'une faune dont les espèces sont totalement différentes de celles du miocène. Elles comprennent un rhinocéros, un éléphant de grande taille, un mastodonte, 3 espèces de chameaux, 4 membres de la famille du cheval, des daims, un loup, un renard, un castor et un porc-épic, tous d'espèces éteintes.

Les plus anciens représentants du groupe Bœuf se trouvent dans le pliocène européen.

4. Observations générales.

1. **Géographie.** — La période tertiaire compléta surtout l'œuvre de la formation des roches le long des rivages du continent, œuvre qui avait été en progrès durant la période crétacée.

En Orient, l'ère éocène fut marquée par la submersion

d'une très vaste superficie de terre, ainsi qu'on le voit par la distribution des couches marines sur l'Europe, l'Asie et l'Afrique septentrionale. Après l'éocène, la plus grande partie de ces mers continentales devint terre sèche, et en général on peut dire que le phénomène se continua car le miocène et le pliocène sont comparativement d'une étendue très limitée. Le fait que beaucoup des grandes montagnes du globe telles que les Pyrénées, les Alpes, les Carpathes, les Himalayas, n'étaient qu'en partie formées est prouvé par les roches éocènes qu'elles contiennent dans leur structure ou qu'elles présentent vers leurs sommets.

C'est par une preuve de ce genre, c'est-à-dire par la présence de couches éocènes, que l'on a appris que l'élévation des Pyrénées, bien que commencée avant la fin du crétacé, se produisit surtout pendant le milieu et la fin de l'éocène, et qu'il en fut de même pour les Alpes Juliennes, les Apennins, les Carpathes et les collines de la Corse. L'élévation des Alpes occidentales, y compris le mont Blanc, est rapportée par Elie de Beaumont à la fin ou à la dernière partie de l'époque miocène; celle des Alpes orientales, le long de l'Oberland bernois, à la fin du pliocène. Une élévation de 1,000 mètres s'effectua en Sicile après le pliocène. Les Himalayas, dans leur partie occidentale, près de Cachemire, ont des couches nummulitiques ou éocènes, à une hauteur de 4,600 mètres, de telle sorte que cette grande chaîne, quoique plus anciennement élevée à l'est, ne fut pas complétée avant l'éocène moyen, et même plus récemment encore, ainsi que le montrent les dernières couches tertiaires situées à des niveaux inférieurs.

Beaucoup de parties de la région des Andes furent exhaussées de 1,000 à 1,500 mètres et même davantage, pendant le cours de la période tertiaire.

Climat. — En Europe, le fait que les plantes de l'éocène avaient le caractère australien dans les portions centrales et méridionales et que les palmiers abondaient dans la Grande-Bretagne, prouve un climat tropical ou semi-tropical au sud, et tropical ou tempéré chaud au nord.

De même, les plantes du miocène, dans le sud de l'Europe, sont supposées indiquer un climat semi-tropical en cet endroit durant le tertiaire moyen.

Dans l'Amérique du Nord, les palmiers éocènes et les autres plantes de la région du haut Missouri montrent que la température était tempérée chaude. Toutefois il est évident que la terre ne possédait pas alors ses diverses zones actuelles de climat, et l'Europe était probablement un peu plus froide pendant l'éocène que pendant l'ère jurassique.

2. — Période post-tertiaire ou quaternaire.

1. Caractères généraux. — La période quaternaire fut remarquable : 1° comme période de culmination du type des mammifères, et 2° comme période de mouvements violents et de crises, à la fois au nord et au sud de l'Equateur.

2. Epoques. — Les époques, telles qu'on les a observées dans l'Amérique du Nord, sont au nombre de deux :

1. L'époque **Glaciaire**, ou époque en cours d'existence lorsque, sur les hautes latitudes, les continents éprouvaient sous l'action de la glace de grandes modifications dans les traits de leur surface.

2. L'époque de **Champlain**, lorsque, la glace ayant disparu, les mêmes portions du continent situées à de hautes latitudes, et sur une moindre étendue les parties plus basses, se couvrirent d'immenses formations fluviales, lacustres, et en quelques points marines.

Ces époques furent suivies en Amérique par une autre,

celle des Terrasses, qui forma une transition à l'âge de l'homme, lorsque les dernières formations fluviales, lacustres et marines se disposèrent en collines ou terrasses successives.

Les effets particuliers des phénomènes qui s'effectuaient pendant l'époque glaciaire sont les suivants :

1. *Transport.* — Des volumes immenses de terre et de pierres étaient transportés des latitudes les plus élevées vers les latitudes plus basses, sur une grande partie de la largeur du continent.

Les matériaux se composaient de terre et de pierres ou cailloux confusément mêlés et non stratifiés, que l'on nomme drift ou diluvium. Ils ne renferment aucun fossile ou reste marin.

Les pierres sont de toutes dimensions, depuis celles d'un petit caillou jusqu'à des masses grosses comme une maison de moyenne grandeur.

2. *Stries.* — Les roches sur lesquelles glissaient les blocs erratiques sont presque toujours striées en lignes croisées à peu près parallèlement comme dans la figure 343. Ces stries ou raies sont souvent profondément et largement entaillées, quelquefois à 30 centimètres de profondeur et à plusieurs pieds en largeur, comme si elles avaient été tracées par un outil d'une grandeur et d'une puissance immenses; elles se rencontrent partout où se trouve du drift, pourvu que les roches sous-jacentes soient suffisamment durables pour en conserver l'empreinte, et elles sont habituellement d'une grande uniformité partout où elles existent. Fréquemment on peut observer sur la même surface deux ou plusieurs directions, comme si les mêmes effets s'étaient reproduits à des époques différentes.

Souvent les stries croisent les pentes et les vallées obliquement, c'est-à-dire sans suivre la direction de la pente ou de la vallée. Mais, lorsqu'il en est ainsi, on trouve ordinairement que ces vallées sont tributaires de quelque autre grande vallée à laquelle les stries obliques sont plus ou moins exactement parallèles. En effet, le cours des stries se conforme généralement à la direction des grandes vallées du pays, plutôt qu'à celle des petites.

Les pierres ou blocs erratiques sont souvent striés comme les roches.

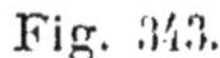

Fig. 343.

Stries produites par la glace.

Le diluvium d'Europe présente la même direction générale et les mêmes particularités que celui de l'Amérique du Nord. Il s'étend au sud jusqu'à la latitude de 50° environ. La région du sud de la Baltique et certaines parties de la Grande-Bretagne sont couvertes de drift et de pierres venant de Scandinavie. La longueur du voyage varie de 7 ou 16 kilomètres jusqu'à 800 ou 900 kilomètres.

3. *Fiords.* — Les Fiords sont des canaux maritimes profonds et étroits s'étendant à plusieurs kilomètres dans l'intérieur des terres. On les trouve sur les côtes de la Norvège, de la Grande-Bretagne, du Maine, de la Nou-

velle-Écosse, du Labrador, du Groenland, sur la côte ouest de l'Amérique du Nord, au nord du détroit de Fuca, et sur la côte ouest de l'Amérique du Sud, au sud de la latitude 41° S.

Les fiords sont donc, comme le diluvium, confinés aux plus hautes latitudes du globe, et ils peuvent avoir eu une origine commune et contemporaine.

Origine du Diluvium. — La glace en mouvement peut seule avoir transporté le diluvium avec ses immenses blocs erratiques. La glace est en train d'accomplir ce même travail de nos jours dans les régions à glaciers des Alpes et sur d'autres montagnes; des pierres de grandes dimensions ont été entraînées dans ces derniers temps par le mouvement lent d'un glacier, depuis le voisinage du mont Blanc, à travers les terres basses de la Suisse, jusqu'aux pentes du Jura où elles ont été abandonnées à une hauteur de 683 mètres au-dessus du niveau actuel du lac de Genève. De plus, il existe des stries offrant précisément les mêmes caractères de nombre, de profondeur et de parallélisme dans les roches granitiques et calcaires des collines, et l'on observe que les matériaux transportés sont restés à l'état non stratifié, lorsqu'ils n'ont pas été ensuite repris et distribués de nouveau par les torrents alpestres.

Les *Icebergs* transportent encore de la terre et des pierres comme dans les mers arctiques, et, chaque année, on en voit flotter un grand nombre au sud jusqu'aux bancs de Terre-Neuve sous l'action du courant septentrional ou du Labrador; là ils fondent et laissent tomber leurs grands blocs et leur charge de gravier et de terre pour former des dépôts non stratifiés. On objecte à l'hypothèse des icebergs, considérés comme cause du phénomène du diluvium, que ceux-ci ne pourraient pas avoir couvert de grandes surfaces de stries aussi régulières, et en outre qu'il n'existe pas de restes marins dans le diluvium non stratifié, ce qui tendrait à prouver que le continent était sous la mer pendant l'époque glaciaire.

Les principaux dépôts de l'époque Champlain, ainsi qu'on la nomme aux États-Unis, sont de trois sortes :

1. *Alluviaux*, ou formés le long des vallées des rivières par l'action des fleuves;

2. *Lacustres* ou formés dans des lacs;

3. *Des rivages marins ou sous-marins*, c'est-à-dire formés sur les côtes de la mer ou près d'elles et contenant souvent des restes marins.

Les dépôts d'alluvion se trouvent dans toutes ou presque toutes les vallées de rivières sous les latitudes à diluvium du continent de l'Amérique du Nord, depuis le Maine, jusqu'à l'Orégon et la Californie; ils existent aussi plus loin vers le sud dans le Kentucky et le Tennessee et même dans les États du golfe du Mexique.

Les couches se composent de terre, d'argile, de sable, de cailloux ou de mélanges de ces matériaux. Elles recouvrent le diluvium non stratifié partout où les deux formations sont en contact.

Il existe des formations alluviales, lacustres et côtières, vastes et élevées, dans la Grande-Bretagne et sous les plus hautes latitudes d'Europe, ce qui fournit une preuve que, sur ce continent, ces époques étaient marquées par des phénomènes semblables à ceux de l'Amérique. Mais les limites des époques y sont moins clairement définies. L'époque glaciaire peut y avoir été plus prolongée, et les grandes oscillations septentrionales avoir été compliquées par des changements de niveau locaux. L'Europe a eu ses grandes montagnes glaciales même depuis la fin de la période tertiaire. Il n'est pas improbable que les glaciers existant en Norvège et dans les Alpes ne soient la continuation de portions des glaciers plus anciens du continent. Après l'époque de Champlain, il y eut une période de froid extraordinaire en Europe, et un glacier recouvrit toute la Suisse entre les Alpes et le Jura, comme on le déduit de ce que les pierres et la terre transportées par le glacier sont superposées aux dépôts alluviaux et lacustres. La simplicité observée relativement aux événements de l'histoire géologique américaine ne se rencontre d'ailleurs en aucun point de l'histoire européenne.

Parmi les terrasses britanniques, celles de Glen-Roy en Écosse, nommées *Parallel Roads* ou *Benches*, sont spécialement remarquables. Elles sont au nombre de trois, l'une au-dessus de l'autre, la plus haute située à 353 mètres au-dessus du niveau des marées, la seconde à 322 mètres, la troisième à 262 mètres. On en trouve d'autres le long d'une foule de rivières, auprès des lacs et sur les bords de la mer.

Vie du post-tertiaire.

Les espèces invertébrées du post-tertiaire et probablement les plantes étaient presque, sinon entièrement, identiques aux espèces existant de nos jours.

Les êtres de cette période qui présentent le plus haut intérêt sont les mammifères, dont le type, ainsi qu'on l'a remarqué, atteignit alors son point culminant. Cette culmination se manifeste : 1° par le nombre des espèces ; 2° la multitude des individus; 3° la grandeur des animaux, et, à chacun de ces points de vue particuliers, la période surpasse de beaucoup l'âge actuel.

Les restes fossiles, en Amérique, n'ont pas été trouvés dans le diluvium non stratifié, mais bien dans les dépôts postérieurs de l'époque Champlain ou même dans ceux d'origine plus récente. En Europe ils ne sortent pas du diluvium.

1. *Europe et Asie.* — Les os de mammifères se rencontrent dans les cavernes qui servaient à ceux-ci de ta-

nières, dans le diluvium et les dépôts d'alluvion, dans les dépôts côtiers, dans les marais, où les animaux semblent s'être enfoncés, dans la glace, où le froid les a préservés de la corruption.

Les cavernes, en Europe, étaient surtout le repaire du grand Ours des cavernes (*Ursus spelæus*); et celles des Iles-Britanniques, de la Hyène des cavernes (*Hyæna spelæa*). Dans leurs tanières, ils apportaient les carcasses ou les ossements d'autres animaux qui leur servaient de nourriture, de telle sorte que les restes d'un grand nombre d'espèces sont maintenant mélangés dans la terre ou les stalagmites formant le sol de la caverne. Dans une grotte à Kirkdale, Angleterre, on a trouvé des fragments osseux d'au moins 75 hyènes, outre des restes d'éléphants, de tigres, d'ours, de loups, de renards, de lièvres, de belettes, de rhinocéros, de chevaux, d'hippopotames, de bœufs et de daims, qui tous sont d'espèces éteintes.

Le fait que le nombre des espèces et des individus était plus grand pendant le post-tertiaire que maintenant peut être déduit d'une comparaison entre la faune post-tertiaire de la Grande-Bretagne et celle d'une autre région de même surface pendant l'époque actuelle. Les espèces comprennent des éléphants gigantesques, deux espèces de rhinocéros, un hippopotame, trois espèces de bœufs dont deux de grandeur colossale, l'élan irlandais (*Megaceros Hibernicus*), dont la hauteur au sommet de ses bois était de $3^m,10$ à $3^m,50$ et l'écartement de ces mêmes bois de $2^m,50$ ou deux fois celui du *Moose* américain; des daims, des chevaux, des porcs, un chat sauvage, un lynx, un léopard, un tigre plus grand que celui du Bengale, un grand lion nommé *Machærodus*, possédant des canines en forme de lames de sabre atteignant parfois 20 centimètres de longueur, la hyène des cavernes, l'ours des cavernes et diverses espèces plus petites.

L'Éléphant (*Elephas primigenius*) était presque un tiers plus grand que les plus grandes espèces modernes. Il errait dans la Grande-Bretagne, sur le centre et au nord de l'Europe, au nord de l'Asie et même sur les rivages arctiques de celle-ci. De grandes quantités de défenses ont été exportées comme ivoire des rivages de l'océan Glacial et elles atteignaient quelquefois une longueur de 4 mètres. Au commencement de ce siècle, un de ces éléphants a été trouvé gelé dans la glace aux embouchures de la Léna, et il était si bien conservé que les chiens sibériens en dévorèrent la chair. Sa longueur jusqu'à l'extrémité de la queue était de 5 mètres, et il était recouvert de longs poils. Or aucun pelage, quelle que soit son épaissenr, ne pourrait actuellement permettre à un éléphant de vivre dans ces régions désertes et glacées, où la température moyenne en hiver atteint 40° au-dessous de zéro.

Quoiqu'il y eût beaucoup d'herbivores parmi les espèces post-tertiaires de l'Orient, les animaux les plus caractéristiques étaient les grands carnivores. Cette période était celle du triomphe de la force brutale et de la férocité, spécialement sur la région du globe où se trouvent aujourd'hui la Grande-Bretagne et l'Europe.

2. *Amérique du Nord.* — Il y avait de grands éléphants, des mastodontes, des bœufs, des chevaux, des cerfs, des castors et quelques édentés dans l'Amérique du Nord post-tertiaire, et ces animaux n'étaient dépassés en grandeur sur aucune des autres parties du globe. Les herbivores constituaient le type caractéristique. Il y avait dans cette contrée relativement peu d'espèces de carnivores, et l'on n'a découvert aucune caverne à ossements. La figure 344, représente le spécimen du Mastodonte américain, actuellement au British Museum. Le squelette a une hauteur de $3^m,40$ et une longueur jusqu'à la racine de la queue de $5^m,25$. Il fut trouvé dans un marais près de Newburgh (État de

New-York). L'éléphant américain était beaucoup plus grand que celui de Sibérie.

Fig. 344.

Squelette de Mastodon giganteus.

3. *Amérique du Sud.* — L'Amérique du Sud possédait ses carnivores, ses mastodontes, et d'autres herbivores; mais elle était surtout remarquable par ses édentés ou paresseux, dont la taille et le nombre étaient immenses. La figure 345 montre la forme et le squelette d'un de ces animaux, le *Megatherium*. Il dépassait en grandeur les plus grands rhinocéros; un squelette placé dans le British Museum a 5m,50 de long. C'était une bête lourde, analogue aux paresseux, mais qui dépassait énormément en taille le Paresseux moderne. Une autre espèce d'édenté possède

une écaille comme les tortues et est parfois rapportée à

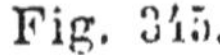

Fig. 345.

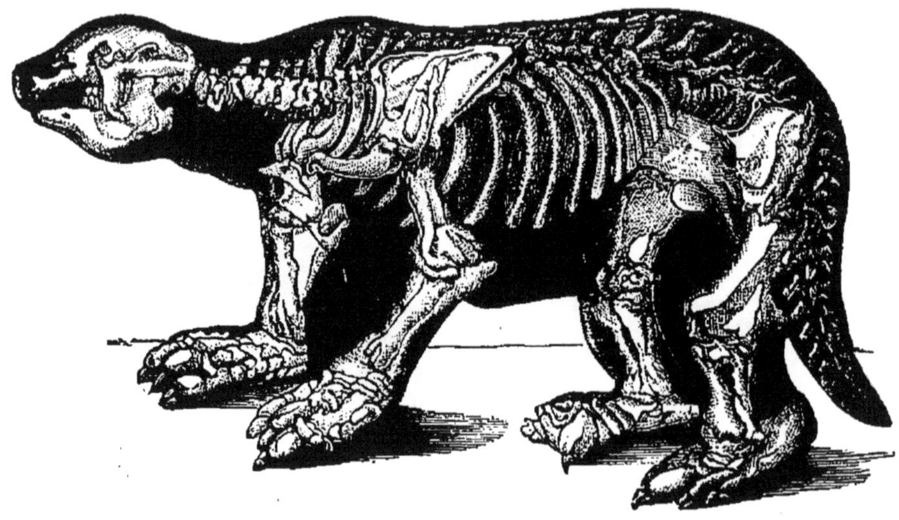

Megatherium Cuvieri (× 1/75).

l'armadillo. L'un d'eux (fig. 346) se nomme *Glyptodon*. Les animaux de cette espèce étaient encore gigantesques, le

Fig. 346.

Glyptodon clavipes (× 1/30).

Glyptodon représenté ici ayant jusqu'à l'extrémité de la queue une longueur de 2^m, 80.

L'Amérique du Sud était éminemment le continent des édentés.

4. *Australie.* — L'Australie post-tertiaire était habitée presque exclusivement par des marsupiaux comme l'Australie moderne, mais ceux-ci présentaient les dimensions gigantesques si caractéristiques de la faune mammifère de cette période. Une espèce, le *Diprotodon*, était aussi grande qu'un hippopotame.

Conclusions. — Les faits observés conduisent aux conclusions suivantes :

1° La période post-tertiaire était l'époque culminante des mammifères sous le double rapport du nombre et de la grandeur.

2° Sur chaque continent, le type de mammifère qui aujourd'hui le caractérise éminemment était alors gigantesque. L'Orient avait les carnivores, auxquels on peut ajouter les quadrumanes ou singes, l'Amérique du Nord ses herbivores, l'Amérique du Sud ses édentés, l'Australie ses marsupiaux.

3° Le climat de la Grande-Bretagne et de l'Europe, où se trouvaient les cavernes des lions, des tigres, des hippopotames, etc., doit avoir été plus chaud que maintenant, mais sans dépasser le minimum de température d'un climat tempéré chaud. Le climat de la Sibérie arctique était tel que les arbrisseaux y croissaient pour servir de nourriture aux troupeaux d'éléphants et par suite était demi-froid, car cette température était possible à supporter par des animaux munis d'un épais pelage.

4° L'époque moyenne des mammifères post-tertiaires jouissait donc, sur les continents, d'un climat plus chaud qu'à présent, et beaucoup plus chaud que celui de la période glaciaire. Les espèces peuvent avoir commencé à exister avant la fin de l'époque glaciaire en Europe, mais elles appartiennent surtout à l'époque de Champlain en Amérique, lorsque le niveau plus bas du terrain sur les plus hautes latitudes produisait une température chaude.

OBSERVATIONS GÉNÉRALES SUR L'ÈRE CÉNOZOIQUE.

1. *Contraste entre les périodes tertiaire et post-tertiaire sous le rapport des progrès géographiques.* — L'observation du temps cénozoïque révèle un véritable contraste entre les résultats donnés par les périodes tertiaire et post-tertiaire.

La première continua l'œuvre de formation des roches et d'extension des limites de la terre sèche, opération qui avait été en progrès pendant l'époque crétacée et par suite depuis l'âge azoïque.

La seconde fit subir son action sur la large surface du continent qui avait longtemps été en cours de préparation, et spécialement vers son centre et sous ses plus hautes latitudes.

Pendant le tertiaire, les plus hautes montagnes du globe ont été soulevées et les continents étendus; par suite les grandes rivières, avec leurs nombreux tributaires qui coulent des hautes montagnes sur les grands continents, commencèrent à exister, à creuser les montagnes, à former les vallées et à dessiner les collines. Pendant l'époque glaciaire, ce travail reprit avec une énergie particulière. Les roches exposées étaient brisées en fragments par les glaces en place et en mouvement, ou, dans les régions au delà de la portée des glaciers, par les torrents ; les matériaux terreux et les blocs erratiques étaient répandus à la surface, et l'excavation des vallées s'accomplissait partout. Pendant l'époque de Champlain, le bas niveau auquel était situé le terrain et la disparition graduelle de la glace permirent aux inondations des fleuves de combler profondément les grandes vallées par les alluvions. Pendant l'époque des terrasses qui suivit, les mouvements d'élévation du terrain disposèrent celui-ci en terrasses au moyen de dépôts d'alluvion le long des vallées des rivières et près des lacs, et ils complétèrent l'action des rivières et de la végétation en répandant la fertilité à la surface de la terre.

2. *Vie.* — Durant le cours de l'ère cénozoïque comme pendant l'ère précédente, les disparitions s'effectuèrent à plusieurs époques successives et furent suiviesde nouvelles créations. Les mammifères de l'éocène inférieur étaient d'espèces différentes de ceux de l'éocène supérieur, et ceux-ci différaient de ceux du miocène, ceux-ci du pliocène, et ces derniers des espèces du post-tertiaire.

D'après l'état actuel de nos découvertes, les mammifères commencèrent pendant l'ère mésozoïque durant la période du trias, et ces espèces mésozoïques furent seulement des marsupiaux ou des insectivores. C'étaient des espèces précurseurs des nouveaux types qui devaient apparaître après la fin de l'âge des reptiles. Dans l'éocène ancien, au véritable début de l'âge des mammifères, apparurent des herbivores et des carnivores gigantesques. Les herbivores étaient surtout des pachydermes rapportés au tapir et au porc, et à un degré plus éloigné aux cerfs. La véritable famille des cerfs, parmi les ruminants, et celle des singes commencèrent dans le miocène ou même pendant l'éocène supérieur, la tribu des éléphants dans le miocène, la famille des bœufs dans le pliocène ou à la fin du tertiaire.

V. — ÈRE DE L'INTELLIGENCE. — AGE DE L'HOMME

Avec la création de l'homme, une ère nouvelle s'ouvre dans l'histoire géologique. Pendant les premiers temps la matière seule existait, la matière morte. Alors apparut la vie, inconsciente dans la plante, consciente et intelligente dans l'animal. Les âges s'écoulèrent en amenant avec eux divers types de vie animale et végétale. Enfin l'homme parut, fait de matière et doué de vie, mais, ce qui est plus, possédant une nature spirituelle qu'il manifeste par sa structure matérielle; ses membres antérieurs ne sont point faits pour la locomotion comme ceux de tous les quadrupèdes; il se tient debout, son corps est complètement placé au-dessous du cerveau dont il est le serviteur, et ses pieds ne sont que des supports et des organes de locomotion, et non pas, comme chez les singes, des organes pour grimper, prendre ou escalader.

1. **Dépôts rocheux.** — Les dépôts stratifiés sont en progrès pendant l'âge de l'homme ainsi qu'ils l'avaient été pendant les âges précédents. On les trouve en lits d'alluvion le long des rivières, en dépôts lacustres dans les lacs, côtiers sur les plages, les dunes, les marais d'eau salée, et dans les accumulations de terre, de boue et de sable situées loin des côtes; souvent ils retiennent enfouis des coquilles, des ossements, des feuilles, restes des espèces vivantes de cet âge. Les rivières et, sur quelques hauteurs, les glaciers travaillent à niveler les chaînes de montagnes et à en étaler les détritus à la surface des terres basses. Les icebergs, chargés de terre et de pierres, flottent depuis les mers arctiques jusqu'aux bancs de Terre-Neuve, où ils se fondent et répandent leurs matériaux sur le fond. En une foule de points du continent, les marécages présentent leurs accumulations de débris végétaux et forment de la tourbe, en imitant exactement les phénomènes qui ont présidé à la création des grandes couches de débris végétaux de l'ère carbonifère. La nature et l'origine de ces dépôts modernes sont étudiées au chapitre de la Géologie dynamique.

Les particularités de cet âge, au point de vue des dépôts rocheux, le relient au temps cénozoïque et spécialement au post-tertiaire, et le distinguent des âges plus anciens par le fait que ses dépôts marins sont presque entièrement confinés sur les bords des continents. Ceux de l'intérieur étaient, sauf quelques légères exceptions, d'origine terrestre ou d'eau douce.

2. Vie.

Parmi les caractères de la vie de cet âge, on peut compter les suivants :

1. Il existe une grande variété de vie terrestre. En effet, les continents ayant alors leur plus grande étendue et leur plus grande variété de climat, comme la vie est adaptée à toutes ces conditions différentes, elle doit dépasser de beaucoup en diversité celle des époques plus anciennes, spécialement celles qui précédèrent le post-tertiaire. Les oiseaux et les insectes l'emportaient sur ceux de toute autre période antérieure relativement au nombre d'espèces, mais il n'en était pas tout à fait de même pour les mammifères et les reptiles. Quant à la vie océanique, cet âge laisse bien loin derrière lui les âges précédents, soit par le nombre des espèces, soit par le nombre des individus compris dans les espèces.

2. Tandis que les espèces post-tertiaires d'invertébrés et de plantes sont les mêmes que celles qui existent maintenant, on ne peut cependant pas affirmer que toutes les espèces aujourd'hui vivantes existassent alors. Il est probable que, lorsque la période post-tertiaire s'approcha de sa fin et que les climats actuels s'introduisirent sur le globe par les mouvements de la croûte terrestre, il se fit de grandes additions d'espèces, spécialement de celles qui semblent destinées à provoquer le progrès physique, intellectuel et moral de l'homme par leurs vertus nutritives ou médicinales, leur force, ou leur beauté.

3. La vie mammifère particulière à cet âge paraît avoir

commencé son existence surtout pendant l'époque des terrasses, comme cela est prouvé par ce fait que les restes animaux se trouvent dans les alluvions anciennes de l'Europe aux mêmes latitudes où elles se présentent maintenant et même à des latitudes plus basses. On voit donc que les espèces étaient distribuées d'une façon très analogue à la façon actuelle, et par suite que le climat de l'Europe était essentiellement le même qu'à présent.

4. Les mammifères de cet âge n'ont pas plus d'un quart en plus du volume de ceux du post-tertiaire ; les éléphants, lions, tigres, élans, daims, chevaux, paresseux, kanguroos, castors, etc., étaient tous de dimensions très réduites.

5. Lorsque les mammifères de cet âge apparurent pour la première fois, il existait encore quelques-uns des grands mammifères post-tertiaires, tels que l'éléphant, le rhinocéros, l'ours des cavernes, et quelques autres, ainsi que cela est prouvé par les ossements de ces espèces qui se rencontrent dans les mêmes couches que ceux des animaux modernes.

Le refroidissement du climat peut avoir occasionné l'extermination finale des grands animaux post-tertiaires.

6. L'Homme, l'espèce dominante de cet âge, ajoute une nouvelle catégorie de fossiles aux dépôts géologiques. Outre ses propres ossements, on trouve des restes de ses ouvrages, têtes de flèche en silex, haches, bois creusés, pièces de monnaie, livres ou parchemins, comme dans les villes ensevelies de Pompéi et de Ninive.

La figure 347 représente un squelette humain fossile d'une roche coquillière de la Guadeloupe. Ce sont les restes d'un Indien tué dans une bataille il y a deux siècles, et la roche est de la même espèce que celle qui se forme et se consolide actuellement sur les rivages du pays. La figure 348 montre un conglomérat de pièces de monnaie du règne d'Édouard Ier, trouvé à une profondeur de 3 mètres au-dessous du lit de la rivière Dove en Angleterre.

7. L'homme semble avoir commencé à exister avant l'extinction complète des mammifères post-tertiaires; on trouve en effet près d'Abbeville et d'Amiens en France, dans quelques autres localités d'Europe et en Angleterre,

Fig. 347.

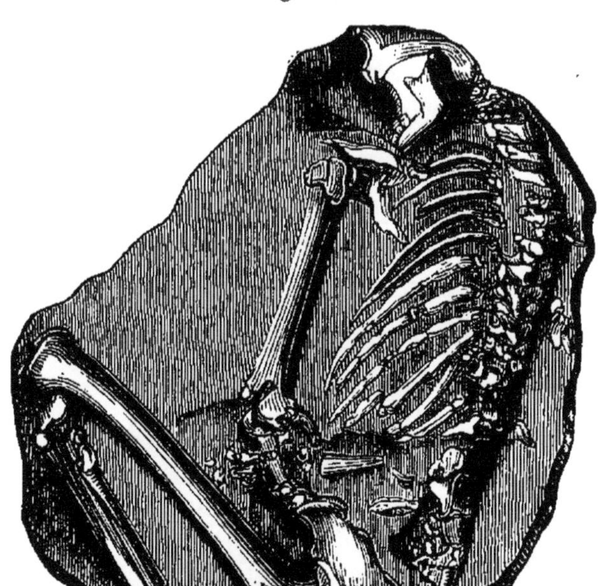

Fig. 347. Squelette humain de la Guadeloupe.

des pointes de flèche en silex et quelques autres restes humains dans les dépôts et les cavernes contenant des ossements des espèces post-tertiaires qui ont été mentionnées précédemment.

8. Quelques espèces d'animaux se sont éteintes depuis le commencement de l'âge de l'homme et à cause de l'homme lui-même. Le *Dodo*, grand oiseau ressemblant par son plumage et ses ailes à un poussin gigantesque, était abondant dans l'île Maurice jusqu'au commencement

du XVIIIe siècle. Le *Moa* ou *Dinornis* est un oiseau de la Nouvelle-Zélande analogue aux autruches, qui vivait il y a moins de cent ans ; sa hauteur était de 3 à 4 mètres, et le tibia de l'un d'eux mesure 78 à 80 centimètres. On rencontre, dans les lits de détritus de Madagascar, un oiseau encore plus grand et d'un caractère analogue,

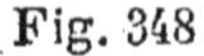
Fig. 348

Fig. 348. Conglomérat contenant des pièces de monnaie.

nommé *Épiornis ;* ses œufs dépassent 30 centimètres. On voit en eux quelques exemples de l'extinction moderne des espèces.

Le progrès de la civilisation tend à restreindre les forêts dans des limites de plus en plus étroites. Jadis le buffalo errait sur l'Amérique du Nord jusqu'à l'Atlantique, mais il ne vit actuellement que sur les versants des montagnes Rocheuses, à l'ouest du Missouri. Le castor s'étendait autrefois sur les États-Unis depuis le Pacifique jusqu'à l'Atlantique et même dans les régions arctiques, et l'on trouve beaucoup de leurs restes dans les cavernes situées près de Carlisle en Pensylvanie; maintenant on voit rarement cet animal à l'est de la rivière Missouri, bien qu'il s'avance parfois dans le nord des États de New-York, du Maine et de Michigan, dans le Wisconsin et le Minnesota et dans quelques parties des Appalaches, vers le sud-ouest. Les castors, les ours, les loups et les porcs sauvages étaient jadis communs dans la Grande-Bretagne, mais ils y sont aujourd'hui complètement exterminés.

3. Changements de niveau.

La terre, pendant l'âge de l'homme, a joui d'une ère de repos relatif. Ses roches sont essentiellement complétées, ses montagnes sont faites; ses grands traits, jadis ébauchés, ont été remplis de leurs détails variés, et, maintenant que le système de vie est terminé par la dernière création, l'homme, la terre, demeure de l'homme, est aussi dans un état d'achèvement. Cependant la formation des roches est encore en voie de progrès; les forces de la nature continuent leur ouvrage comme dans les âges précédents, et il s'effectue encore des changements de niveau analogues à ceux des temps passés.

Ces changements de niveau sont paroxysmaux, c'est-à-dire s'effectuent par un mouvement soudain de la croûte terrestre et quelquefois en rapport avec les tremblements de terre, ou ils sont séculaires, c'est-à-dire qu'ils résultent d'un mouvement graduel se continuant pendant un grand nombre d'années ou de siècles. Voici quelques exemples.

1. *Changements paroxysmaux.* — En 1822, la côte ouest de l'Amérique du Sud, sur 2,000 kilomètres depuis la Concepcion jusqu'à Valparaiso, fut agitée par un tremblement de terre, et l'on a estimé que la côte voisine de Valparaiso a été élevée de 1 mètre à 1 m,20 d'un seul

coup. En 1835, pendant un autre tremblement de terre dans le même pays, il se produisit un exhaussement de 1 m,20 ou 1 m,50 à Talcahuano, qui se réduisit au bout d'un certain temps à 60 ou 80 centimètres. En 1819, il y eut un tremblement de terre près du delta de l'Indus, et simultanément une superficie de 5,000 kilomètres carrés, sur laquelle étaient situés le fort et le village de Sindree, s'enfonça au point de devenir une mer intérieure où les sommets des édifices étaient seuls au-dessus de la surface de l'eau, tandis qu'une autre région parallèle à l'espace submergé, longue de 80 kilomètres et en certains points large de 16, fut relevée à 3 mètres au-dessus du delta. Ces quelques exemples se sont tous présentés pendant un intervalle de soixante ans. Ils montrent que la terre est encore bien loin d'un repos absolu, même maintenant qu'elle se trouve à l'état d'achèvement.

2. *Changements séculaires.* — Le long des côtes de la Suède et de la Finlande, il est évident qu'un soulèvement graduel de la terre est en progrès lent. Des marques placées le long des rochers par le gouvernement suédois, montrent que ce changement est léger à Stockholm, mais qu'il augmente vers le nord et existe même au cap Nord, à 1,600 kilomètres de Stockholm. A Uddevalla, la valeur de l'exhaussement équivaut à 1 mètre ou 1m,20 par siècle.

Au Groenland, sur 960 kilomètres depuis la baie de Disco, près de 69° N., jusqu'au golfe d'Igaliko, par 60° 43′ N., on a signalé un soulèvement lent pendant les quatre derniers siècles. Des îles situées le long de la côte et d'anciens édifices ont été submergés.

On soupçonne qu'un soulèvement est encore en train de s'effectuer le long de la côte du New-Jersey, du Long-Island et de Martha's Vineyard, ainsi que sur différents points des rivages compris entre le Labrador et la baie de Fundy. On trouve des tiges d'arbres de haute futaie profondément enfouis le long des plages du New-Jersey, et dont la condition ne peut être autrement expliquée.

Les cas précédents font comprendre les mouvements qui s'effectuent et ces lentes oscillations qui ont eu lieu pendant les âges géologiques, élevant ou submergeant les continents, ou tout au moins modifiant la position des eaux le long de la terre.

On doit remarquer que ces mouvements séculaires de l'âge de l'homme sont, autant qu'on a pu l'observer, des mouvements de hautes latitudes, tels que ceux qui s'effectuaient pendant la période post-tertiaire; par conséquent ils indiquent que le système de changements post-tertiaires n'est pas encore arrivé à sa fin définitive.

Observations générales sur l'histoire géologique.

I. Durée des temps géologiques.

En employant comme données l'épaisseur relative des formations des âges géologiques, on a évalué les rapports de temps de ces âges ou leur durée relative. Ces rapports de temps, estimés pour le paléozoïque, le mésozoïque et le cénozoïque, sont 14 : 4 : 3 qui équivalent à $3\frac{1}{2} : 1 : \frac{4}{3}$, c'est-à-dire que le temps paléozoïque fut $3\frac{1}{2}$ fois aussi long que le mésozoïque, et le cénozoïque $\frac{3}{4}$ aussi long que ce dernier. Mais les nombres pourront être très modifiés lorsque les faits sur lesquels ils sont basés seront plus exactement connus. Il y a tout lieu de croire que l'ère paléozoïque fut3 ou 4 fois plus longue que l'ère mésozoïque, et probablement 2 fois aussi longue que le mésozoïque et le cénozoïque réunis. Il est aussi très certain que le premier des âges paléozoïques, le silurien, fut au moins trois fois aussi long que le dévonien ou le carbonifère.

De là on peut déduire la conclusion parfaitement évidente que l'âge le plus long du monde depuis l'apparition de la vie fut le plus ancien, alors que la terre était même dépourvue de poissons et n'était peuplée que de rayonnés, de mollusques et d'articulés marins. La durée chronologique des commencements de la terre avant l'introduction de la vie peut avoir dépassé celle de tous les temps subséquents.

Les durées absolues de ces âges sont impossibles à évaluer même approximativement. Tout ce que la géologie parvient à prouver, c'est la proposition générale que le temps est long.

Un des procédés de calcul a été appliqué aux chutes du Niagara. Le fleuve, au-dessus de ces chutes, coule vers le nord dans une gorge profonde, bordée de hautes murailles de rochers, pendant 11 kilomètres, vers le lac Ontario. On a toute raison de croire que la gorge a été coupée par la rivière, car celle-ci fait chaque année des progrès. Or certaines couches post-tertiaires fossilifères, déposées sur le pays et bordant les murailles actuelles, indiquent que la gorge actuelle, sur environ 9 kilomètres de longueur, n'était pas formée avant l'époque glaciaire. Les progrès annuels actuels de la gorge par l'action érosive des eaux ont été diversement estimés depuis 90 centimètres par siècle jusqu'à 30 centimètres par an. En adoptant l'évaluation la plus élevée, 30 centimètres par an, les 9 kilomètres auraient exigé 30,000 ans, et, si l'on admet l'évaluation de 3 centimètres par an ou 3 mètres par siècle, le temps se rapprocherait de 300,000 ans. Comme l'observation prouve que 30 centimètres par an constituent une évaluation trop grande, le calcul peut être regardé comme établissant la longue durée du temps, sans toutefois fournir aucun nombre satisfaisant.

D'autres calculs ont pleinement établi cette proposition générale. Quelques estimations faites récemment semblent montrer qu'elle est vraie même pour l'âge de l'homme;

mais elles se fondent sur une connaissance trop imparfaite des faits pour présenter quelque valeur.

II. Progrès de la vie.

On peut tirer une série de conclusions de l'étude qui vient d'être faite des êtres vivants du globe. De futures découvertes changeront peut-être quelques-uns des détails; mais il est douteux qu'elles affectent les principes généraux annoncés.

1. *Progrès de la vie.* — La vie commença parmi les plantes par les algues et se termina par les palmiers, les chênes, les hêtres, les orangers, les rosiers, etc. Elle commença chez les animaux par les lingules, mollusques placés sur une tige comme les plantes, les crinoïdes, les trilobites, peut-être même plus anciennement par les simples protozoaires et elle finit par l'homme. Les algues furent suivies par les fougères et autres plantes sans fleurs, et par les gymnospermes, les plus inférieures des plantes à fleurs; puis celles-ci furent continuées par les plus parfaites espèces à fleurs mentionnées ci-dessus, les palmiers et les angiospermes. Les rayonnés, les mollusques et les articulés du silurien furent au bout d'un certain temps associés aux poissons; vinrent ensuite les reptiles, les oiseaux, les mammifères inférieurs, les mammifères plus parfaits tels que les animaux de proie et de boucherie, enfin l'Homme.

2. *Passage progressif de la vie marine à la vie terrestre.* — Le silurien et le dévonien étaient des âges éminemment marins. Les plantes du silurien sont des algues et les animaux sont tous marins. Les animaux du dévonien, eux aussi, sont principalement marins; mais il s'accomplit alors un perfectionnement dans la vie terrestre par l'introduction des plantes terrestres et des insectes.

Pendant l'âge carbonifère et l'ère mésozoïque, les continents, ou de vastes étendues de leur surface, éprouvèrent des alternances de l'état de submersion à celui de terre sèche, ce qui produisit une catégorie d'êtres amphibies. L'âge carbonifère eut, outre ses êtres aquatiques et ses insectes, ses mollusques terrestres, ses myriapodes, ses amphibies et ses autres reptiles, sans compter une profusion d'arbres forestiers et d'autres végétaux terrestres. Pendant le mésozoïque ancien, aux reptiles s'ajoutèrent les oiseaux et les mammifères, variétés éminemment terrestres.

Le cénozoïque fut une ère spécialement terrestre. Les continents s'asséchèrent pour la plupart après sa période la plus ancienne, et, à l'approche de l'âge de l'homme, ils atteignirent leurs pleines dimensions et leurs accidents actuels de surface et de climat. Grâce à la diversité très grande des conditions requises pour la vie terrestre, il se produisit sans aucun doute une grande augmentation dans le nombre et la variété des espèces terrestres. Les mammifères étaient plus nombreux en espèces pendant le post-tertiaire ; mais les oiseaux et les insectes ont probablement atteint dans l'âge actuel leur nombre et leur variété d'espèces maximum. Les espèces marines abondent encore, mais, relativement aux espèces terrestres, elles sont moins nombreuses et répandues sur beaucoup moins de surface que pendant le mésozoïque et les âges plus anciens.

3. *Le progrès tendait à un changement complet de la vie au moyen de l'extermination et de l'introduction d'espèces nouvelles.* — Aucune espèce d'animal datant de l'origine de l'existence sur le globe n'atteignit l'époque actuelle et même ne traversa un ou plusieurs des âges géologiques; très peu vécurent depuis le commencement d'une des diverses périodes jusqu'à sa fin ou passèrent d'une période à une autre.

D'après l'état actuel des témoignages qui nous ont été laissés, sauf toutefois une exception relative à quelques espèces océaniques, il y eut des exterminations universelles mettant fin à quelques-uns des âges comme le carbonifère et le reptilien. Il se fit des exterminations presque aussi complètes, terminant les périodes sur chacun des continents et d'autres ordinairement moins complètes à la clôture des époques; souvent l'extermination de quelques espèces accompagnait chaque changement dans les dépôts rocheux qui étaient alors en progrès. En effet, quand on passe d'une couche à celle qui la recouvre, on reconnaît que quelques fossiles du dessous manquent au-dessus, et, en passant des strates d'une époque à celle d'une autre époque, des proportions plus grandes encore disparaissent; il arrive parfois, qu'entre des roches de période ou d'âge successifs, toutes les espèces sont différentes.

De tous les genres d'animaux qui ont maintenant des représentants vivants, deux seulement, les mollusques *Lingula* et *Discina*, commencèrent dans le silurien inférieur; tout autre genre plus ancien ou plus récent ne compte que des espèces éteintes.

500 espèces de trilobites vivaient pendant le cours des âges paléozoïques; ensuite il n'y en eut plus aucune. 900 espèces du groupe des ammonites existèrent dans le mésozoïque, pas toutes en même temps comme dans le cas des trilobites, mais par une succession de genres et d-espèces; la dernière disparut enfin. Il y eut en existence 450 espèces de la tribu des nautiles; il n'y en a maintenant que 2 ou 3, et celles-ci sont particulières à l'âge actuel; 700 espèces de ganoïdes ont été trouvées à l'état fossile, cette tribu est aujourd'hui presque éteinte. On a découvert dans les roches les restes de 2,500 espèces de plantes et d'environ 40,000 espèces d'animaux dont pas un repré-

sentant n'existe actuellement. On voit que les exemples des extinctions de tribus ne manquent pas. Mais le nombre des espèces de fossiles découvertes est évidemment inférieur à celui des espèces qui ont existé, de sorte que les nombres donnés pour les espèces marines peuvent être multipliés par 3, et celui relatif aux espèces terrestres par 20.

Les faits montrent donc que la vie du globe éprouva des changements constants par suite d'une série d'exterminations et de créations.

4. *Le progrès n'a pas toujours commencé par l'introduction des espèces les plus inférieures d'un groupe.* — Les mousses, quoique inférieures aux fougères, semblent s'être introduites postérieurement à celles-ci, car on n'en trouve aucun reste dans les roches carbonifères ou dévoniennes, où l'on rencontre cependant des restes de fougères et de gymnospermes.

Les premiers des poissons, au lieu d'être ceux du degré le plus inférieur, appartenaient aux espèces les plus parfaites. C'étaient des ganoïdes ou poissons reptiliens, c'est-à-dire intermédiaires entre les poissons et les reptiles, et des poissons de l'ordre des sélachiens, division supérieure de la classe. Les trilobites de la première faune du silurien ne sont pas les plus inférieurs des crustacés. Aucun serpent fossile n'a été trouvé au-dessous du cénozoïque, quoique les grands reptiles fussent abondants dans le mésozoïque. Les bœufs datent à la fin du tertiaire, longtemps après la première apparition d'un grand nombre d'animaux plus parfaits, tels que les tigres, les chiens, les singes, etc.

Il y avait un progrès dans les grandes séries d'espèces, mais non pas un progrès particulier à chaque cas depuis les espèces les plus inférieures jusqu'aux plus parfaites.

5. *Les plus anciennes espèces d'un groupe sont souvent celles d'un type compréhensif.* — Les ganoïdes sont un exemple de ces types *compréhensifs*. Ainsi qu'on l'a déjà établi, ils étaient intermédiaires entre les poissons et les reptiles; c'étaient des poissons comprenant dans leur structure quelques caractères reptiliens et par suite nommés types compréhensifs.

Les sélachiens sont un autre exemple de type compréhensif, car les requins présentent certaines particularités importantes qui les rapprochent des vertébrés plus parfaits et même des mammifères; ainsi, par exemple, leur mode de développement et le nombre restreint de leurs petits.

Les poissons commencèrent donc par deux types compréhensifs, les ganoïdes et les sélachiens.

Les plus anciens mammifères étaient des marsupiaux, espèce de mammifères offrant dans leur structure quelques caractères des mammifères ovipares, et, par suite, intermédiaires, à quelques égards, entre les mammifères et les vertébrés ovipares.

La végétation de l'ère houillère comprenait des arbres se rattachant aux petits Lycopodes de l'époque actuelle, et ceux-ci constituent un type intermédiaire entre les fougères et les pins ou conifères.

Pendant le mésozoïque, les plantes les plus caractéristiques étaient des cycadées dont la structure se rattache à trois types distincts. Elles se rapprochaient beaucoup des conifères par le fruit, des fougères par l'enroulement des feuilles et d'autres particularités, et des palmiers par certains caractères de croissance et de feuillage.

Ces types compréhensifs possédaient donc les traits de quelque type qui devait apparaître dans l'avenir. Ainsi les poissons ganoïdes prédisaient en quelque sorte le type des reptiles, espèces qui ne se présentèrent que longtemps après pendant l'âge carbonifère, et les cycadées préludaient aux palmiers, type qui n'apparut que pendant la période crétacée.

6. *Harmonie de la vie d'une période ou d'un âge.* — L'existence de ces types compréhensifs créait toujours une remarquable harmonie entre les espèces, faune ou flore, formant la population de chaque période de l'histoire du monde.

Parmi les plantes de l'âge carbonifère, on comptait : 1° les plus parfaits des cryptogames, ou plantes dépourvues de fleurs; 2° les phanérogames les plus inférieurs (Gymnospermes) ou plantes à fleurs, espèces ayant seulement des fleurs invisibles et imparfaites, et de cette façon presque dépourvues de fleurs; et 3° les types intermédiaires de lycopodes (Lepidodendra), et de Sigillariées.

En outre, pendant le mésozoïque, la vie vertébrée terrestre comprenait : 1° des reptiles qui sont des espèces ovipares; 2° des oiseaux, espèces également ovipares; 3° des oiseaux reptiliens, ayant de longues queues comme les reptiles, type compréhensif; 4° des mammifères insectivores; 5° des mammifères semi-ovipares ou marsupiaux, type intermédiaire entre les véritables insectivores et les reptiles et les oiseaux ovipares.

7. *Le progrès se fait toujours par le développement graduel du système. — L'homme est le point culminant de ce système.* — Il y eut pendant tous les âges une création d'espèces inférieures et supérieures; mais les populations successives étaient encore, dans leurs traits généraux, de degré de plus en plus élevé, et, par conséquent, le progrès ne cessait de s'accomplir. Le type ou plan de la végétation et les quatre grands types ou plans de la vie animale, rayonnés, mollusques, articulés et vertébrés, se subdivisaient chacun en une multitude de tribus et d'espèces,

se perfectionnant durant les progrès du temps, et tous présentaient des rapports parfaitement harmonieux et systématiques dans leurs successions. Enfin le temps s'écoulant, l'homme apparut, non dans la vigueur de son corps, mais dans toute la majesté de son esprit.

8. *Méthodes d'extermination des espèces et d'extinction des tribus.* 1° Quelques espèces de plantes et d'animaux exigent une terre sèche pour y vivre et y prospérer; quelques-unes, des marais et des lacs d'eau douce; d'autres, des eaux saumâtres; d'autres, des plages marines ou des eaux salées peu profondes; d'autres enfin, des océans profonds.

Il en résulte que (*a*) les mouvements dans la croûte terrestre, submergeant de vastes surfaces continentales ou les faisant passer de l'état de fonds marins à l'état de terre sèche, ont exterminé la vie, puisque en l'enfonçant au sein de l'océan ils ont éteint la vie terrestre, et, en la soulevant hors de l'océan, ils ont fait disparaître la vie marine. Durant les temps primitifs, lorsque la surface continentale était en général presque plate, un changement de niveau de quelques dizaines de mètres, ou même de 10 mètres seulement, devait suffire pour une extermination complète. Si une île de corail moderne était soulevée de 45 mètres, tous les coraux qui auraient construit le récif disparaîtraient, et, si elle s'enfonçait de 45 mètres dans l'océan, le même résultat arriverait, parce que ces espèces ne peuvent subsister au-dessous d'une profondeur de 30 mètres. Si tous les récifs de corail du Pacifique étaient simultanément abaissés ou élevés de la quantité fixée plus haut, il s'effectuerait une extinction totale d'un grand nombre d'espèces.

(*b*). Le long des côtes de la mer, les baies et les marais sont quelquefois fermés par des barrières s'élevant du sein de la mer; dès lors leur eau, devenant douce, extermine toute vie marine. Inversement, des barrières étant souvent emportées par la mer, les eaux salées pénètrent dans les marais en faisant disparaître toute vie d'eau douce.

2° Certaines espèces sont faites pour une température moyenne limitée; quelques-unes ne vivent que dans les régions équatoriales, d'autres dans les parties plus froides de la zone tropicale ou dans les plus chaudes latitudes tempérées, ou enfin dans celles dont le climat est tempéré moyen, froid glacé, et peu d'espèces vivent sur deux de ces zones consécutives.

Par suite, comme les climats de la terre se sont graduellement refroidis, ces tribus ou familles, formées pour la condition première du globe, s'éteignirent ensuite nécessairement. Telle peut être la raison pour laquelle beaucoup de tribus de l'ancien monde disparurent. Les types reptiliens atteignirent leur culmination pendant le mésozoïque, ces espèces étant faites spécialement pour les conditions de chaleur pendant lesquelles elles prévalurent.

En outre, tout changement temporaire de climat sur le globe, du froid au chaud ou du chaud au froid, a dû exterminer des espèces. Un accroissement dans l'étendue et la hauteur des terres arctiques doit avoir accru le froid et par suite donné naissance à des vents froids vers le sud sur les continents, et à des courants océaniques froids au sud le long des rivages des océans. Au contraire, une diminution dans l'étendue des terres arctiques transformant les régions plus hautes en mers ouvertes; ou une augmentation dans l'étendue des terres tropicales, a dû accroître la chaleur du globe et faire prédominer un climat chaud au loin vers le nord.

3° La chaleur qui s'est échappée de l'intérieur du globe à travers la croûte superficielle, jointe aux éruptions ignées des époques de changements métamorphiques alors que les roches terrestres se cristallisaient sur une vaste échelle, dut causer une destruction de toute vie marine dans leur voisinage; et, comme en certains endroits l'action métamorphique s'est effectuée sur une surface de milliers de kilomètres, la dévastation dut s'étendre sur une grande partie de la surface continentale.

QUATRIÈME PARTIE.

GÉOLOGIE DYNAMIQUE.

La *Géologie dynamique* traite des causes ou de l'origine des événements de la Géologie historique; elle s'occupe de l'origine des roches, des troubles survenus dans les strates et de leurs effets, des vallées, des montagnes, des continents et des changements dans les traits de la terre, des climats et des espèces vivantes.

Les agents les plus importants, après le pouvoir universel de gravitation, sont la vie, l'atmosphère, l'eau, la chaleur, la cohésion et l'affinité chimiques.

Les subdivisions adoptées pour l'étude de notre sujet sont les suivantes : 1° Vie ; 2° Atmosphère ; 3° Eau ; 4° Chaleur ; les effets mécaniques de l'atmosphère, de l'eau et de la chaleur seront étudiés dans ces chapitres ; 5° Mouvements dans la croûte terrestre et leurs conséquences, comprenant le plissement et le soulèvement des couches, la production des tremblements de terre, l'origine des montagnes et des traits généraux du globe. La Géologie chimique, qui traite des opérations chimiques relatives à l'origine des roches, constitue une autre subdivision du même sujet, mais nous ne la considérerons pas ici.

I. VIE.

La vie a pris part à une foule d'œuvres géologiques en fournissant des matériaux pour la formation des roches. Presque tout le calcaire du globe, toute la houille et quelques couches siliceuses, outre des portions d'autres variétés de roches, ont été formés par les restes minéralisés d'espèces vivantes.

Par leur simple croissance et leur pouvoir de sécrétion, les vertébrés forment un squelette osseux; les mollusques créent des coquilles calcaires offrant presque la composition du calcaire commun; les polypes forment des coraux calcaires; les crinoïdes ont des tiges et des squelettes calcaires semblables à ceux des fleurs; les polypes et les crinoïdes, quoique appartenant au règne animal aussi bien que les quadrupèdes, sont d'une organisation si inférieure que les neuf dixièmes du volume de l'animal sont souvent pierreux (calcaire), et néanmoins toutes les fonctions de la vie s'y effectuent avec une complète perfection.

Il y a encore diverses variétés d'espèces microscopiques qui fournissent des matériaux aux roches. Parmi les animaux, les rhizopodes forment des coquilles siliceuses dont chacune contient une ou plusieurs petites cellules; parmi les plantes microscopiques, les diatomées font des coquilles siliceuses; et parmi les animaux microscopiques, les polycystines font aussi des coquilles siliceuses.

Les plantes constituent des couches de houille et de tourbe par l'accumulation de leurs feuilles et de leurs tiges, ainsi que cela a été en partie expliqué précédemment.

Pour mieux faire comprendre ce sujet, nous allons décrire trois exemples de formations de roches : 1° les formations tourbeuses; 2° les couches d'organismes microscopiques; 3° les récifs de coraux.

1. Tourbières.

La tourbe est une accumulation de matière végétale à demi décomposée qui se forme dans les endroits humides ou marécageux. Dans les climats tempérés, elle est due principalement à la croissance de mousses du genre *Sphagnum*. Ces mousses constituent un gazon peu serré, et, comme elles ont la propriété de sécher à l'extrémité des racines tout en croissant au-dessus, elles peuvent graduellement donner naissance à une couche de grande épaisseur. Les racines et les feuilles d'autres plantes, leurs branches et leurs tiges et même toute autre végétation, peuvent contribuer à l'accumulation de la couche. On y trouve parfois renfermés des corps et des excréments d'animaux morts, ainsi que la poussière que les vents répandent souvent sur ces marais.

Dans les parties humides des régions alpestres, il existe diverses plantes à fleurs qui croissent en gazon serré et, comme les mousses, donnent naissance à des dépôts de tourbe. Sur la Terre de Feu, qui ne dépasse pas au sud le 56° parallèle, s'étendent de vastes marécages de plantes alpestres du même genre, la température moyenne étant d'environ 4° centigrades.

La masse végétale morte et humide éprouve graduellement un changement, devient un charbon imparfait de couleur noir brunâtre, de structure lâche et souvent friable, quoique en général pénétré de radicelles. Dans ce changement, la fibre ligneuse perd une partie de ses gaz, mais, tout au contraire du charbon, elle contient encore habituellement 25 à 33 pour 100 d'oxygène. Parfois, la tourbe ressemble presque à de la houille véritable. Dans certaines contrées, les couches de tourbe atteignent parfois une épaisseur de 12 mètres. Un dixième de l'Irlande en est couvert, et l'une des tourbières du Shannon a 80 kilomètres de longueur et 3 ou 4 de largeur. Sur plusieurs parties de la Nouvelle-Angleterre, dans le Massachusetts par exemple, et sur d'autres portions de l'Amérique du Nord, on en rencontre de vastes couches. Plusieurs des marécages, qui étaient, dans l'origine, des étangs ou des lacs peu profonds, devinrent graduellement des marais à mesure que l'eau, sous l'influence d'une cause quelconque, diminua de profondeur. La tourbe recouvre souvent une couche de marne coquillière blanchâtre se composant de coquilles d'eau douce, appartenant surtout aux espèces *Cyclas, Planorbis, Lymnæa* et *Physa*, qui vivaient dans le lac. Il y a souvent aussi des couches de coquilles siliceuses de diatomées.

La tourbe est employée comme combustible et comme engrais. Lorsqu'on la destine à être brûlée, on la coupe en gros blocs et on la sèche au soleil. Quelquefois on la soumet à une pression, afin de la faire servir au chauffage des machines à vapeur.

Les couches de tourbe contiennent souvent des arbres debout et des squelettes entiers d'animaux tombés dans le marais, parce que les eaux des tourbières possèdent un pouvoir antiseptique tel que la viande qui y est plongée se transforme en tissu adipo-séreux.

2. Couches d'organismes microscopiques.

La vie microscopique abonde dans presque toutes les eaux, surtout sur les fonds boueux, dans les lacs, les rivières, les marécages, les marais salants, les ports, les baies, les rivages peu profonds de l'océan et même les profondeurs de la mer. Une partie minime des espèces ne forme pas de concrétions pierreuses; presque toutes créent des coquilles calcaires ou siliceuses. Ces coquilles sont, à peu d'exceptions près, excessivement petites, la plupart étant complètement invisibles à moins d'un très fort grossissement ; mais elles sont en divers endroits tellement nombreuses et elles se multiplient si rapidement, qu'avec le temps elles forment des couches épaisses au moyen de leurs coquilles accumulées. Un mètre carré recouvert de ces espèces microscopiques s'accroîtra beaucoup plus vite qu'un mètre carré recouvert par un banc d'huîtres, à cause de leur extrême simplicité de structure, de leur reproduction rapide et parce que le volume de ces animaux est presque tout entier formé de matière pierreuse.

Les espèces calcaires ou rhizopodes abondent dans les eaux les moins profondes le long des côtes de l'océan, ainsi que sur le fond, à une profondeur de plusieurs milliers de pieds. Sur le Plateau télégraphique, entre l'Irlande et Terre-Neuve, elles semblent former une couche presque continue sur plus de 700 ou 800 kilomètres en largeur, et s'étendant même davantage du nord au sud. L'épaisseur de la grande couche de calcaire qui est en train de s'effectuer en cet endroit, au moyen de ces coquilles menues, est inconnue. Les genres spéciaux aux eaux peu profondes sont très différents de ceux des eaux profondes.

Les espèces siliceuses sont des diatomées ou des polycystines. Elles se trouvent dans les eaux basses et profondes, comme les rhizopodes. Les diatomées se rencontrent dans les mers froides et chaudes, dans les eaux douces et salées. Sur les fonds élevés des lacs, elles forment des lits épais absolument comme les rhizopodes dans l'océan, et beaucoup de tourbières se trouvent sur un lit épais de diatomées constitué par des espèces qui vivaient dans le lac transformé plus tard en marais tourbeux.

On voit dans la craie un exemple de roche formée par des coquilles de rhizopodes ; c'est un calcaire tendre blanc ou blanchâtre. Celle qui se compose de diatomées offre souvent l'aspect d'une terre blanchâtre très fine, mais elle se présente aussi en masses compactes presque solides, ressemblant à de l'ardoise imparfaite. Nous avons déjà remarqué que le flint qui se trouve dans la craie pouvait avoir été formé par la silice des diatomées ou par celle des spicules d'éponges.

Il y a des exemples de couches formées par la simple croissance et la multiplication d'espèces vivantes. Les coquilles ont la dimension des grains d'une poussière fine, et il leur suffit d'être consolidées dans l'état où elles se trouvent pour constituer par leur accumulation une roche compacte.

3. Récifs de coraux.

Dans les régions tropicales, les coraux croissent comme de vastes forêts auprès de la plupart des îles océaniques et des rivages du continent. La plus grande profondeur à laquelle les espèces coralliennes puissent vivre est environ 30 mètres, et, depuis cette limite jusqu'à parfois un pied au-dessus du niveau des marées basses, elles sont dans d'excellentes conditions de croissance. Les récifs de coraux sont ordinairement distribués sur des fonds de sable corallien absolument comme de petits bouquets d'arbres ou d'arbrisseaux sont dispersés sur certaines plaines sablonneuses.

Les coraux, par leur forme et leur mode de croissance, offrent une grande analogie avec les végétaux; les animaux ressemblent tellement à des fleurs qu'on leur a donné le nom d'animaux-fleurs. On trouve associées aux coraux un grand nombre de coquilles, des crabes, des oursins et d'autres variétés d'êtres marins.

Les récifs de coraux sont balayés par les vagues avec une grande force lorsque la mer est agitée par des ouragans. Souvent ils sont brisés, et les fragments, réduits en sable par leur frottement réciproque, sont enfouis dans les cavités existant au milieu des végétations coralliennes, ou bien encore sont rejetés sur la plage. Les coraux ne souffrent pas plus de ces accidents qu'un végétal auquel on enlève une branche, et ceux qui ne sont pas détachés de leur véritable base et réduits en fragments continuent à s'accroître.

Les fragments et le sable se dispersent au fond, se mélangent à des coquilles et à des mollusques et commencent à former une roche corallienne, ou, plus exactement, une couche de calcaire, dont les coraux et les coquilles ont la composition chimique. Comme les coraux continuent à croître sur cette couche, il se forme constamment des fragments et du sable, et la couche de calcaire augmente en épaisseur et s'accroît ainsi jusqu'à ce qu'elle atteigne le niveau des marées basses ; au delà de cette limite, elle ne s'augmente que peu, parce que les coraux ne peuvent pas vivre entièrement hors de l'eau, et que les vagues ont alors une trop grande force pour leur permettre de rester en place, quand même ils pourraient exister sous l'action chaude et desséchante du soleil. Une couche de roche calcaire ainsi produite est un récif corallien.

Puisque les récifs de corail ne sont susceptibles de se constituer qu'à une profondeur de 30 mètres, il s'ensuit que l'épaisseur d'un récif ne peut pas dépasser de beaucoup cette mesure si le fond de la mer occupe un niveau constant, sauf dans le cas où il existerait des courants océaniques transportant à des profondeurs plus grandes le sable dont il est formé. Mais, si la région des coraux enfonce lentement suivant un mouvement moins rapide que celui qui fait croître et s'élever les coraux, il se créera des couches de grande épaisseur. D'après des observations faites dans la région à coraux du Pacifique, on suppose que quelques-uns des récifs ont une épaisseur de 600 à 800 mètres, et même davantage, qui a été acquise par un semblable abaissement lent.

Les formations de corail du Pacifique sont parfois de larges récifs entourant des îles couvertes de collines ou de

Fig. 349.

Vue d'une île montagneuse bordée par des récifs de corail.

montagnes, ainsi qu'on le voit sur la figure ci-dessus (349). A droite on aperçoit deux bordures de récifs, l'une intérieure, l'autre extérieure, séparées par un canal d'eau; la première *f* est un récif-frange, la seconde *b* un récif-barrière. Elles se confondent au-dessous de l'eau. A certains intervalles, il existe souvent des ouvertures à travers la barrière (*hh*) qui servent d'entrées pour les ports, et ces canaux sont quelquefois assez profonds pour permettre aux navires d'y passer pour se rendre d'un port dans un autre.

Beaucoup d'autres récifs de corail se trouvent isolés dans l'océan, loin de toute autre terre; on leur donne le nom

Fig. 350.

Ile de corail ou Atoll.

d'îles de corail ou *atolls* fig. 350. Ils se composent ordinairement d'un étroit récif entourant un lac d'eau salée. Ce lac n'est qu'une portion de l'océan entourée par le récif et par sa ceinture de palmiers et d'autres plantes tropicales. Lorsqu'il se trouve de profondes ouvertures à travers le récif, les vaisseaux peuvent pénétrer dans le lac ou lagune, et ils y trouvent un excellent mouillage. La figure 351 est la

Fig. 351.

L'île Apia, du groupe des Kingsmill.

carte d'un des atolls des îles Kingsmill, dans le Pacifique. Du côté du vent, le récif est boisé; mais de l'autre côté il n'offre que quelques îlots boisés, le reste est stérile et en partie balayé par les marées. En *e* on distingue l'entrée de la lagune. L'archipel Pomotou, au N.-E. des îles de la Société, contient à peu près 70 à 80 îles de corail. Les Carolines, avec les groupes Radack, Ralick et Kingsmill sur leur côté Est, en contiennent beaucoup plus, et d'autres sont disséminés dans les mers voisines. La plupart des hautes îles comprises entre les parallèles 28° N. et S. de l'équateur, ainsi que les côtes des continents, sont bordées de récifs de coraux, à moins que les eaux voisines des côtes ne soient trop profondes ou que le fond ne soit trop boueux, ou que des rivières ne débouchent dans le voisinage, car les eaux douces sont nuisibles aux coraux, ou enfin que les courants océaniques ne baignent les côtes. Les coraux sont bornés par les 28es parallèles N. et S., parce qu'ils ne peuvent prospérer là où la température moyenne du mois d'hiver le plus froid s'abaisse au-dessous de 20° centigrades.

Les couches calcaires formées de coraux et de coquilles

ne sont pas seulement le résultat d'une croissance comme dans le cas de dépôts d'organismes microscopiques, mais ils proviennent encore de la croissance associée à l'action brisante et usante des vagues et des courants de l'océan. Des coraux et des coquilles ne constitueraient à eux seuls qu'une masse ouverte percée de grands trous et non pas une roche solide. Il faut qu'il se produise du sable ou des fragments fins, tels que les eaux en fabriquent constamment dans ces régions, afin de remplir les espaces ou interstices qui existent entre les coraux ou les coquilles. S'il se trouve dans le voisinage un sable argileux ou siliceux ordinaire, le phénomène s'accomplira, mais ne formera pas un calcaire pur. Pour que la roche soit un véritable calcaire, il faut que les coquilles et les coraux soient la source unique du sable et des fragments fins, car eux seuls peuvent fournir un ciment et des matériaux calcaires. Le calcaire résultant ainsi de l'action des vagues peut être et est souvent aussi finement grenu qu'un morceau de flint ou de calcaire ordinaire. Dans d'autres cas, il renferme quelques fragments implantés dans la couche solide; dans d'autres c'est un conglomérat corallien, et, sur de vastes superficies, c'est une masse de coraux debout dont les interstices sont remplis et solidifiés par du sable et des fragments. Dans quelques régions, le calcaire corallien compacte est une oolithe.

Les pages où nous avons parlé des résultats de la vie microscopique ont expliqué par quelle méthode ont été faits les anciens calcaires du globe. Le phénomène de la formation du calcaire qui s'accomplit actuellement par l'action des animaux des coraux éclaire une autre méthode, de beaucoup la plus commune. Les couches, dans le cas de ces calcaires, résultent de l'accroissement lent des coraux vivants, des crinoïdes, des coquilles et autres animaux semblables, ainsi que de l'usure graduelle des restes calcaires réduits d'une façon plus ou moins complète à l'état de sable et de cailloux, phase préparatoire à la consolidation.

L'étendue de certains récifs modernes atteint presque celle de quelques récifs paléozoïques. Au nord des îles Fidji, ils ont une largeur de 8 à 24 kilomètres; à la Nouvelle-Calédonie, ils s'étendent à 240 kilomètres au nord de l'île et à 80 au sud, sur une longueur totale de 640 kilomètres. Au N.-E. de l'Australie, ils s'étendent, avec quelques interruptions, il est vrai, à 1,600 kilomètres. Les récifs modernes, quoique souvent de grande longueur, sont cependant étroits, ce qui les distingue de ceux des premiers âges géologiques. Mais cette différence provient de ce que les régions offrant la profondeur requise pour une vie abondante de coraux et de mollusques ont maintenant d'étroites limites, tandis que dans les temps anciens, les continents étaient, sur de vastes étendues, submergés à de petites profondeurs et offraient les conditions requises pour d'immenses agglomérations de coraux, de crinoïdes et de mollusques.

II. ATMOSPHÈRE.

Effets destructeurs produits par le transport du sable, de la poussière, etc. — Les rues de la plupart des villes et les routes d'un pays pendant une sèche journée d'été, fournissent un exemple du transport de la poussière par les vents. Cette poussière est surtout chassée dans la direction des vents prédominants et peut, avec l'aide du temps, former des couches épaisses. La poussière qui traverse les fenêtres d'une chambre inhabitée indique ce qui peut se faire pendant une suite de siècles, lorsque les circonstances sont favorables.

Les sables mouvants d'un désert ou d'une plage sont les exemples les plus importants de cette sorte d'action.

Sur les côtes où se trouve une plage, les sables mouvants

qui composent celle-ci, poussés vers l'intérieur par les vents, forment des collines plus élevées que la plage et appelées *dunes*. Quelquefois ces dunes se groupent irrégulièrement par suite de la direction du vent qui passe sur elles ou par suite de petites différences dans la compacité protectrice produite par la végétation. Elles se forment spécialement où le sable est le plus purement siliceux et par suite peu adhésif, même lorsqu'il est humide et impropre à laisser prendre racine à l'herbe, et sur les côtes situées sous le vent. Elles sont communes du côté sous le vent et surtout sur les points avancés, même d'une île de corail, mais elles ne se rencontrent jamais au-dessus du vent, à moins que ce côté ne soit au-dessous pendant une partie de l'année. Sur le côté nord de Oahu, ces dunes ont une hauteur de 10 mètres et sont constituées par du sable corallien. Quelques-unes, encore plus hautes par suite de l'élévation de l'île, ont été solidifiées et montrent dans leur section qu'elles se composent de couches minces s'étendant l'une sur l'autre; les brusques changements de direction dans les lits (fig. 17 *f*), indiquent que la dune, dont les tempêtes arrêtaient parfois brusquement le développement, se reconstituait toujours d'elle-même après de pareils désastres.

Le mode de lamination et l'irrégularité sont caractéristiques des dunes sur toutes les côtes. Le long du rivage méridional de Long-Island, il existe une série de dunes de l'espèce décrite ci-dessus, s'étendant sur environ 150 kilomètres et hautes de $1^m,5$ à 10 mètres. Elles sont en partie fixées par des touffes de gazon éparses. La côte du New-Jersey, au-dessous de la Chesapeake, est aussi bordée de dunes. Dans le Norfolk, Angleterre, entre Hunstanton et Weybourne, les dunes ont de 15 à 18 mètres de haut. On peut encore citer les dunes du golfe de Gascogne en France.

2. *Additions à la terre au moyen des sables de transport.* — Les dunes de sables mouvants sont un moyen de gagner des terres sur la mer. L'apparition d'un banc à la surface de l'eau en avant d'un estuaire, à l'embouchure d'un fleuve, est suivie par la formation d'une plage que les dunes de sable amenées par les vents élargissent jusqu'à lui faire quelquefois fermer l'estuaire ; les marées sont arrêtées et dès lors les dépôts de détritus de la rivière gagnent du terrain sur la mer. Lyell observe qu'à Yarmouth, Angleterre, des milliers d'hectares de terres cultivées ont été ainsi gagnés sur un ancien estuaire. Dans tous les résultats de ce genre, l'action des vagues formant préalablement la plage est une partie très importante du phénomène complet.

3. *Effets destructeurs des sables de transport.* — Dans le Norfolk, entre Hunstanton et Weybourne, les sables mouvants ont été transportés dans l'intérieur et ont accompli de grands dégâts en ensevelissant des fermes et des maisons. Ils s'étendent, il est vrai, à une petite distance des côtes, et, si les vagues ne minaient et ne détruisaient pas ces rivages en les repoussant vers l'intérieur des terres, les effets de destruction auraient bientôt atteint leur limite.

Sous les latitudes désertes, les sables mouvants ont des effets plus étendus.

4. *Stries produites par les sables.* — Les sables transportés par les vents, lorsqu'ils passent sur des roches, les usent quelquefois en les polissant ou en couvrent la surface de stries et de petits canaux, ainsi que cela a été observé sur les roches granitiques de la passe San-Bernardino en Californie. Le quartz même était poli et laissait en saillie des grenats retenus par un pédicelle de feldspath. Le calcaire était assez usé pour que sa surface semblât être enlevée par dissolution. Les vitres des fenêtres des mai-

sons du cap Cod sont souvent criblées de trous percés par les mêmes moyens.

III. — EAU

Cette étude sera partagée en trois chapitres distincts :

1. **Eaux douces**, comprenant particulièrement les rivières et les petits lacs ainsi que les eaux souterraines et superficielles ;

2. **Océan**, comprenant, outre l'océan proprement dit, les grands lacs d'eau douce ou salée ;

3. **Glace**, ou glaciers et icebergs.

1. Eaux douces.

A. Eaux superficielles ou rivières.

Les effets mécaniques des eaux douces sont :

1° L'érosion ou usure ;

2° Le transport de la terre, du gravier, des pierres, etc. ;

3° La distribution des matériaux transportés, et la formation des dépôts fragmentaires.

1° Érosion.

Les eaux des rivières proviennent des nuages qui les abandonnent sous forme de pluie et de neige, et elles sont enlevées de la surface de la terre par l'évaporation des lacs, des rivières, du feuillage des arbres, et surtout de l'océan. Les eaux montent dans les régions supérieures de l'atmosphère, se condensent en gouttes ou en flocons de neige et retombent sur les collines et sur les plaines. Elles se rassemblent d'abord en filets, puis, à mesure qu'elles descendent, elles se forment en ruisseaux et, si la contrée est élevée ou montagneuse, en torrents ; ceux-ci, en descendant le long des différentes vallées, se combinent avec d'autres torrents pour constituer des rivières ; les rivières d'une chaîne de montagnes se joignent quelquefois à celles d'une autre et forment en commun des fleuves immenses comme le Mississipi ou l'Amazone.

Le Mississipi reçoit ses tributaires de presque toutes les hauteurs centrales de la chaîne des grandes montagnes Rocheuses, sur une distance de 1,600 kilomètres entre les parallèles 35° N. et 50° N.; une autre série de tributaires provient encore de la chaîne des Appalaches, entre l'ouest de l'État de New-York et l'Alabama. Filets d'eau, ruisseaux, torrents et rivières se combinent sur une surface de millions de kilomètres carrés pour former la grande artère centrale du continent Nord-Américain.

Le total des eaux déversées chaque année dans l'océan par le Mississipi atteint 550 milliards de mètres cubes, variant de 300 milliards dans les années sèches à 770 milliards dans les années humides. Ce total est environ le quart de ce qui est fourni par les pluies; le reste se perd surtout par évaporation directe, partiellement par une absorption dans le sol et par la contribution fournie à la végétation.

L'érosion ou usure est un phénomène qui s'accomplit partout où il existe des eaux en mouvement. Les gouttes de pluie laissent une empreinte (fig. 21) aux points où elles tombent; les ruisseaux et les filets d'eau charrient du sable léger et creusent leur lit, comme on peut le voir sur les bancs de sable ou dans la plupart des fossés qui bordent les routes; les torrents accomplissent leur œuvre avec une puissance plus grande encore : ils abattent les roches et les arbres qui les surplombent et, dans la suite des temps, forment des gorges ou des vallées profondes sur les versants des montagnes; enfin les rivières, surtout pendant leurs périodes de débordement, entraînent avec une force immense tout ce qui essaie de leur résister et creusent de larges vallées surla surface d'un continent.

Les versants d'une haute montagne, exposés pendant des

âges à l'action que nous venons de décrire, finissent par se réduire en une série de vallées et de collines, dont les sommets ne sont souvent plus constitués que par des pics en forme de tours et des crêtes élevées. Tous ces effets tirent leur origine de la chute de gouttes de pluie ou de flocons de neige.

La tendance de beaucoup de roches à se décomposer aide les eaux à produire leurs effets mécaniques.

Où le cours d'eau possède une pente rapide et est par suite un torrent, il se précipite avec une grande violence et produit une érosion surtout sur son lit. Plus au bas de la montagne, là où la pente de son lit est douce, il devient plus tranquille et n'excave que peu ou point son fond. Pourtant, dans ses débordements, il s'étend au-dessus de ses rives, entraîne la terre ou les roches, entoure et ronge les collines et se constitue une large plaine dite de débordement. Lorsque les inondations cessent, le fleuve rentre dans son lit. Chaque cours d'eau a donc son canal pour la saison sèche, et sa plaine de débordement qu'il couvre au moment de ses grandes eaux.

Les grandes rivières des continents, aussi bien que les petits ruisseaux qui coulent le long des fossés d'une route, rendent compte de ce mode d'action. Dans toute contrée qui reçoit des pluies, il y a des hauteurs grandes ou petites, des ravins, des gorges ou des vallées, et, si l'on remonte un fleuve quelconque jusqu'à sa source, on trouvera d'abord son canal et la plaine d'inondation qui le borde, puis une vallée plus étroite et un torrent en pente recevant dans sa course d'autres torrents plus petits; enfin, vers le sommet, le torrent se changera en ruisseau, et, si la cime est suffisamment plate et boisée, on y trouvera une terre marécageuse humide ou des lacs.

Une cascade se rencontre d'ordinaire sur un cours d'eau rapide en un point ou une couche de roche dure repose sur une couche de roche tendre. La première résiste à l'usure tandis que la seconde cède aisément; il se produit alors un ressaut qui augmente en force et en étendue.

Quand les roches sous-jacentes d'une contrée sont presque horizontales, les vallées coupées par les rivières ont ordinairement une bordure de rochers à pic. Sur un grand nombre de points des montagnes Rocheuses, les fleuves ont creusé leur route à travers les roches pendant

Fig. 352.

Cañon du Colorado près de sa jonction avec Green River.

des centaines et même parfois des milliers de pieds. On donne à un passage de ce genre le nom de *cañon*.

Ces cañons sont d'une grandeur et d'une profondeur admirables le long de la rivière Colorado, sur le versant occidental des montagnes Rocheuses. Pendant 480 kilomètres le cañon se continue à une profondeur variant de 1,000 à 2,000 mètres. La figure 352, représente la grande plaine de la région du Colorado, avec ses profondes coupures verticales livrant passage aux eaux courantes. Ces eaux constituent la rivière Colorado, et l'ouverture, qui présente une forte ressemblance avec une fissure des roches, offre en quelques endroits une épaisseur d'environ 1,000 mètres. Cette gorge profonde est le résultat de l'érosion du fleuve et se continue encore sous son action destructive. Les collines isolées à sommets aplatis et les roches en forme de tours que l'on aperçoit au loin sont des portions de strates qui couvraient jadis les autres roches, car elles appartiennent toutes à des formations postérieures.

La gorge rocheuse de 11 kilomètres de longueur et de 60 à 80 mètres de profondeur, dans laquelle coule la rivière Niagara après s'être déversée à la grande chute, est supposée avec raison avoir été formée par les eaux et surtout par l'action du fleuve qui se précipite à la chute. Chaque année, des roches sont rongées et précipitées dans les profondeurs inférieures, et, de cette façon, la position des chutes est lentement modifiée et remonte de plus en plus le cours du fleuve. La roche, sur la moitié de la hauteur de la chute, ou 25 mètres, est du calcaire dur; mais la moitié inférieure est en schiste tendre facilement corrodé par les eaux qui minent par dessous le calcaire.

2° et 3°. *Transport par les rivières et distribution des matériaux transportés.*

1. *Phénomène de transport.* — Il a été établi que les montagnes massives ont été façonnées en vallées et en

collines par les eaux courantes. Les matériaux arrachés ont été transportés par les mêmes eaux.

Une partie de ces matériaux finit par former les grandes plaines d'alluvion qui occupent les vallées arrosées par des rivières le long de leur cours. Une partie est transportée jusqu'à la mer dans laquelle se déversent les rivières. Alors ils rencontrent les vagues et les courants agissant en direction inverse, et ils sont distribués le long des rivages, où ils remplissent les estuaires et les baies, ou créent des deltas en reculant les limites de la terre.

Ainsi les montagnes d'un continent sont toujours en mouvement vers la mer dont elles contribuent à agrandir les plaines côtières. Un continent perd chaque année en hauteur moyenne, mais gagne sous le rapport de la surface.

2. *Puissance de transport des eaux.* — La puissance de transport des eaux est très grande lorsque leur courant est rapide. En doublant la pente, on augmente de 64 fois la force de l'eau. De grosses pierres et des masses de rochers sont culbutées et chassées en avant par les torrents des montagnes ; les cailloux sont entraînés lorsque le courant ne parcourt que quelques kilomètres à l'heure ; le gravier, le sable, lorsqu'il est encore moins rapide, et seulement l'argile fine, lorsqu'il est très lent. Par suite, lorsqu'un fleuve perd sa rapidité, il laisse en arrière les matériaux les plus grossiers et n'entraîne que les plus fins ; s'il devient excessivement lent, il abandonne le gravier et le sable et ne continue à transporter que la terre ou l'argile. Par conséquent, le fond et les rivages marins, partout où ils sont parcourus par des courants rapides, sont pierreux ou caillouteux ; mais, lorsque l'eau est tranquille ou à peu près, le fond et les côtes sont boueux.

La plus grande partie des matériaux transportés par les rivières, l'est pendant leurs saisons de débordement.

L'apparence boueuse que présentent alors les fleuves provient de la terre qu'ils entraînent.

3. *Action d'usure sur les matériaux transportés.* — Les pierres ne sont pas seulement transportées par les eaux, mais le frottement réciproque qui se produit alors leur donne l'état de cailloux et de terre. Presque toutes les pierres arrondies, le gravier, la terre des champs et des jardins du globe, ainsi que les matériaux de toutes les formations géologiques, proviennent des roches solides préexistantes, modifiées par l'action usante des eaux des fleuves, et de l'Océan.

Les plus fins matériaux transportés sont appelés *détritus*, les pierres arrondies sont nommées *cailloux roulés*.

4. *Évaluation des matières transportées.* — La quantité de matière transportée varie avec la dimension et le courant des rivières et la nature de la contrée qu'elles arrosent. Le Mississipi transporte annuellement au golfe du Mexique, 406,000,000,000 kilogrammes de détritus, égalant la masse d'une surface de $1^{kil},6$ de carré, et de 75 mètres de profondeur. Le total annuel de détritus déchargés par le Gange a été évalué à 182,000,000 mètres cubes.

5. *Formations alluviales.* — Les dépôts formés par les matériaux transportés, qui constituent maintenant les plaines alluviales des vallées arrosées par des rivières, couvrent une très grande partie d'un continent, car des rivières ou de petits fleuves sont presque partout en train d'accomplir leur œuvre. Ces dépôts sont composés de lits de cailloux, de gravier, de terre ou d'argile, spécialement des matériaux les plus fins. On y trouve un certain nombre de troncs d'arbres, de feuilles et d'ossements; mais ces restes sont assez rares, car tout ce qui flotte sur un fleuve est très altéré par l'usure et la décomposition.

6. *Formations des estuaires et des deltas.* — Les détritus déchargés par une rivière à son embouchure tendent

à remplir la baie dans laquelle ils tombent; ils forment des plaines plates le long de ses bords, et, en les rappro-

Fig. 353.

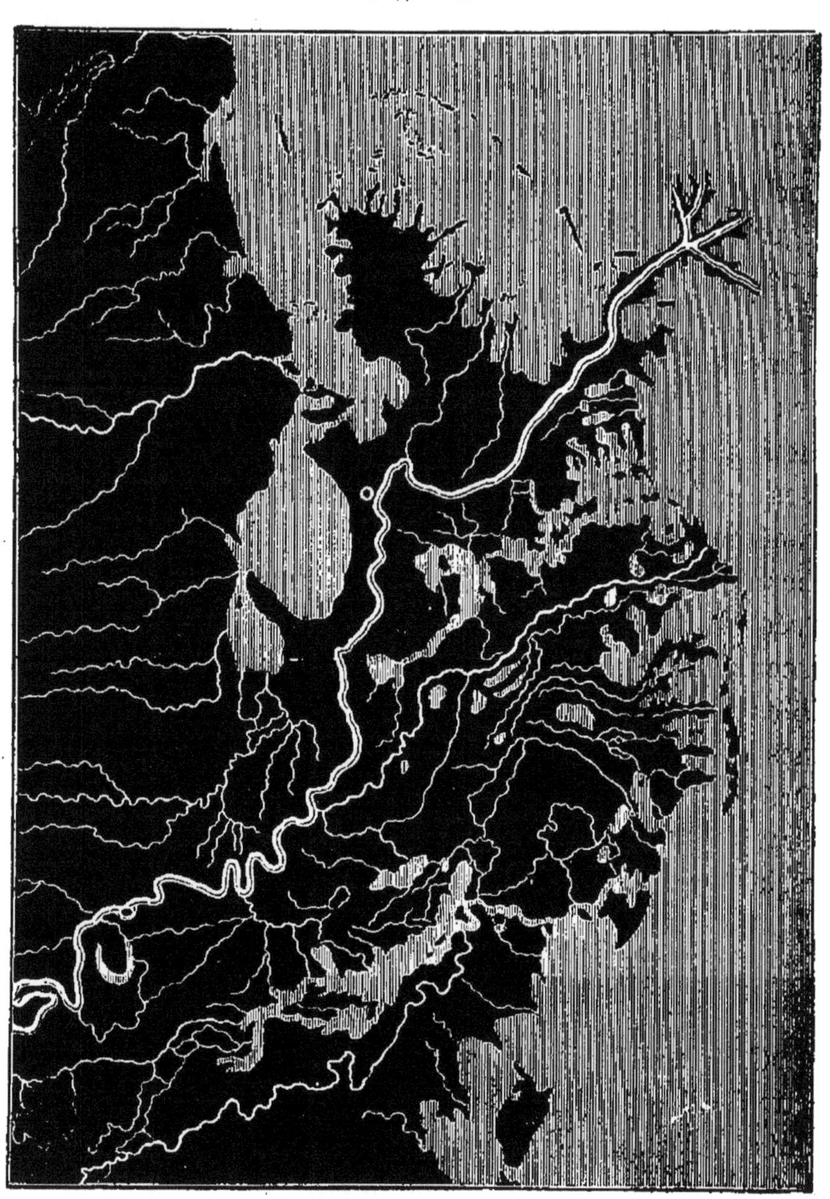

Delta du Mississipi.

chant ainsi, arrivent à prolonger de plus en plus le cours de la rivière.

Si les marées sont faibles et les rivières larges, les dépôts de l'embouchure du fleuve gagnent graduellement sur l'Océan et constituent de grandes plaines et des marécages plats qui sont coupés par les diverses bouches de la rivière et donnent naissance à des canaux croisés ou réticulés. Une telle formation porte le nom de *delta*. La figure 353 représente le delta du Mississipi, les lignes blanches étant les canaux pleins d'eau, et les espaces noirs les grandes plaines alluviales. Le delta commence véritablement au-dessous de l'embouchure de la rivière Rouge, au *bayou* Atchafalaya, qui est un canal latéral. La surface totale est d'environ 30,000 kilomètres carrés, dont un tiers à peu près est un marécage marin, et dont deux tiers seulement sont au-dessus du niveau du golfe.

Les deltas du Nil, du Gange et de l'Amazone présentent les mêmes caractères généraux que celui du Mississipi.

Les détritus chassés dans l'Océan où se trouvent des marées et des courants rapides, et une portion considérable de ceux qui tombent aux endroits où les marées sont faibles, contribuent à former les hauts fonds côtiers, les bancs de sable et les dépôts situés en avant des rivages. L'Océan prend part à leur formation par ses vagues et ses courants, et par suite leur description sera mieux placée lorsque nous étudierons l'action océanique.

B. Eaux souterraines.

1. *Origine et direction des eaux souterraines.* — Une partie de l'eau qui tombe à la surface de la terre, sur les montagnes comme sur les plaines, pénètre dans le sol et s'enfonce souvent à des profondeurs inconnues entre les strates ou les divers lits. Ces eaux forment des fleuves souterrains, et, comme leurs canaux sont entourés par des roches, elles coulent dans des espèces de conduits. Lors-

qu'elles ont leur source dans des régions élevées, la pression augmente avec la pente et partout où, dans le pays placé au-dessous, une ouverture leur donne la faculté de s'échapper, elles jaillissent à la surface souvent avec une grande force.

Fig. 354.

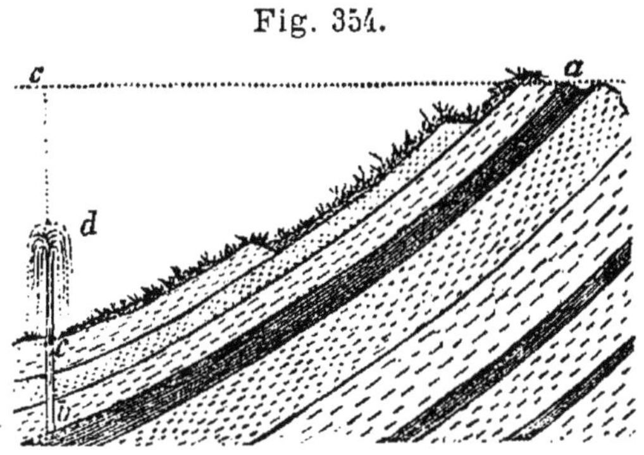

Coupe montrant l'origine des puits artésiens.

En perçant donc les roches, on aura presque partout chance de rencontrer un pareil fleuve souterrain, et l'eau s'écoulera et se précipitera par l'ouverture sous forme d'un jet de grande hauteur. Dans la figure 354, on suppose que les eaux souterraines pénètrent en *a*, le long d'une couche d'argile, qui retient l'eau que laisserait filtrer une couche de sable; elle s'échappe par le trou de sonde *bc* et s'élève en jet jusqu'en *d*. Comme il se produit un frottement considérable le long du lit souterrain du fleuve sur toute la longueur de sa descente, la hauteur du jet est toujours beaucoup moindre que la hauteur totale *bc*.

De pareils puits se nomment *puits artésiens*, du nom de la province d'Artois, en France, où on les exécuta pour la première fois. Le puits artésien de Grenelle, à Paris, a une profondeur de 548 mètres.

Les eaux souterraines débouchent souvent le long d'une plage marine ou même au-dessous de l'Océan, et parfois en volume si considérable que, dans certaines saisons, les vaisseaux peuvent s'approvisionner d'eau douce le long de leur bord, bien que se trouvant au milieu d'un port.

Les fleuves souterrains coulent et présentent des cascades dans un grand nombre de cavernes, comme à Mammoth-Cave dans le Kentucky, la grotte d'Adelberg, près de Trieste, en Autriche, etc. Dans quelques cas, ils jaillissent à la surface en volume suffisant pour faire tourner un moulin, et ils sont alors employés immédiatement.

2. *Érosion.* — Les eaux souterraines ont un pouvoir d'érosion et de transport, aussi bien que les eaux superficielles, et elles peuvent creuser de vastes canaux.

3. *Descentes de terrain.* — Les descentes de terrain sont de différentes espèces :

1° Il peut se produire un glissement d'une couche de terre ou de gravier d'une colline jusqu'à la plaine située en dessous. Ce phénomène semble provenir des eaux d 'u violent orage qui mouillent profondément ces matériaux, augmentent leur poids et détruisent leur cohésion avec les masses sous-jacentes plus solides.

2° Il se manifeste des cas de glissement le long de la pente d'une plaine, au-dessous du lit supérieur d'une formation rocheuse. Cet effet peut se produire lorsque la couche supérieure repose sur un banc d'argile ou de sable et que ce dernier devient très humide et très mou par l'action des eaux. La couche supérieure glisse alors sur l'inférieure.

3. Un glissement provient quelquefois de la stabilité du sol sur une grande surface, lorsqu'un lit d'argile ou de sable mouvant, amolli par les eaux qui l'ont imbibé, est pressé latéralement par le poids de lits sus-jacents. Mais cet effet ne peut se produire s'il y a chance pour le lit humide de se mouvoir ou de s'échapper latéralement.

2. Océan.

L'Océan est vaste en étendue et vaste dans la puissance qu'il peut exercer. Mais son travail mécanique, en Géologie, se borne surtout à ses rivages et à ses bas-fonds, où les matériaux qui existent en grande quantité peuvent être atteints par les vagues et les courants. Pendant les temps anciens, lorsque les continents étaient presque plats et sur une grande étendue submergés à des profondeurs peu considérables, ce travail s'accomplissait en même temps sur une grande partie de leur surface, et quelquefois il se formait des strates d'une étendue presque continentale. De nos jours, l'action de l'Océan est restreinte aux rivages des continents.

Les effets mécaniques de l'Océan sont produits par les vagues et les courants.

1. Érosion et transport.

1. **Vagues.** — *Action générale.* — Les vagues de l'Océan constituent une force constante. Nuit et jour, chaque année, presque incessamment, elles se brisent sur les plages et les rochers des côtes, parfois doucement, parfois avec la puissance d'une cataracte tombant d'une hauteur presque sans limite. Les mouvements les plus doux ne font que creuser les sables, les plus violents peuvent arracher et pousser le long des côtes des rochers pesant plusieurs tonnes. Le Niagara diminue sa puissance en tombant au sein d'un abîme liquide, tandis que, dans le cas des vagues, les rochers sont toujours mis à nu à chaque nouvel assaut. Les rochers sont nivelés, les roches réduites en cailloux et en sable, et ce sable est mis à l'état de poussière fine. Les promontoires rocheux des côtes sous le vent sont surtout exposés à l'usure, car ils sont en butte à la force des flots dans différentes directions.

2. *Niveau de la plus grande force d'érosion.* — La force d'érosion est maximum à une courte distance au-dessus de la hauteur de la demi-marée, et, sauf dans les plus grandes tempêtes, elle est presque nulle au-dessous du niveau des marées basses.

La fig. 355 représente en profil une falaise ayant ses lits les plus bas près du niveau de la marée basse et s'étendant en plate-forme sur une largeur d'une centaine de mètres.

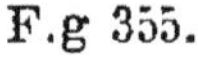
F.g 355.

Falaise dans la Nouvelle-Galles du Sud.

Lorsque la marée commence à monter, les eaux encore calmes s'élèvent, couvrent la plate-forme et la protègent de sorte que la force des vagues qui est maximum au-dessus du niveau de la demi-marée, agit surtout près de la base du rocher, exactement au-dessus du niveau de la plate-forme.

3. *Action du côté de la terre,* — Sur les fonds élevés. les vagues possèdent un certain pouvoir de transport ; et comme elles se meuvent toujours du côté de la terre, leur action est dirigée dans ce sens. Elles abandonnent peu à peu derrière elles tous les détritus qui se trouvent au sein des eaux, et préviennent ainsi cette diminution des continents ou des îles qui s'effectuerait évidemment si elles les emportaient en pleine mer.

4. *Effet sur le contour des côtes.* — Comme l'action des vagues sur une côte tend à faire disparaître les promontoires et en même temps à remplir les baies de détritus, le résultat général est d'en rendre le contour de plus en

plus régulier. On ne constate jamais sur une côte de tendance au creusement de vallées étroites comme celles qui sont occupées par des rivières. De telles vallées sont faites par les eaux terrestres, car l'Océan ne peut créer une vallée que lorsqu'il a déjà un canal ouvert permettant le passage à ses eaux; dans ce cas les vallées ont une très grande largeur. Si un continent s'enfonce lentement dans l'Océan, ou s'en élève doucement, l'action des vagues peut encore être marquée par les mêmes résultats; en effet, chaque partie de la surface devient une ligne de côtes, et sur chacune il se produit le même phénomène d'enlèvement des caps et de remplissage des baies au lieu d'une excavation de vallée.

2. **Courants des marées.** — Les courants des marées ont souvent une grande violence, lorsque ces marées pénètrent par des canaux ou entre des îles, et, par conséquent, ils deviennent alors des agents actifs d'érosion et de transport par suite de leur action journalière sur la boue ou le sable à leur portée.

Un courant de reflux a une action plus profonde et possède par conséquent un pouvoir d'excavation et de transport plus fort que le courant de flux. Ce dernier agit sous forme d'une grande vague qui se gonfle et remplit les baies beaucoup au-dessus de leur niveau naturel; mais les courants de reflux commencent sur le fond des baies avant que la marée ne soit complètement terminée, et ils agissent jusqu'à ce que les eaux se soient toutes accumulées

L'accumulation des eaux dans une baie par les marées ou par les tempêtes, produit à l'entrée de cette baie, si elle n'est pas très large, au fond, un violent courant de reflux qui tend à rendre le chenal plus profond et à le débarrasser des obstacles qui peuvent l'obstruer.

Le raz de marée ou mascaret de certaines grandes rivières est une sorte de marée qui remonte le cours d'eau. Il se produit lorsque l'élévation régulière de la marée dans la baie à l'embouchure de la rivière est arrêtée par la forme de l'entrée et par ses bancs de sable, et qu'elle se combine avec le reflux de la rivière, de telle sorte que, pendant un certain temps, les eaux sont refoulées, jusqu'à ce que finalement la marée, en totalité ou en partie, se précipite à la fois ou sous la forme de plusieurs grandes vagues successives. Les mascarets de l'Amazone, de l'Hoogly dans l'Inde (une des embouchures du Gange) et du Tsien-Tang en Chine sont parmi les plus remarquables. Dans le cas du Tsien-Tang, l'eau remonte le fleuve sous la forme d'une grande vague, roulant comme une cataracte mouvante, large de 6 ou 8 kilomètres et haute de 10 mètres avec une vitesse de 40 kilomètres à l'heure. Les bateaux placés au milieu du fleuve s'élèvent et retombent après le passage de la vague, mais ne sont poussés en avant qu'à une petite distance, tandis que le long des rives il se fait une grande dévastation; les sables des berges sont entraînés, et souvent les animaux sont surpris et anéantis.

3. **Courants formés par les vents.** — Il existe encore des courants produits par les vents, lorsque les tempêtes sont de longue durée ou lorsque les vents soufflent pendant plusieurs mois dans une même direction. Mais les courants de ce genre n'ont qu'une faible action. En passant sur une île, ils transportent d'une place à l'autre dans leur course une quantité plus ou moins grande de sables, et les rapportent en partie quand arrive la saison pendant laquelle les vents soufflent dans une direction opposée. Ils peuvent aussi enlever de l'île certains détritus et les distribuer au sein des eaux profondes.

4. **Grands courants océaniques.** — Les grands courants de l'Océan, comme le *Gulf-Stream*, sont pour la plupart tellement éloignés des côtes qu'ils n'entraînent que peu de détritus. Comme ces courants ont une grande profondeur,

dépassant souvent mille pieds, leur course est déterminée par les points des côtes continentales où les eaux sont profondes, de telle sorte que, lorsque les rivages submergés sont peu profonds à une certaine distance en mer, comme près du New-Jersey et de la Virginie, où cette distance atteint 80 à 130 kilomètres, le courant est reculé d'autant, et n'exerce qu'une action très faible, si même il en exerce une. Partout où il rase les côtes, il emporte quelques détritus qu'il dépose sur les fonds voisins.

Les courants océaniques qui descendent des mers polaires produisent d'importants effets au moyen des icebergs qu'ils amènent sous des latitudes plus chaudes. Ces icebergs sont lestés par des milliers de tonnes de terre et de pierres, et, quand ils fondent, ils laissent tomber le tout au fond de l'Océan. La mer voisine des bancs de Terre-Neuve est une des régions où ils fondent, et il n'y a pas à douter qu'il ne se fasse de cette façon de vastes accumulations sous-marines non stratifiées. On suppose que les bancs eux-mêmes peuvent avoir été formés ainsi.

3. Distribution des matériaux et formation des dépots marins et fluvio-marins.

1. **Origine des matériaux.** — Les matériaux mis en œuvre par les marées et les courants sont : les pierres, le gravier, le sable ou la terre produite par l'usure des côtes, les détritus apportés par les rivières et jetés dans l'Océan.

Ces derniers, à l'époque actuelle, sont de beaucoup les plus importants ; mais, dans les premiers âges géologiques, lorsque la terre sèche n'avait qu'une très petite étendue, les rivières étaient peu considérables et elles ne possédaient qu'une faible action. L'Océan était alors un agent bien plus actif qu'il ne l'est maintenant, parce que, ainsi que nous l'avons dé à dit, les continents étaient, pour la plus grande partie, submergés à de petites profondeurs, atteignaient presque le niveau des marées et étaient directement soumis à l'action des vagues et des courants.

2. **Forces en action.** — Dans la distribution de ces matériaux, les vagues et les courants marins peuvent opérer seuls, de la façon expliquée aux pages précédentes, ou en association avec les courants de rivières partout où ils existent.

3. **Formations marines.** — Les formations marines présentent les variétés suivantes :

1. *Accumulations des plages.* — Les plages sont formées par les matériaux amenés sur les côtes par les vagues et les marées et abandonnés au-dessous du niveau de ces marées. Elles se composent de pierres ou de galets, de sable, de vase, de terre ou d'argile à l'état grossier quand les vagues déferlent avec force; bien qu'avec le temps il s'effectue toujours une trituration et une pulvérisation, l'action puissante des vagues et des courants de retour entraîne les matières fines au sein des eaux peu profondes situées loin des côtes, les distribue et les étend sur le fond. Ces matériaux sont fins lorsque les vagues ont un mouvement doux comme dans les baies abritées; les matières triturées restent alors près des places où elles ont été formées souvent à l'état de vase très fine.

2. *Bancs de sable ou récifs.* — *Accumulations des eaux peu profondes.* — Les produits d'accumulation des eaux peu profondes peuvent se déposer dans les baies, les estuaires et les canaux qui découpent une côte et même sur les fonds éloignés. Ils se composent habituellement de sable fin ou grossier et de détritus terreux; mais ils peuvent aussi renfermer des galets ou des pierres quand les courants sont violents. Les matières qui les constituent proviennent de la terre, par suite de l'action de trituration et de transport des vagues et des courants. Les accumula-

tions peuvent augmenter sous l'action des vagues dans les eaux peu profondes, jusqu'à ce qu'elles approchent ou dépassent le niveau des marées basses, et alors elles forment des bancs de sable. De pareils bancs s'établissent en face des vagues, et la raison de ce phénomène est analogue à celle donnée pour expliquer la plate-forme rocheuse de la figure 355.

3. *Formations fluvio-marines.* — La plupart des accumulations en voie de formation sur les côtes, les bancs de sable ou les dépôts d'estuaires et du large, surtout dans le voisinage des continents bien arrosés, contiennent une quantité plus ou moins grande de détritus de rivières, et sont modifiés dans leur forme par l'action des courants de ces rivières.

La région des côtes du continent s'élargit ainsi lentement et s'est élargie depuis une période de temps indéfinie; elle est basse, plate, souvent marécageuse, remplie de canaux ou de détroits, et, en face de l'Océan, présente une barrière de récifs sablonneux.

Les rivières chassent leurs détritus surtout pendant leurs débordements; en rencontrant l'action opposée des vagues et des courants de l'Océan, les eaux perdent leur impulsion et abandonnent les détritus sur le fond. Quand un fleuve est très large et que les marées sont faibles, les bancs et les récifs s'étendent au loin dans la mer. C'est ainsi que le Mississipi pousse ses nombreuses embouchures dans le golfe du Mexique. Quand la marée est forte, il se forme des barres sablonneuses, et plus les marées sont puissantes, plus les barres se rapprochent de la côte. Lorsque le fleuve est petit, l'Océan peut chasser un banc de sable même à travers son embouchure, de sorte que les eaux douces n'ont d'issue qu'en filtrant à travers le sable, ou, si un canal est laissé libre, il ne peut être que peu profond.

STRUCTURE DES FORMATIONS.

Les formations de plages ont une stratification très irrégulière. Les lits (fig. 17) n'ont latéralement qu'une petite étendue, leur caractère change à chaque intervalle de quelques pieds, et ils renferment souvent des blocs de pierres, des galets et du sable.

Les bancs de sable et les récifs formés le long d'une côte ont une stratification beaucoup plus régulière, et se composent surtout de sable avec quelques couches de galets. Souvent ils éprouvent de grandes variations à des distances de un ou plusieurs kilomètres.

Les lits qui sont déposés dans des eaux peu profondes, comme dans les baies ou au sein des eaux éloignées des côtes, conservent une stratification uniforme sur des surfaces beaucoup plus étendues et peuvent se composer de galets, de sable ou de terre très fine. L'étendue et la régularité de niveau de l'aire submergée déterminera à un haut degré l'étendue sur laquelle peut se continuer l'uniformité de stratification, et, à ce point de vue, les premiers âges géologiques l'emportent sur l'époque actuelle.

Les ondulations (fig. 18) sont formées par les vagues qui s'étalent sur une plage ou sur des fonds situés à moins de 100 ou 150 mètres. Les marques de ruissellement (fig. 19) sont produites lorsque les eaux d'une marée descendante ou d'une vague qui s'est brisée sur une plage, rencontrant un obstacle tel qu'une coquille ou un galet, s'accumulent par-dessus, sont forcées de se précipiter en petite cascade et creusent les sables sur une courte distance au-dessous de l'obstacle. La lamination oblique d'un lit, ou la structure par flux et reflux, résulte d'un mouvement rapide de la marée ou d'un courant sur un fonds sableux; ils se forme alors, par l'effet des accumulations successives, une série de lits inclinés; lorsque le mouvement cesse, les détritus se déposent horizontalement pendant un certain temps, et, comme plus tard le même mouvement rétrograde se répète, il se produit une nouvelle lamination oblique.

Les coquilles ou les autres débris animaux enfouis dans une plage sont usés ou brisés; ceux des baies ou des eaux peu profondes situées au large et exempts de l'atteinte des vagues, peuvent se conserver entiers et restent à l'endroit où ils étaient pendant leur vie. Mais, si les eaux ne sont pas assez profondes pour que les coquilles ou les coraux soient soustraits à l'action des flots, ceux-ci sont brisés, réduits en poussière, et, dans cet état, prennent part aux formations en voie de création. On verra, à ce sujet, les remarques sur la formation des calcaires au moyen des coquilles ou des coraux. Dans les sables des plages, près du niveau des marées basses, on peut rencontrer des excavations produites par les vers de mer et par quelques mollusques ou crustacés.

3. **Eaux congelées ou susceptibles de se congeler.**

A. Eaux susceptibles de se congeler.

L'eau se dilatant par l'action de la gelée, lorsque la congélation s'effectue dans les fentes des rochers, elle élargit celles-ci et détache des masses. Cette catégorie d'action est surtout destructive dans le cas des roches très fissurées, coupées de joints et possédant une structure schisteuse ou laminaire. Comme cet effet se continue pendant une longue suite d'années et de siècles, il peut en résulter de grands amas de pierres brisées. La pente ou talus formé par les fragments au pied de rochers de trapp ou de basalte atteint souvent la moitié de la hauteur du rocher lui-même. Dans les contrées tropicales, les rochers ne présentent pas à leur base de semblables masses de débris.

Les roches granulaires, cristallines ou non, lorsqu'elles

absorbent facilement l'eau, perdent le grenu de leur surface par suite du même phénomène. Le granite et les grès poreux, peuvent ainsi se réduire imperceptiblement en poussière, en terre ou en gravier. Dans les régions alpestres, cette action est incessante.

B. Eaux congelées.

1. *Glace des lacs et des rivières.*

Les effets de la glace et de la neige seront étudiés dans trois chapitres distincts : 1° Glace des lacs et des rivières; 2° Glaciers; 3° Icebergs.

La glace des lacs et des rivières se forme souvent près des pierres situées le long des rives et les incorpore à leur masse; quelquefois sa surface se couvre d'autres pierres tombées provenant des rochers qui surplombent, Pendant l'époque des hautes eaux ou inondations, la glace, s'élevant avec les eaux, charriera ces fardeaux au loin sur le rivage ou sur la plaine d'inondation, et les y laissera au moment de la fonte; si elle est soumise à l'action du courant, elle transportera les pierres au loin le long du fleuve. Tel est le mode ordinaire de transport par la glace. Il se fait quelquefois ainsi de grand amas de blocs erratiques sur les bords des lacs, bien au-dessus du niveau ordinaire des eaux.

2. *Glaciers.*

Les glaciers sont des fleuves de glace dans lesquels les matériaux mouvants sont des eaux congelées au lieu d'être des eaux liquides. De même que les grandes rivières, ils ont leurs sources dans les hautes montagnes, reçoivent leurs eaux des nuages et descendent le long des vallées. Mais ces montagnes, à cause de leur élévation, reçoivent des nuages de la neige au lieu de pluie; il en résulte que, dans les glaciers, la neige s'accumule sur une grande profondeur. Tous les phénomènes présentés par les rivières, se vérifient pour les glaciers. Ainsi, plusieurs glaciers tributaires venant de différentes vallées se réunissent pour former le glacier principal; leur mouvement est dû à la pesanteur ou au poids des matériaux; mais la rapidité, au lieu d'être de quelques kilomètres par heure, n'est généralement que de 20 à 25 centimètres par jour, ou 1 kilomètre en dix ou onze ans.

Comme pour les rivières, les parties centrales ont une plus grande rapidité, les flancs étant retardés par le frottement; cependant la différence de vitesse entre les côtés et le fond est beaucoup plus grande dans les glaciers que dans les rivières.

La neige des sommets, qui atteint une profondeur de plusieurs centaines de pieds, devient compacte et se change en glace surtout sous l'action de son propre poids ; alors commence le glacier. Comme il s'arrêterait bientôt dans sa course, les nuages fournissent de nouvelles neiges pour lui servir de matériaux et accélérer le mouvement de la masse.

2. *Fractures résultant du mouvement. — Crevasses.* — Toute vallée possède des flancs escarpés, de brusques tournants, des étranglements, des élargissements et un fond irrégulier où la glace, malgé sa dureté, est forcée de s'accommoder des irrégularités ; c'est pourquoi il se forme ordinairement des crevasses le long de ses bords, une multitude de fissures invisibles à la surface lorsqu'elle s'efforce de contourner un coude; de longues fissures la coupent dans toute sa largeur lorsqu'elle rencontre un ressaut qui lui fait prendre la forme d'une cascade gelée, ou lorsque, s'échappant d'une gorge étroite, elle se meut plus librement sur une pente plus marquée. Réciproquement, elle peut fermer toutes ses crevasses, soit

lorsque le mouvement est arrêté par une pente moindre, soit de toute autre façon.

3. *Descente au-dessous de la ligne des neiges.* — Le fleuve glacé descend ainsi quelquefois à 1,500, à 2,000 mètres au-dessous de la ligne des neiges éternelles. Il résiste à la chaleur de l'été à cause de sa masse, tout comme en hiver les murailles d'une hutte de glace. En sortant des régions où tout est désolé et sans vie, il passe par la zone des plantes alpestres et souvent continue sa course à travers le pays cultivé et habité avant d'être brusquement arrêté par le climat. Ainsi la Mer de glace, qui, sous le nom de glacier des Bois, sort du mont Blanc et des autres pics voisins, se termine dans la vallée de Chamonix. De même deux grands glaciers descendent de la Jungfrau et des autres hauteurs des Alpes bernoises et s'avancent jusqu'aux plaines de la vallée de Grindelwald, au sud d'Interlaken.

La figure 356 représente un des fleuves glacés de la région du mont Rose dans les Alpes. On voit au loin les régions des neiges éternelles, les masses de rochers stériles qui le bordent au bas de sa course et les nombreuses crevasses qui en coupent la surface.

4. *Torrents des glaciers.* — La fusion qui s'opère à la surface d'un glacier et sur les parois des crevasses donne naissance à un cours d'eau qui coule par-dessous, peu à peu devient un torrent considérable, et finit par apparaître au jour entre les blocs de glace qui terminent le glacier. De là, il poursuit sa course par le bas de la vallée.

5. *Mode de mouvement.* — Le mouvement et la condition d'un glacier dépendent presque entièrement de la facilité avec laquelle la glace se brise et se prend de nouveau en masse solide lorsque les surfaces brisées sont mises en contact. Cette propriété, remarquée pour la première fois par Faraday et appliquée aux glaciers par Tyndall, est nommée surgélation ou regel, mot qui signifie congé-

lation nouvelle. On la démontre facilement en brisant un morceau de glace et en remettant les surfaces en contact ; si elles sont humides, comme cela arrive à la température ordinaire, il suffit de les comprimer légèrement pour

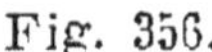

Fig. 356.

Glacier de Zermatt ou glacier Görner.

qu'elles redeviennent parfaitement adhérentes. Un glacier se meut et s'accommode à son lit inégal en se brisant lorsque cela devient nécessaire, mais plus tard il reprend la même solidité qu'auparavant. Il se brise donc et se reconstitue lui-même à mesure qu'il s'avance.

De petites portions d'un glacier peuvent glisser le long de son lit, mais jamais le glacier ne glisse tout d'un coup,

En certains points il s'adaptera aux inégalités de la surface en se courbant sans se rompre, ce qui peut s'effectuer par l'action d'une force excessivement lente; mais cela est un procédé de mouvement peu important si on le compare à celui qui a été mentionné précédemment.

6. *Transport par les glaciers.* — *Moraines.* — Les glaciers se chargent des pierres et de la terre qui tombent des hauteurs supérieures ou descendent sous forme d'avalanches latérales. Ces matières forment, le long de chacun des bords d'un glacier, une bande que l'on nomme moraine. Lorsque deux glaciers, se joignent ou qu'un glacier tributaire en rejoint un autre, ils transportent avec eux leurs bandes pierreuses, mais celles des côtés qui se confondent se combinent pour ne former qu'une seule moraine. Un grand glacier, comme celui de la figure 356, possède souvent plusieurs moraines, deux de plus que le nombre de ses tributaires. Quelques-unes des masses rocheuses situées sur les glaciers ont d'immenses dimensions. On en cite une cubant plus de 5,500 mètres cubes, ce qui équivaut à la masse d'un édifice long de 100 mètres, large de 3m,50, et haut de 15 mètres,

Dans la partie inférieure d'un glacier, les diverses moraines perdent leur netteté à cause de la fusion de la glace, qui amène au même niveau la boue et les pierres d'une portion considérable de l'épaisseur primitive et recouvre de terre et de pierres la surface du glacier. Les masses de glace qui forment le pied d'un glacier sont souvent boueuses, et, à distance, il est difficile d'apercevoir leur nature réelle.

La fusion finale laisse toute la terre et les pierres en tas ou en dépôts non stratifiés, qui sont transportés plus loin, corrodés et dispersés par le torrent qui sort du glacier.

7. *Érosion par les glaciers.* — Un glacier ainsi chargé

de pierres en contient à sa surface inférieure, sur ses flancs et dans sa masse. Comme il se meut en descendant le long de la vallée, il use les roches sur lesquelles il passe, adoucissant et polissant certaines surfaces, en couvrant d'autres de stries parallèles et souvent en y entamant des canaux larges et profonds.

Outre ces opérations d'importance secondaire, les glaciers approfondissent et élargissent les vallées dans lesquelles ils se meuvent. Ils sont aidés dans ce travail par les avalanches de glace et les torrents des glaciers.

8. *Régions des glaciers.* — Les régions des glaciers les plus connues sont celles des Alpes, au milieu de l'une desquelles s'élève le mont Blanc dont le sommet est à 4,900 mètres au-dessus de la mer. Il y a encore des glaciers dans les Pyrénées et dans les montagnes de Norvège, au Spitzberg, dans le Caucase et l'Himalaya, dans les Andes du Sud, au Groënland et dans d'autres régions arctiques. Un des glaciers du Spitzberg borde la côte sur une longueur de 18 kilomètres de blocs de glace hauts de 30 à 120 mètres. Le grand glacier Humboldt, au Groënland, au nord du 79°20′ parallèle, possède à son pied, au point où il entre dans la mer, une largeur de 72 kilomètres, et il ne constitue cependant qu'un seul des nombreux glaciers de cette contrée désolée.

3. *Icebergs.*

Lorsqu'un glacier comme ceux du Groënland se termine dans la mer, son pied chargé de moraines, se brise de temps en temps, et les fragments, emportés par la mer constituent des *icebergs*. Les effets géologiques des icebergs ont été décrits précédemment

4. Formation de couches sédimentaires.

Nous allons rapidement récapituler les explications données aux pages précédentes sur l'origine des dépôts. Nous laisserons momentanément de côté l'étude des roches ignées et cristallines.

1. Origine des matériaux. — Les matériaux des roches sédimentaires proviennent de la dégradation des roches préexistantes et d'un phénomène de dissolution dans les eaux du globe. Ces eaux ont, en général, pris d'abord leurs matières minérales aux roches, sauf cette partie qui a toujours existé dans l'Océan depuis qu'il a commencé à exister.

Les principaux agents de dégradation sont les suivants :

1° Erosion par les eaux courantes, marines ou terrestres; 2° Erosion par la glace des glaciers, des icebergs, ou la neige et la glace à leur état ordinaire; 3° pression de l'eau qui filtre à travers les fissures; 4° congélation de l'eau dans les fentes; 5° décomposition chimique réduisant les roches à l'état de fragments ou de terre.

2. Formation des dépôts. — Les dépôts se sont formés par les méthodes suivantes :

1. Par l'action des eaux de la mer.— Les eaux de l'océan, en balayant les continents dénudés et en partie submergés, ont constitué des dépôts sableux et caillouteux aux points où déferlaient les flots ou bien à de très faibles profondeurs sur le parcours d'un courant violent, et des dépôts argileux et schisteux superficiels si le rivage était protégé contre les vagues; mais jamais il ne s'est formé de dépôts de sable grossier ou de cailloux sur le lit profond de l'océan, car les grandes rivières ne charrient vers la mer que des détritus fins, et jamais on ne trouve de dépôts argileux que le long des rivages, excepté sous l'action d'un fleuve comme l'Ama-

zone, et encore, dans ce cas, la plus grande partie des détritus est rejetée vers la terre par les vagues et les courants.

2. Par les vagues et les courants de l'Océan agissant sur les rivages du continent, et les résultats sont les mêmes que ci-dessus, quoique les couches aient une étendue moindre.

3. Par les espèces vivantes et surtout les mollusques, les rayonnés et les rhizopodes fournissant de la matière calcaire pour les couches, les diatomées et quelques protozoaires donnant des matières siliceuses. Toutes les roches formées de coraux et de coquilles de mollusques, sauf les plus petites, requièrent l'aide des vagues au moins pour remplir leurs interstices ; cependant les rhizopodes et les infusoires siliceux peuvent constituer des roches dans les eaux profondes par une accumulation qu'il ne serait pas exact de considérer comme sédimentaire.

4. Par les eaux des lacs. — Les dépôts lacustres ressemblent essentiellement à ceux de l'Océan dans leur mode d'origine ; lorsque les lacs sont petits, ils ressemblent à ceux des rivières.

5. Par les eaux courantes terrestres. — Les dépôts se forment encore au moyen des eaux terrestres qui remplissent les vallées par des alluvions, font descendre les terres du haut des collines jusque dans les plaines et charrient les détritus dans la mer ou dans les lacs, pour constituer, par l'action concordante des eaux marines et lacustres, des deltas ou d'autres accumulations côtières.

6. Par les eaux congelées. — La glace fait descendre les roches et la terre des sommets au fond des vallées, et entraîne par son action aussi bien des matières fines que des blocs énormes qui ne pourraient être renversés d'aucune autre façon. La glace transporte encore des roches, depuis la terre jusqu'à l'Océan, et les arrête soit aux riva-

ges, en formant des lignes d'accumulations ou moraines, ou jusqu'à des régions éloignées de l'Océan, comme depuis les terres arctiques jusqu'aux bancs de Terre-Neuve ; c'est ainsi qu'elle contribue à former des couches sédimentaires d'eaux profondes ou de côtes, distinguées par le mélange irrégulier des blocs de cailloux et de terre.

5. Effets généraux de l'érôsion sur les continents.

Le relief des montagnes ou des vallées a été en partie produit par des forces souterraines soulevant et fracturant les couches, mais la disposition finale des hauteurs est due à l'érosion. Cette cause a été en action depuis les temps les plus reculés, et l'on peut affirmer que les matières de presque toutes les roches non calcaires résultent de l'érosion de formations préexistantes.

IV. Chaleur.

La croûte terrestre a été formée par trois agents :

1° Le soleil ; 2° la chaleur intérieure de la terre ; 3° les phénomènes chimiques et mécaniques. Au point de vue géologique, les deux premiers agents sont les plus importants.

Chaleur intérieure. — L'existence d'un foyer de forte chaleur dans l'intérieur de la terre est prouvée de diverses façons :

1. *Forme de la terre.* — La forme du globe que nous habitons est celle d'un sphéroïde, figure absolument semblable à celle qui résulterait de la révolution de la terre sur son axe, pourvu qu'elle ait passé par un état de fusion complète ou de fluidité ignée et ait subi un refroidissement lent à partir de sa surface extérieure. Cette opinion est corroborée par une série d'autres preuves. On peut en déduire que, lorsque la terre

commença à se refroidir, son axe occupait exactement, ou à très peu de chose près, la même position que maintenant, ce qui ne prouve cependant pas qu'il n'y ait eu aucun changement à une époque quelconque.

2. *Caractère cristallin des roches inférieures.* — Si l'on pénètre à travers les strates de la terre, on voit que les plus basses sont cristallines. Partout où on a observé les roches azoïques qui sont les plus anciennes, on les a trouvées cristallines, ce qu'on peut attribuer au fait qu'elles ont dû avoir été soumises pendant une longue période de temps à l'action de la chaleur.

3. *Forages artésiens.* — Dans les sondages profonds exécutés pour la recherche des eaux souterraines, on a vérifié que la température de la croûte terrestre augmente de *un* degré centigrade par chaque 30 ou 40 mètres de descente. Le chiffre de un degré pour 30 mètres donnera un degré de chaleur suffisant pour produire l'ébullition de l'eau à une profondeur de 3,000 mètres, et, à la profondeur d'environ 45 kilomètres, la température atteindrait le point de fusion du fer. Cependant, comme la température de fusion de toute substance s'accroît avec la pression, il faudra, pour trouver à l'état de fusion une matière semblable au fer, s'enfoncer à une profondeur plus considérable. Ces faits n'en suffisent pas moins à prouver que la terre possède intérieurement une source de chaleur, et qu'il n'est pas besoin d'aller profondément pour y trouver une température très élevée. Si la croûte solide a 160 kilomètres d'épaisseur, elle est encore mince comparée à la distance du centre de la terre à sa surface.

4. *Distribution des volcans.* — Le grand océan Pacifique possède une ceinture presque complète de volcans, éteints ou en activité, et toutes ses nombreuses îles qui ne sont pas constitués par des coraux sont volcaniques ; sauf la Nouvelle-Zélande et un petit nombre d'autres

situées à son extrémité sud-ouest. On rencontre aussi des volcans dans plusieurs parties des Andes, depuis la Terre de Feu jusqu'au détroit de Darien, dans l'Amérique Centrale, au Mexique, en Californie, dans l'Orégon, et au delà; dans les îles Aléoutiennes au nord; au Kamtchatka, au Japon, aux Philippines, dans la Nouvelle-Guinée, les Nouvelles-Hébrides, la Nouvelle-Zélande, à l'ouest; enfin dans les terres antarctiques, au sud de la Nouvelle-Zélande et de l'Amérique méridionale. La région volcanique ainsi limitée est égale à un hémisphère et fournit une indication très-nette sur la nature de la totalité du globe. Avec une ceinture de feu aussi largement distribuée, il doit sûrement exister en-dessous un immense foyer incandescent.

Il existe aussi des volcans dans les Indes Orientales, en grand nombre, éteints ou en activité, dans les îles de l'Océan Indien, dans les Indes Occidentales, les îles de l'Atlantique, et le voisinage de la Méditerranée et de la mer Rouge.

Les diverses preuves mentionnées s'accordent pour établir le fait que l'intérieur de la terre est une source de chaleur.

Effets de la chaleur.

Les effets de la chaleur que nous allons considérer sont les suivants :

1. Volcans.
2. Émissions ignées non volcaniques.
3. Métamorphisme et production des veines minérales.

La chaleur du globe est encore une des causes des tremblements de terre, des changements de niveau de la croûte terrestre et de l'élévation des montagnes. Ces sujets seront étudiés au chapitre suivant. C'est aussi un agent important dans tous les changements chimiques s'accomplissant sur notre planète.

1. Volcans.

A. Nature générale des volcans, leurs produits.

Un volcan est une élévation montagneuse de forme un peu conique qui rejette, ou a rejeté à une certaine époque, des torrents de roches fondues. Si la montagne ne contient actuellement aucun feu intérieur et n'émet pas de vapeurs, on la dit éteinte. La figure 357, représente le grand volcan du Cotopaxi; la hauteur du pic est de 5,850 mètres. Les plus grandes montagnes volcaniques sont rarement aussi escarpées. L'Etna, haut d'environ 3,000 mètres et les monts Kea et Loa, à Hawaï, qui atteignent presque 4,300 mètres, ont une pente de moins de 10 degrés. La forme d'un cône avec une pente de 7 degrés, qui est

Fig. 357.

Volcan Cotopaxi.

une moyenne pour les volcans hawaïens, est indiquée sur les figures 358 et 359.

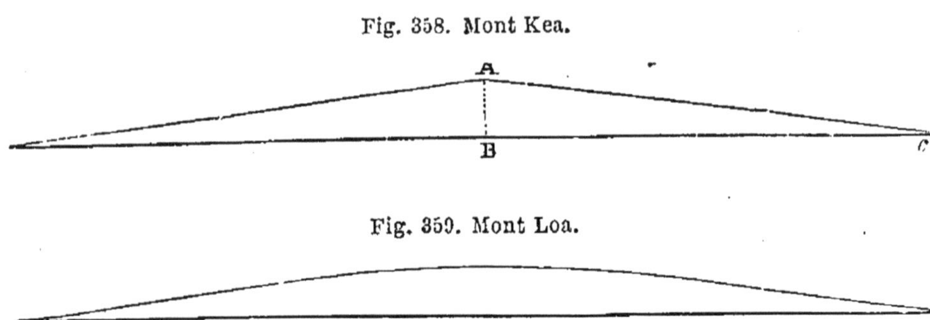

Fig. 358. Mont Kea.

Fig. 359. Mont Loa.

Le sommet de la figure 358 est en pointe comme le mont Kea, et la figure 359 présente un contour arrondi comme le mont Loa, dont la forme est celle d'un dôme très surbaissé.

Les plus hautes des montagnes volcaniques du globe sont le pic d'Aconcagua, au Chili (7,000 mètres), et ceux de Sorata et d'Illimani en Bolivie, dont chacun dépasse 7,400 mètres. Le dernier semble encore émettre des vapeurs, ce qui montre que les feux ne sont pas complètement éteints. Les montagnes Shasta, Hood, St. Helen, et d'autres dans la Californie et dans l'Orégon, sont des cônes volcaniques isolés, hauts de 4,000 à 4,600 mètres.

La cavité qui existe au sommet d'une montagne volcanique, et où l'on voit souvent les laves en fusion, se nomme le cratère et possède quelquefois des milliers de pieds de profondeur ; mais ce cratère peut être très peu profond, et dans les volcans éteints il est souvent complètement absent, ce qui provient de ce qu'il a été rempli postérieurement à l'époque où l'activité s'est éteinte.

La roche sortant d'un cratère, qu'elle soit liquide ou refroidie et solidifiée, se nomme lave.

Un cratère actif, dans sa plus parfaite période de repos, émet des vapeurs. Ces vapeurs sont surtout aqueuses, mais elles contiennent en outre des gaz sulfurés et quelquefois de l'acide carbonique ou chlorhydrique.

Pendant la période spéciale d'activité, des jets violents sont quelquefois projetés à une grande hauteur, et, la nuit, ressemblent à distance aux jets d'étincelles qui sortent d'un haut-fourneau. Ils se composent de fragments de laves liquides. Ces fragments se refroidissent en retombant le long des flancs du cratère et se nomment alors cendres.

Lorsqu'une ondée de pluie ou d'humidité provenant de la condensation des vapeurs accompagne la chute des cendres, il en résulte une masse boueuse qui se dessèche et constitue une couche ou strate brunâtre ou brun-jaunâtre appelée *tuf*. Souvent cette roche ressemble à un grès grossier tendre dont la matière serait d'origine volcanique.

Les matières produites par les volcans sont donc : 1° Les laves; 2° les cendres; 3° les tufs; 4° des vapeurs ou des gaz constitués principalement par de la vapeur d'eau et en partie par des gaz sulfurés, et même quelquefois de l'acide carbonique, de l'acide chlorhydrique et quelques autres matières.

Les laves sont de diverses espèces. Elles sont plus ou moins celluleuses, parfois analogues aux scories d'un haut-fourneau, mais plus communément elles sont compactes avec quelques cellules ou cavités disséminées à travers leur masse. Dans un cratère, il existe souvent un courant de lave de la dernière variété, recouvert de quelques pouces de scories ressemblant à l'écume que pourrait offrir un torrent de liquide sirupeux. La plupart des scories ont la même origine que l'écume. La ponce est une scorie grisâtre très légère, pleine de cellules à air, parallèles, longues et minces.

Les laves peuvent être de couleur noire ou brunâtre ou noir verdâtre et très pesantes (densité supérieure à 2.9), comme la dolérite et le basalte, ou elles peuvent être assez légères (densité supérieure à 2.7) et de couleur grisâtre comme le trachyte et la phonolite. Cette dernière est une roche feldspathique très compacte, sonore sous le marteau.

Une montagne volcanique est formée de matières rejetées, laves, cendres, tufs, ou d'alternances de deux ou plusieurs de ces matières. Comme le centre de ces montagnes est le plus souvent le centre des feux en activité, les matières rejetées débordent ou retombent autour de l'orifice, ce qui fait qu'un pic volcanique tend à présenter l'aspect d'un cône.

L'angle moyen de la pente d'un cône de lave est de 3° à 10°; d'un cône de tuf, 15° à 30° ; d'un cône de cendre 30° à 45°; un cône complexe possède une inclinaison intermédiaire entre les précédentes et en rapport avec sa constitution.

B. Éruptions volcaniques.

Quoiqu'une éruption offre les mêmes caractères généraux pour tous les volcans, elle varie cependant beaucoup dans ses détails. Les traits fondamentaux sont nettement accusés dans les grands cratères d'Hawaï, l'île située à l'extrémité sud-est de l'archipel Hawaï, ou Sandwich.

1. Volcans hawaïens. — 1° *Description générale.* — Hawaï est formée de trois montagnes volcaniques ; deux, le mont Loa et le mont Kea, ont environ 4,300 mètres de haut, et une, située à l'ouest, le mont Hualalaï, a 3,000 mètres.

Le mont Kea seul est éteint. Les pentes moyennes des deux plus hauts sommets sont bien indiquées sur les figures 358 et 359 dont la première représente le mont Kea, et la seconde le mont Loa.

Le mont Loa est couronné par un grand cratère ; un second se trouve à 1,200 mètres au-dessus du niveau de la mer (fig. 360). Le dernier est le fameux Kilauea, nommé aussi Lua Pélé ou trou de Pélé, divinité du volcan dans la mythologie des Hawaïens.

La carte (fig. 360) de la portion sud-est d'Hawaï, montre les positions des monts Loa et Kea, du Kilauea, et d'autres

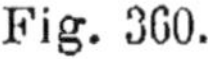

Fig. 360.

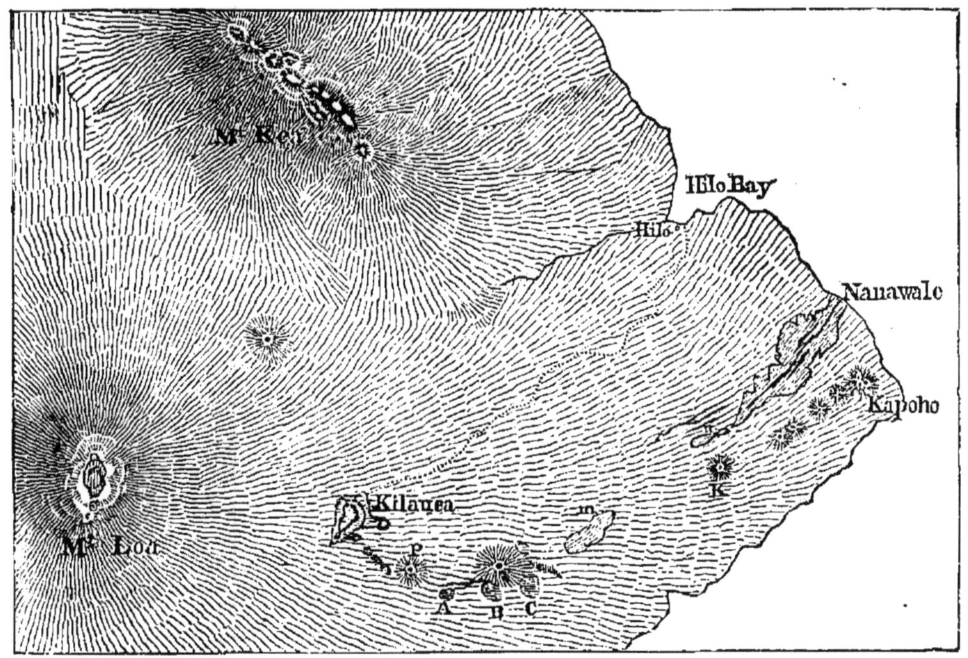

Carte d'une partie d'Hawaii.

cratères situés au sommet du mont Loa et sur les côtés en P, A, B, C, K, etc.

2° *Kilauea.* — Le cratère de Kilauea ressemble absolument à un fossé. Il a 5 kilomètres dans sa plus grand longueur, à peu près 3 dans sa plus grande largeur, et environ 12 kilomètres de circuit. Il est assez large pour contenir 400 édifices comme celui de Saint-Pierre de Rome. Le fossé a des flancs à peu près verticaux de roche solide formée de laves empilées en lits successifs, et il offre 300 mètres de profondeur après ses éruptions, et 200 mètres lorsque les laves le remplissent. Le fond est occupé par une grande surface de lave solide, qu'on peut regarder avec une parfaite sûreté du bord du fossé, même lorsque le phénomène est à son maximum d'intensité; sur quelques points de sa surface, on distingue ordinairement un ou plusieurs lacs ou trous remplis de lave liquide, au-dessus desquels s'élèvent des vapeurs. Le plus grand lac a quelquefois plus de 300 mètres de diamètre.

1. *Description du phénomène à Kilauca.* — Le phénomène est le suivant : les laves remplissant ces sortes de lacs sont à l'état d'ébullition; il s'en élève et il en retombe des bouillons comme d'une marmite d'eau bouillante, avec cette différence que les jets ont 10 à 12 mètres de hauteur. De tels jets proviennent de l'effort que fait, pour s'échapper, le mélange de vapeur d'eau et de gaz provenant des matières contenues dans les laves.

Les laves des lacs débordent à certains intervalles et s'étendent alors en torrents sur la grande plaine qui forme le fond du cratère. Aux époques de grande activité, les lacs sont nombreux, l'ébullition incessante, et les débordements se suivent les uns les autres en succession rapide.

2. *Cause de l'éruption.* — Par suite de ces débordements, le cratère se remplit lentement, et, après quelques années, le fond atteint une hauteur de 120 mètres au-dessus de son niveau le plus bas, de telle sorte que la profondeur se trouve alors réduite à 300 et même à 180 mètres. Cette addition de 300 mètres augmente évidemment de 300 mètres la hauteur de la colonne centrale de lave liquide du cratère, et produit une augmentation correspondante de pression contre les flancs de la montagne.

Le total de cette pression est au moins deux fois et demie aussi grand que celle que produirait une égale colonne d'eau. La montagne serait cependant assez solide pour la supporter; mais, comme, dans ces moments, les laves sont quelquefois dans un état de violente agitation, la pression qui s'exerce contre les flancs de la montagne augmente, à cause de la force élastique des vapeurs emprisonnées.

La conséquence de cette augmentation de pression peut être, et a été en effet plusieurs fois, la rupture des parois de la montagne. Il en résulte une ou plusieurs fractures d'où s'écoule la lave.

Pendant une éruption de ce genre, les laves apparaissent d'abord à quelques kilomètres au-dessous de Kilauea (en P, fig. 360), ainsi que sur d'autres points plus éloignés A, B, C, *m*; enfin un courant prend naissance en *n*, à 32 kilomètres de la mer, et se continue jusqu'au rivage à Nanawale. C'est là que, rencontrant l'eau, le grand courant de lave se divise en fragments, et tout le ciel se couvre alors d'un nuage de vapeurs et de cendres éclairé par la lueur de la lave qui coule au-dessous.

Cette éruption de Kilauea ne s'effectue jamais, ainsi qu'on l'a observé, par les parois du cratère, mais par les brèches pratiquées sur les flancs de la montagne situés en-dessous, par suite de la pression de la colonne de lave intérieure combinée à celle des vapeurs qui s'échappent.

Dans toutes les éruptions connues du Kilauea, le phénomène s'est passé comme nous venons de le décrire.

3. *Cratère du sommet du mont Loa.* — Des éruptions se sont aussi effectuées à des intervalles de quelques années, par le cratère terminal du mont Loa ou en un point élevé d'à peu près 4,300 mètres au-dessus de la mer, et, dans chaque cas, il y a eu, non pas un débordement par-dessus le cratère, mais un passage à travers des ouvertures pratiquées dans les flancs de la montagne. Pendant une éruption, les laves s'ouvrirent d'abord une petite issue près du sommet, puis une autre très importante à environ 3,000 mètres au-dessus du niveau de la mer. La lave sortait par cette seconde ouverture, comme d'une fontaine, sous la forme d'une série de jets dont plusieurs atteignaient 30

mètres de hauteur, et l'action se continuait ainsi pendant plusieurs jours. L'apparence de cette fontaine de feu a été comparée aux groupes de flèches d'une ancienne cathédrale gothique.

4. *Cause du jet de lave.* — La pression produisant le jet était celle de la colonne de lave comprise entre la brèche et le niveau des laves au cratère du sommet, à 900 ou 1,000 mètres au-dessus. Cette pression, ajoutée à celle des vapeurs confinées, doit avoir causé l'ouverture par laquelle commença l'éruption. Les éruptions d'Hawai ne sont jamais accompagnées par de grands tremblements de terre; quelquefois même le phénomène n'est précédé que par une lueur sur la montagne. Lorsque le cratère du sommet du mont Loa a été en activité, celui de Kilauea situé à 3,000 mètres au-dessous, et dont l'ouverture est plus large, n'a jamais manifesté d'agitation ni le moindre signe d'une influence quelconque.

5. *Conclusions.* — Les caractères présentés par ces éruptions indiquent que les laves s'élèvent graduellement, en augmentant la pression dans l'intérieur de leur canal par suite de leur accumulation et de leur changement de niveau; finalement, lorsque la montagne ne peut résister plus longtemps, elle se brise et laisse s'écouler le liquide pesant. Ils montrent encore que, si les tremblements de terre peuvent dépendre de l'action volcanique, ils n'en font pas nécessairement partie. Ils prouvent que les laves peuvent être tellement liquides, qu'il ne se forme pas de cendres durant toute la durée d'une grande éruption. En effet, pendant l'ébullition de la lave dans les lacs de Kilauea, les jets formés par la vapeur confinée ne sont projetés qu'à une hauteur de 10 ou 12 mètres, et, en retombant, la matière est encore chaude et ne peut prendre la forme de fragments refroidis; elle revient alors dans le lac, ou se plaque sur les flancs.

Dans certaines éruptions du mont Loa, la lave a continué à descendre la montagne jusqu'à une distance de 50 ou 60 kilomètres.

2. **Vésuve.** — Le Vésuve fournit un exemple d'un autre type de volcan; les laves y sont si denses et si visqueuses que les jets ne peuvent s'élever librement au-dessus de la surface; les vapeurs restent confinées jusqu'à ce qu'elles forment une bulle de grande dimension, qui, en crevant, lance quelquefois des fragments à des centaines de pieds de hauteur. Le cratère, au moment de l'éruption, est le théâtre d'une violente activité, et l'on ne peut en approcher. Des tremblements de terre destructifs ont souvent lieu en même temps que les éruptions.

Au Vésuve, les laves peuvent couler directement du sommet du cratère; mais généralement elles s'échappent en partie, sinon entièrement, à travers des fissures ouvertes dans les parois de la montagne.

3. **Comparaison entre le mont Loa et le Vésuve au point de vue des causes d'éruption et de la nature géologique de la montagne.** — Des deux causes d'éruption, la pression hydrostatique et la force élastique des vapeurs confinées, la dernière peut être très effective au Vésuve, tandis que la première l'est à Hawaï. Le mont Loa à Hawaï est un type de grand volcan à cours libre, et la montagne est presque entièrement un cône de lave. Le Vésuve offre l'exemple d'un évent plus petit avec des laves moins liquides, et le cône est formé à la fois de laves solides et de cendres.

4. **Cônes latéraux des volcans.** — Dans les éruptions par les fissures, les laves continuent à sortir, pendant quelques jours ou quelques semaines, par les parties les plus ouvertes ou les plus larges de la fissure, et, par conséquent, forment en ce point un cône de cendres ou de laves. C'est de là que tirent leur origine les innombrables cônes situés

sur les flancs de l'Etna et d'autres montagnes volcaniques.

5. **Éruptions sous-marines.** — Les éruptions peuvent parfois avoir lieu sur les pentes sous-marines de la montagne, lorsque celle-ci est située près de la mer, ainsi que cela est prouvé par l'Etna et le mont Loa. Il se forme alors sous l'eau, près de l'évent ouvert, des cônes de lave en fragments ou en couches solides. Les poissons et les autres animaux marins sont ordinairement détruits en grand nombre par de pareilles éruptions.

6. **Affaissements subis par les régions volcaniques. — Destruction de villes.** — Parmi les effets dépendant des volcans, on peut citer l'affaissement des régions placées dans leur voisinage et minées par le débordement des laves ou l'écroulement du sommet de la montagne. Des champs, des forêts et même des villes avec leurs habitants sont ensevelis par les laves débordées, la chute des cendres et l'accumulation des tufs. Pompeï et Herculanum sont deux villes qui ont été ensevelies par le Vésuve, et il est rare que, chaque année, on n'apprenne quelque nouveau désastre causé aux habitations ou aux fermes avoisinantes par le terrible volcan.

C. Phénomènes volcaniques secondaires.

1. **Solfatares.** — Dans le voisinage des volcans, et quelquefois dans des régions où n'existent pas de volcans, on trouve de grandes surfaces d'où s'échappent constamment de la vapeur d'eau, des vapeurs sulfureuses, de l'acide carbonique et d'autres gaz. On nomme ces surfaces solfatares. Les gaz sulfureux déposent du soufre en cristaux autour des fumarolles ou trous par lesquels s'échappe la vapeur, et il se forme souvent de l'alun et du gypse par l'action sur les roches de l'acide sulfurique produit par les gaz sulfureux.

Il est commun de rencontrer dans ces endroits des fontaines ou sources d'eau chaude, souvent assez abondantes pour servir à des bains.

2. **Geysers.** — En Islande, dans les geysers, les eaux chaudes sont projetées en jets intermittents, atteignant parfois une hauteur de 60 mètres. On suppose que des fleuves souterrains provenant des montagnes passent sur des roches chauffées et sont rejetés au dehors par la pression des vapeurs produites par la chaleur. De pareilles eaux chaudes agissent sur les roches, les décomposent et par suite deviennent alcalines et siliceuses. La silice ainsi en dissolution est de nouveau déposée autour des geysers sous une foule de formes étranges; elle enduit le bassin d'où s'élancent les eaux et donne naissance à de nombreuses pétrifications.

Lorsque le bassin d'une lagune bouillante se compose de terre ou de boue, il se forme des cônes de boue, comme en Californie et dans plusieurs autres régions.

2. Éruptions ignées non volcaniques.

Nous avons dit que les éruptions des volcans s'effectuent généralement à travers des fissures. Or, certaines fissures ont souvent été faites dans la croûte terrestre et remplies de roche liquide, même dans les régions éloignées des volcans. De pareilles fractures de la croûte de la terre doivent avoir pénétré jusqu'à un foyer quelconque d'incandescence, sinon jusqu'à l'intérieur liquide de la terre. Toute cause suffisante pour briser la croûte doit avoir suffi aussi pour comprimer la roche liquide située endessous. La masse étroite de roche ignée qui remplit ces fissures se nomme dyke. La roche ignée est généralement sans cellules à air, ou, s'il y en a, elles sont disposées en réseau régulier et non éparpillées comme celles des laves. On donne le nom d'amygdaloïdes à de pareilles roches, dont les cavités sont remplies de minéraux tels que le quartz, des zéolites, etc.

Les roches les plus communes dans les dykes sont la dolérite et le basalte, puis,la diorite et le porphyre. Les dolérites, basaltes et diorites sont souvent nommées trapp.

La région volcanique de l'Auvergne et du Vivarais en France, les roches de Salisbury Craigs près d'Edimbourg, la Chaussée des Géants et la grotte de Fingal fournissent de beaux exemples de dykes. Les dykes sont communs

Fig. 361.

Colonnes basaltiques de la côte d'Ilawana (Nouvelle-Galle du Sud .

sur tous les continents, surtout dans les régions situées entre les sommets des montagnes côtières et l'Océan, qui ont ordinairement de 500 à 1,200 kilomètres de largeur, comme, par exemple, entre les Appalaches et l'Atlantique, et entre les montagnes Rocheuses et le Pacifique.

Les roches basaltiques et doléritiques présentent souvent des formes colonnaires, comme on le voit sur la figure précédente (fig. 361) qui représente un paysage de la Nouvelle-Galles du Sud. La chaussée des Géants est remarquable par la régularité de ses colonnes. Ces colonnes se sont formées lorsque la roche s'est refroidie, et sont dues en partie à la contraction, et en partie à la structure concrétionnée produite pendant le phénomène du refroidissement. La dimension des concrétions détermine le diamètre des colonnes et dépend de la quantité de la matière et de la durée du refroidissement, la dimension étant d'autant plus grande que le refroidissement est plus lent.

3. Métamorphisme.

1. *Nature du métamorphisme* — Le terme métamorphisme signifie, en géologie, un changement, une altération dans les roches ou les strates de la terre, sous l'influence d'une chaleur inférieure à celle de la fusion et donnant pour résultat une cristallisation ou au moins une solidification d'un genre spécial; c'est ainsi que le schiste argileux se change en schiste tégulaire ou micaschiste, le grès argileux en gneiss ou en granite, le calcaire compacte commun en calcaire granulaire ou marbre statuaire, le grès siliceux en grès dur ou en quartzite.

2. *Effets.* — Les effets du métamorphisme sont :

1° Une solidification;

2° Une cristallisation;

3° Un changement de couleur, comme le gris et le noir du calcaire commun, qui devient le blanc ou les teintes nuagées du marbre, le brun et le brun jaunâtre de quelques grès colorés par le fer, qui se transforme en rouge pour donner naissance au grès rouge et aux roches de la nature du jaspe.

4° Dans la plupart des cas, il se fait une expulsion partielle ou complète de l'eau; mais il n'en est pas toujours ainsi, car la serpentine, roche métamorphique, contient un huitième ou 13 pour cent d'eau.

5° La perte partielle ou complète du bitume, si cette

matière se trouve présente, comme lorsque le charbon bitumineux se change en anthracite ou en graphite.

6° L'oblitération de tous les fossiles ou de presque tous si le métamorphisme est partiel.

7° Dans beaucoup de cas, il se manifeste un changement dans la constitution physique et chimique; en effet, les matières soumises au métamorphisme entrent souvent dans de nouvelles combinaisons, comme lorsqu'un calcaire, avec ses impuretés d'argile, de sable, de phosphates ou de fluorures, donne naissance, sous l'action de la chaleur, non seulement au calcaire blanc granulaire, mais aux divers minéraux cristallins disséminés dans sa masse, comme le mica, le feldspath, la scapolite, le pyroxène, etc., ou lorsqu'un grès argileux devient un gneiss ou un schiste rempli de grenats, de tourmaline, de hornblende, etc.

Ainsi le métamorphisme remplit souvent une roche des cristaux de divers minéraux. Les gemmes elles-mêmes font partie des résultats de cette action, car la topaze, le saphir, l'émeraude et le diamant ont été produits par le métamorphisme. Ce qui est plus important, ce phénomène transforme des schistes et des grès grossiers en dures et magnifiques roches cristallines, comme le granite et le marbre servant à l'architecture et à divers autres usages. Les briques rouges représentent une imitation faite par l'homme du travail de la nature.

3. *Explication du phénomène.* — L'eau et le feu sont les deux agents essentiels du métamorphisme. Le métamorphisme s'est effectué généralement lorsque les roches étaient soumises à de grands troubles tels que les soulèvements, les plissements, les failles, et, par suite, lorsque les conditions étaient favorables pour le dégagement d'une portion de la chaleur interne de la terre. Cette chaleur a pénétré les roches humides. L'eau ou l'humidité contenue dans les roches a augmenté leur conductibilité thermique

et a même directement aidé à l'émission de la chaleur. De plus, lorsque la chaleur était supérieure à 100 degrés, point d'ébullition de l'eau, comme il est probable que cela a eu lieu dans la plupart des cas de changement métamorphique, l'eau est passée en entier à l'état surchauffé qui lui donne une grande puissance pour dissoudre ou décomposer les minéraux et provoquer des combinaisons et des cristallisations nouvelles. Sous l'influence de pareilles circonstances, elle s'empare de certains éléments de la roche dans laquelle elle se trouve en ce moment, et ces minéraux nouveaux augmentent encore sa puissance à former des changements; une solution siliceuse alcaline, comme les eaux des geysers, non seulement déposera du quartz dans toutes les fentes ou cavités, si la température est favorable, mais elle pourra dans certains cas, contribuer à créer des feldspaths, des micas et une foule d'autres minéraux siliceux alcalins; si les alcalis sont absents et que le fer soit présent, les eaux siliceuses provoqueront la cristallisation de la staurotide et de la hornblende.

Le changement d'un grès siliceux en quartzite n'exige pas d'autres conditions, car, soumis à un échauffement lent, l'humidité d'une pareille roche se chargera de silice qui, enlevée et déposée de nouveau lorsque la roche se refroidira, cimentera et solidifiera le tout sous la forme d'un véritable quartzite. Ces quartzites contiennent souvent un peu de feldspath, minéral susceptible de se créer, s'il y a en présence un peu d'alcali et d'alumine.

Tels sont les exemples des diverses façons dont les eaux chauffées et surchauffées peuvent provoquer des changements métamorphiques. Des expériences directes ont du reste montré que ces sortes de cristallisations résultent de l'action de la chaleur.

La pression est exigée pour la plupart des changements métamorphiques. Un calcaire chauffé sans pression perd son acide carbonique et devient de la chaux vive comme dans un four à chaux. Mais, sous pression, l'acide carbonique ne se dégage pas, et le calcaire se cristallise, ainsi qu'on l'a vérifié par expérience directe. La pression nécessaire peut être celle d'un océan situé au-dessus, ou simplement celle de roches supérieures, dont quelques centaines de pieds seraient très suffisants pour produire un pareil effet.

La relation existant entre les grès argileux et le gneiss ou le granite est souvent beaucoup plus grande qu'elle n'apparaît aux yeux. Les grès ont été formés par l'usure des gneiss ou des granites : le sable des premiers est le quartz des seconds, l'argile des uns n'est fréquemment que le feldspath pulvérisé des autres, et, dans les uns comme dans les autres, le mica peut se trouver en grains, de sorte qu'en pareil cas il n'existerait réellement de différence que dans l'état de cristallisation. En chauffant un barreau d'acier bien au-dessous de son point de fusion et en le refroidissant de nouveau, on peut en faire de l'acier grossier ou fin, le phénomène changeant la texture du barreau en forçant plusieurs petits grains à se combiner pour n'en former qu'un seul. Réciproquement, il y a quelque chose d'analogue dans le changement d'un grès argileux en gneiss ou en granite, ainsi que nous l'avons mentionné plus haut.

Si le grès ou le schiste ne contient que peu ou point d'alcali, son métamorphisme ne peut produire un gneiss ou un micaschiste, puisque le feldspath, un des éléments de ces roches, contient un alcali comme ingrédient essentiel. Le résultat variera nécessairement avec les éléments constituants de la roche originelle, la chaleur et les autres conditions relatives au métamorphisme.

Il arrive souvent que la matière provenant de l'usure du gneiss, du granite et d'autres roches, est non seulement pulvérisée, mais encore plus ou moins décomposée; ainsi le feldspath éprouve un changement dans sa teneur en alcalis et même les perd quelquefois, s'ils sont emportés par les eaux; le mica perd son oxyde de fer et ses alcalis. On voit donc que le phénomène du métamorphisme ne peut pas ordinairement rétablir la roche originelle. La nouvelle roche formée ne contiendra pas de feldspath si les alcalis ont disparu; mais elle deviendra une argillite, ou, si beaucoup d'oxyde de fer est présent, une roche à hornblende, ou toute autre variété selon la nature des matériaux soumis au changement, la quantité et la durée de la chaleur.

4. Formation des veines.

1. *Nature et origine des espaces occupés par les veines.* — Les veines occupent : 1. les fentes et les fissures pratiquées dans les roches, 2. les espaces vides compris entre les couches des roches et spécialement des variétés schisteuse et ardoisière. Elles sont produites en grand nombre lorsque la région des roches éprouve un soulèvement ou lorsqu'un plissement des strates s'effectue. Les fractures peuvent descendre à travers la voûte, jusqu'aux régions de la roche fondue, comme dans le cas des dykes, ou bien jusqu'aux profondeurs d'intense chaleur sans atteindre toutefois la roche liquide inférieure; elles peuvent couper une ou plusieurs strates, car les circonstances qui fracturent certaines roches, en laissent d'autres intactes.

2. *Remplissage des veines.*—Les causes qui produisent d'aussi grands changements métamorphiques, quelle qu'en soit l'origine, combleront les fissures et les ouvertures (lorsque pourtant elles n'atteignent pas les régions des roches liquides), de minéraux provenant de la roche, sur chaque face de la fissure.

Les eaux chauffées ou l'humidité rempliront lentement toutes les cavités. Un mouvement vers chaque espace vide s'effectuera, et l'humidité de la roche avoisinante, en atteignant la fissure, perdra ses éléments minéraux et les laissera se cristalliser contre les parois ; les places qui se seront ainsi vidées se rempliront à leur tour par le même phénomène. Il en résulte qu'un courant constant a dû certainement s'établir et se continuer, tant qu'il a pu se fournir de matériaux solides ou que la cavité n'a pas été remplie. Dans le remplissage des veines, la matière provient surtout de la roche contiguë à une certaine partie de la fissure.

Quelque petite que soit la quantité de matière contenue dans la roche voisine d'une fissure, lors même que cette quantité serait impossible à distinguer chimiquement, l'humidité chauffée et minéralisée la trouvera et, la prenant en dissolution, s'en servira pour former une veine. L'or et la matière première des émeraudes de quelques autres métaux et des gemmes ont été ainsi produits en veines.

La cristallisation dans la fissure dépendra du degré de la chaleur agissante et de la nature de la roche avoisinante ; la chaleur à son tour dépendra de la profondeur de la fissure. Si la veine pénètre jusqu'aux points de chaleur intense où le refroidissement a été extraordinairement lent, les cristaux formés seront bien plus gros que si elle n'avait pénétré qu'à une médiocre profondeur.

Les minerais métalliques dans les fissures peuvent souvent s'élever en vapeurs ou en solutions, de profondeurs de beaucoup inférieures à celles où ils sont actuellement déposés.

La nature de certaines strates s'opposant à ce qu'elles puissent fournir au remplissage d'une fissure, il en résulte que ce remplissage, s'il existe, ne proviendra que des portions inférieures ou supérieures de la roche.

3. *Veines simples et rubanées.* — Les veines remplies par cet afflux latéral de matériaux ont quelquefois une structure uniforme, comme certains filons de quartz, ou elles sont rubanées, comme la plupart des filons métallifères. Dans la formation de ces derniers, le phénomène d'infiltration peut apporter pendant un certain temps une espèce de minéral comme le feldspath et le déposer sur les parois de la fissure, puis, par une modification de température ou par tout autre changement, du quartz, puis un minerai de plomb, de zinc ou de cuivre, puis de nouveau du quartz ou de la calcite, et ainsi de suite jusqu'à ce que le filon soit rempli.

C'est ainsi que des schistes argileux ou talqueux ont été remplis de veines de quartz contenant de l'or et divers minerais. Ces veines de quartz aurifère dans les schistes ne sont souvent que le remplissage de cavités ouvertes entre les lits et dues aux contournements éprouvés par les schistes pendant un phénomène de soulèvement, de plissement et de métamorphisme. Diverses veines granitiques et métallifères ont été formées de même dans d'autres roches.

Ainsi les métaux proviennent des roches dans lesquelles ils étaient disséminés en quantités tellement infinitésimales qu'ils n'étaient d'aucune utilité pour les arts, et où ils se sont ensuite réunis en veines susceptibles d'être exploitées.

V. Mouvements dans la croute terrestre et leurs conséquences

Les sujets que nous étudierons sont les suivants :

1. Origine des changements de position et de niveau dans la croûte terrestre.

2. Origine du clivage et structure par joints dans les roches.

3. Tremblements de terre.

1. *Changements de position et de niveau.*

Un changement de niveau provient quelquefois d'une érosion souterraine, causée soit par les eaux soit par des émissions de produits volcaniques. Mais les résultats de ces causes sont relativement locaux.

Les causes d'un caractère plus compréhensif, et que l'on invoque ordinairement pour expliquer l'origine des montagnes de la terre et les oscillations de niveau de celle-ci, sont les suivantes :

1. *Vapeurs développées brusquement sous une certaine région de la croûte terrestre.* — Cette cause a été généralement regardée comme étant de la plus haute importance au point de vue de l'élévation des montagnes. On lui fait pourtant deux objections : 1° On ne peut prouver qu'il existe au-dessous des montagnes des cavités ouvertes d'une étendue suffisante pour que des vapeurs soient capables de s'y développer et d'agir. 2° Si l'explosion devait s'effectuer, comme par exemple sous les Andes, les montagnes ne se soutiendraient pas sur une couche de vapeurs condensables; elles sont très pesantes et exigent un appui solide.

2. *Poids des accumulations de formations sédimentaires en voie de progrès sur une région quelconque.* Il serait possible à cette cause de produire un affaissement dans une région restreinte et quelques soulèvements de chaque côté, effets secondaires des poussées latérales auxquelles donnerait lieu un pareil affaissement. Mais on ne saurait lui attribuer uniquement les résultats constatés par la géologie sur les couches d'une vaste contrée.

3. *Expansion et contraction par suite du changement de température.* — Si une portion de l'écorce terrestre est échauffée par l'action de la chaleur inférieure, il en ré-

sultera une expansion et par suite une élévation de la surface. Inversement, si une région d'abord échauffée se refroidit encore, il y aura contraction, ce qui produira deux effets : 1° un affaissement à la surface; 2° une rupture des roches ou des fissures de retrait. S'il ne se crée pas de fissures, le résultat sera un affaissement.

Cette cause de changement de niveau agit avec une extrême lenteur.

L'affaissement et l'élévation de la région du Temple de Sérapis, sur la côte d'Italie, au nord de Naples, ont été attribués à cette cause.

4. *Tension dans la croûte terrestre résultant de la contraction du globe.*

Les faits observés partout où il y a des roches ou des montagnes soulevées prouvent la puissance d'une pression ayant pour origine une tension résultant de la contraction de l'écorce terrestre. Presque toutes les roches affaissées sont aujourd'hui plissées. Les flexions varient en étendue, depuis une courbure très légère des strates jusqu'aux plissements les plus forts et les plus profonds.

En géologie, les faits s'accordent pour ne laisser que peu de doute à l'hypothèse qui suppose que la terre était jadis en fusion, et a été, pendant toute la suite des âges, un globe se refroidissant. Or, tout refroidissement amène une contraction ou diminution graduelle de volume, de même qu'un globe de verre ou de plomb devient plus petit en se refroidissant lentement. Dans le cas d'une sphère perdant son calorique, si une croûte dure extérieure s'est d'abord formée, la contraction qui s'est effectuée à l'intérieur soumettra cette croûte à l'action d'une puissante force, parce que, n'étant pas soutenue, elle ne pourra évidemment s'accommoder à cette contraction. Cette force, si la croûte n'est pas assez épaisse pour se maintenir ferme, aura donc pour résultat une rupture; certaines parties s'enfonceront, d'autres s'élèveront et il se fera des plissements. Lorsqu'une pomme se dessèche, et par conséquent se contracte, la peau se ride parce qu'elle est flexible. Dans une goutte de verre nommée larme batavique, qui a été formée par refroidissement brusque, l'intérieur s'étant d'abord refroidi, le tout est soumis à une tension ou force puissante. L'extérieur est si dur, sa texture est si homogène et sa surface si égale, qu'il lui est impossible de se plisser, il reste donc intact; mais, si on lui fait éprouver le moindre frottement, il y aura un trouble dans l'équilibre de sa masse et le tout se réduira en fragments avec explosion. Le frottement d'une lame de couteau enlève des particules de la surface et agit comme si on retirait une rangée de pierres de dessous une voûte pesamment chargée. L'effet de destruction produit est le même dans les deux cas.

Lorsqu'une sphère comme la terre se refroidit, il doit toujours y avoir dans la croûte une tension provenant de cette cause, et, comme la terre n'est pas un globe de texture et de surface homogènes, la cause doit avoir produit des fractures, des plissements, des élévations et des affaissements à diverses époques dans le cours de l'histoire géologique. Bien certainement de légères oscillations de niveau dans la croûte terrestre ont dû être en action constante.

5. — *Suffisance de la cause mentionnée ci-dessus.* — Cette cause est suffisante pour expliquer toutes les flexions des strates, parce que son pouvoir est infini et son action très lente. Une force soudaine aurait transformé les strates en masse chaotique. Mais l'expérience a prouvé que, par un mouvement extrêmement graduel, toute couche de roches, quoique rigide, surtout si elle est humide et chauffée, même la glace, peut, par une pression latérale agissant lentement former une voûte, puis une série de voûtes ou de plis.

Cette cause donne un ferme soutien à un continent qui s'élève ou à une chaîne de montagnes qui se soulève ; en effet, dans son action, une portion de l'écorce terrestre est poussée par une autre, et, par suite, la première reste appuyée sur la masse qui l'a soulevée et demeure où elle a été placée par la force irrésistible de la pression. Cette cause est suffisante pour avoir donné naissance aux montagnes, qui sont relativement de très petites élévations sur la surface de la terre. L'Etna, malgré sa hauteur de 3,000 mètres, ne s'élèverait que de 2 millimètres sur un globe de 34 mètres de circonférence. Les petites rugosités qui recouvrent la peau d'une orange sont proportionnellement plus grandes que celles qui recouvrent la terre sous forme de montagnes.

Il est donc établi que la hauteur ou l'étendue des élévations montagneuses ne constitue pas une objection contre l'hypothèse d'une force telle que celle que nous envisageons. Des chaînes aussi élevées que l'Himalaya, des vallées aussi profondes que le plus profond bassin océanique, des rides aussi nombreuses et aussi serrées que celles des Alpes, du Jura et d'autres chaînes, des fractures et des failles de milliers de pieds de profondeur, peuvent provenir de cette seule cause universelle et toucours agissante.

Les changements de niveau qui s'effectuent actuellement en Suède, au Groënland et dans quelques autres contrées septentrionales, peuvent encore être attribués à cette cause.

6. *Un changement du niveau des eaux peut être causé par un changement du niveau du fond des bassins océaniques.* — Les changements de niveau sont ordinairement mesurés d'après le niveau des eaux, c'est-à-dire par rapport au niveau de l'Océan.

Ainsi, si une région est à 30 mètres au-dessus de l'Océan pendant une certaine période, et à 60 pendant une suivante, on en déduira immédiatement que la terre a été élevée de 90 mètres. Il est pourtant évident que cette déduction n'est correcte que dans le cas où le fond de l'océan serait demeuré à un niveau constant. La surface océanique est trois fois aussi grande que celle des continents, et, si la croûte terrestre au-dessous des océans avait éprouvé un affaissement de 60 mètres, le niveau des eaux serait descendu le long des terres à plus de 60 mètres au-dessous de leur niveau actuel. Il n'y a pas de raison pour supposer que la partie océanique de la croûte ne soit pas aussi susceptible d'un changement de niveau par affaissement que celui de la terre par élévation ; il y a même de fortes preuves pour penser, ainsi que nous l'avons dit, que le bassin océanique a toujours été la portion de la croûte qui s'est le plus affaissée.

Il est donc essentiel, pour fixer des conclusions, dans le cas d'élévation apparente, de considérer la possibilité de changements à la surface des océans. Il est probable que la hauteur actuelle des terres continentales au-dessus de la mer, 300 mètres, est complètement due à l'affaissement du lit de l'océan qui s'est effectué pendant les âges géologiques successifs.

2. *Clivage et joints schisteux.*

1. *Clivages schisteux.* — Nous avons établi que la lamination ou clivage schisteux des grandes couches d'ardoise, n'est pas, comme dans les schistes, conforme à la direction des lits primitifs, mais, au contraire, est oblique et même quelquefois perpendiculaire aux lits. Les ardoises ayant été primitivement des schistes, ont éprouvé, pendant le phénomène du métamorphisme, quelque changement qui a, en partie ou totalement, oblitéré la lamination ori-

ginelle et en a produit une autre dans une direction nouvelle et transversale.

Les schistes métamorphisés se sont non seulement durcis jusqu'à devenir demi-cristallins, mais, en outre, ils ont été soulevés ou plissés par l'action d'une pression latérale longtemps continuée, ainsi que cela a été expliqué aux pages précédentes. Le clivage ardoisier résulte directement de la pression latérale, cause du soulèvement et du plissement, et il est perpendiculaire à la direction de la pression. Tyndall a trouvé que l'on donne la structure lamellaire même à la cire d'abeille par la pression seule ; or, si cela est possible avec une substance d'une texture aussi homogène que la cire, il n'y a pas de doute à avoir lorsqu'il s'agit de roches argileuses. La pression force toutes les particules lamellaires, telles que les écailles de mica ou les grains de sable, à se disposer en plans parallèles, et elle aplatit toutes les cellules à air suivant la même direction ; c'est ainsi qu'elle produit la structure des ardoises. La même structure se reconnaît aujourd'hui dans la glace de plusieurs glaciers et provient essentiellement de la même cause.

2. *Joints.* — Les joints dans les roches sont des plans de fracture descendant à de grandes profondeurs et systématiquement parallèles dans la même région. Ce parallélisme est semblable à celui de la structure ardoisière, et tous deux ont pour origine une pression latérale provenant de mouvements dans la croûte terrestre. Les joints se rencontrent dans des roches de toute espèce, aussi bien dans des conglomérats ou des granites grossiers que dans des grès, des calcaires, des ardoises et des schistes, que les roches soient peu inclinées ou horizontales. Les joints proviennent de mouvements successifs dans l'action de pression, et aussi d'une tension ou force agissant progressivement. Cette force, se faisant sentir dans une même direc-

tion pendant une longue période, finit par produire une série de fractures profondes de direction parallèle et par suite appartenant à un système unique. D'autres joints perpendiculaires à ce système peuvent se créer simultanément et constituer un système transversal. Ou bien encore l'action de la même force dans une période plus récente, venant d'une direction différente, peut causer un système de joints obliques au premier. C'est ainsi que deux ou plusieurs systèmes de joints sont produits dans les roches d'une même contrée. Les joints et le clivage ardoisier sont donc les effets de la grande et universelle puissance qui a causé les oscillations, les soulèvements et les flexions de l'écorce terrestre.

3. *Tremblements de terre.*

1. *Nature des vibrations des tremblements de terre.* — Les tremblements de terre sont des vibrations éprouvées par les matières qui composent la croûte terrestre. Un choc ou une percussion produite par une fracture ou un mouvement en un point quelconque, cause dans les roches des vibrations s'éloignant de ce point jusqu'à ce qu'elles finissent par s'éteindre. Sur la glace, les vibrations produites par des patins peuvent être entendues à plusieurs kilomètres. Il en est de même pour les roches de la terre, bien qu'elles soient de texture et de surface moins égales.

Les vibrations sont de différentes espèces : 1° Un simple choc sans aucun déplacement immédiat; 2° une vibration plus puissante où se trouvent à la fois un choc et un déplacement produisant une poussée, une faille ou un soulèvement; 3° des vibrations très rapides causant la sensation du son.

2. *Effets des tremblements de terre.* — Les résultats des tremblements de terre sont connus de tous : ils détrui-

sent les édifices et même les villes, ouvrent dans le sol de profondes crevasses où un grand nombre d'hommes sont souvent engloutis, déplacent des rochers et des arbres, précipitent au fond des vallées des avalanches de gravier et de pierres.

3. *Vagues produites sur l'Océan par les tremblements de terre.* — La vibration d'un tremblement de terre, lorsqu'elle se communique à l'océan, produit de grandes et puissantes vagues qui quelquefois parcourent des milliers de kilomètres. Le tremblement de terre de Valdivia, sur la côte du Chili, en 1837, donna naissance à une série de vagues qui inondèrent les rivages est d'Hawaï à une distance de 9,600 kilomètres, et, pendant le tremblement de terre de 1854, à Simoda, au Japon, les vagues traversèrent le Pacifique jusqu'à l'Orégon et la Californie où elles furent notées. Les vagues produites par les tremblements de terre en 1746, inondèrent la côte du Pérou, transportèrent une frégate depuis le port du Callao jusqu'à plusieurs kilomètres dans l'intérieur des terres et engloutirent 23 navires; durant un tremblement de terre sur la côte d'Espagne, en 1755, la mer se précipita sur la terre sous forme d'une vague de 12 mètres de haut dans le Tage et de 18 mètres à Cadix. La même vague avait 2m50 à 3 mètres de haut sur la côte de Cornouailles en Angleterre.

Les vagues de cette nature ont été un agent d'une grande puissance et ont donné lieu à de très importants résultats pendant l'ancienne histoire du globe, inondant la terre, détruisant la vie maritime et terrestre, et noyant les plages et les dépôts stratifiés.

4. *Causes des tremblements de terre.* — Toute cause capable de produire des changements de niveau ou de position dans la voûte terrestre peut produire des tremblements de terre. Ainsi des strates sous-minées par des agents quelconques, les mouvements des vapeurs autour

des volcans, les mouvements du liquide intérieur de la terre, une tension provenant d'un changement de température comme dans certains cas locaux, ou résultant du refroidissement lent, ont produit des tremblements de terre. Cette dernière cause, si aisée à comprendre, doit avoir été la plus commune et avoir occasionné la plus grande partie des oscillations et des soulèvements qui s'exercent sur la terre. Elle est sans doute l'origine des plus puissants tremblements de terre de l'époque actuelle, car la tension inférieure provenant du progrès du refroidissement n'a certainement pas encore cessé aujourd'hui.

M. Perrey a découvert une certaine corrélation entre les tremblements de terre et les époques des marées de l'océan, et il en conclut qu'il y a des marées dans le liquide intérieur de la terre correspondant à celles de l'océan et se manifestant par les vibrations des tremblements de terre. Une investigation plus complète semble être nécessaire pour justifier cette hypothèse.

APPENDICE

INSTRUMENTS DE GÉOLOGIE. — ÉCHANTILLONS.

1. Instruments. — L'élève aura besoin pour ses excursions et ses recherches géologiques des instruments suivants :

(1). Un marteau de la forme de la figure 362. La face

Fig. 362-363.

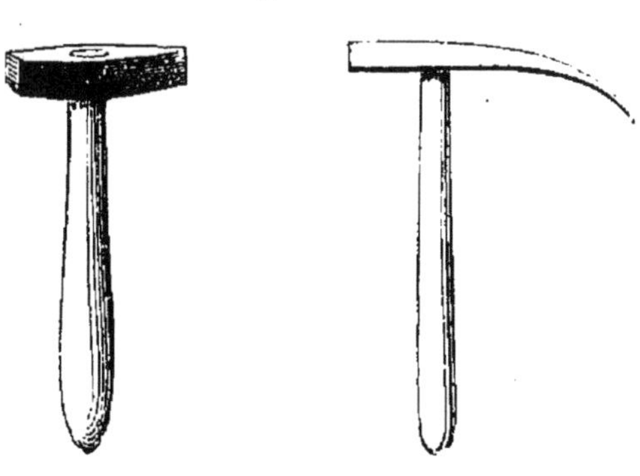

doit être plate et presque carrée et ses bords aigus au lieu d'être arrondis. L'œil, percé pour recevoir le manche, doit être large de sorte que le manche soit solide. Un marteau destiné aux excursions ordinaires doit peser 1 kilog. 50 sans compter le manche. Un second, destiné à échantillonner, ne pèse qu'une demi-livre.

(2). Un marteau en forme de petit pic (fig. 363) pour

séparer les lits des roches schisteuses, etc. Sa longueur doit être de 0m,12 à 0m,15, et il doit se terminer par une arête en forme de ciseau. La longueur du manche peut avoir 0m,20 ou 0m,25.

(3). Un ciseau en acier, long de 0m,12, large de 0m,02 au sommet et terminé par un bord taillé en coin. Un second ayant la moitié de ces dimensions.

(4). Un clinomètre auquel est adapté une aiguille aimantée. La meilleure disposition est celle d'un instrument de poche, en forme de montre et de 0m,05 environ de diamètre.

(5). Un petit aimant auquel on peut substituer avantageusement la lame aimantée d'un couteau de poche.

(6) Un ruban à mesurer de 20 mètres de longueur. Le géologue explorateur doit connaître avec soin la mesure de son propre corps, sa hauteur, la dimension de ses membres, de son pas, dont il peut se servir, faute de mieux, pour prendre des dimensions.

(7). Enfin un baromètre et des instruments d'arpentage sont quelquefois utiles. Parmi ces derniers, un niveau à main est un instrument très commode pour déterminer de petites élévations par un nivellement. C'est un simple tube de laiton garni d'un réticule, d'une bulle d'air et d'un miroir.

2. Échantillons. — Les échantillons de roches doivent être taillés avec soin et réduits à une dimension uniforme préalablement déterminée ; 0m,05 de longueur sur 0,m06 de largeur et 0m,02 d'épaisseur sont les dimensions communément adoptées. Dans les meilleures collections, les angles et les arêtes sont équarris avec une grande précision. Les échantillons doivent posséder une surface fraîche de fracture et ne pas être écrasés sous le marteau. Il est souvent bon de laisser un côté altéré naturellement par son exposition à l'air, afin de montrer les effets de l'altération.

Les échantillons de fossiles varieront nécessairement en dimension. Lorsque cela est possible, le fossile doit être séparé de la roche, mais cette opération sera faite avec précaution, de crainte qu'il ne se brise, et elle ne sera tentée que si les chances sont fortement en faveur de la conservation du fossile entier. L'emploi adroit d'un petit ciseau et d'un marteau pourra mettre suffisamment en vue un fossile lorsqu'il est préférable de ne pas le détacher complètement. Quand des fossiles contenus dans du calcaire sont silicifiés, ce dont il est facile de s'apercevoir s'ils rayent le verre et ne sont pas attaqués lorsqu'on les met en contact avec de l'acide bouillant, on peut les nettoyer en les plongeant dans l'acide, et même en employant une douce chaleur si l'effervescence ne peut s'effectuer autrement. Le meilleur acide est l'acide chlorhydrique étendu de moitié d'eau.

Les collections de roches et de fossiles doivent toujours se composer d'échantillons en place, et non de cailloux roulés dont la localité est incertaine,

3. Empaquetage. — Pour empaqueter, chaque échantillon doit être enveloppé séparément dans deux ou trois doubles de solide papier. On coupe le papier de façon que, lorsqu'il est roulé autour de l'échantillon, les bouts dépassent de deux pouces environ. Après avoir enroulé le papier, on retourne les bouts de même qu'on retourne le doigt d'un gant, et il n'est pas nécessaire d'assurer autrement l'enveloppe. On emplit une solide boîte, en pressant fortement chaque échantillon, on introduit des morceaux de papier froissés entre eux partout où cela est possible, et l'on remplit complètement la caisse avec du foin ou de la paille si les échantillons ne suffisent pas, de telle sorte que le transport en wagon ou en chariot ne cause pas le moindre mouvement à l'intérieur.

4. Étiquetage. — On doit placer dans chaque paquet

une étiquette séparée de l'échantillon par une ou plusieurs épaisseurs de papier. Cette étiquette doit donner la localité précise de l'échantillon, la couche particulière où il a été pris, si à cette place il se trouvait une série de couches ; on doit y inscrire un nombre correspondant à un nombre inscrit dans le livre de notes, lorsque l'échantillon réclame les détails de stratification, de plongement, de direction, des sections, plans, changements ou variations dans les roches, enfin toutes les observations géologiques qui peuvent être faites sur le pays. Un échantillon de roche ou de fossile dont la localité est inconnue ou incertaine, ne possède qu'une très petite valeur.

5. Livre de notes. — Le livre de notes doit avoir une solide couverture et se composer de papier un peu épais et uni, bon pour dessiner et pour écrire.

Si le géologue est dessinateur, il aura aussi besoin d'un portefeuille pour transporter du papier de plus grandes dimensions; mais le petit livre de notes suffira en général à tous les besoins.

FIN

TABLE DES MATIÈRES

QUATRIÈME PARTIE.

Paris. — Imp. Gauthier-Villars, 55, quai des Grands-Augustins.

ENSEIGNEMENT PROFESSIONNEL

BIBLIOTHÈQUE

DES

PROFESSIONS INDUSTRIELLES

COMMERCIALES ET AGRICOLES

PARIS

J. HETZEL ET Cie, ÉDITEURS

18, RUE JACOB, 18

CATALOGUE B.-L.

Bibliothèque des Professions industrielles, commerciales et agricoles

Le premier mérite des volumes qui composent cette ENCYCLOPÉDIE c'est d'être accessibles par la forme, par le fond et par le prix, aux personnes qui ont le plus souvent besoin d'indications pratiques sur la profession dont elles font l'apprentissage, ou dans laquelle elles veulent devenir plus intelligemment habiles.

A ces personnes, dont le nombre est très grand, il faut des *guides pratiques exacts*, d'un format commode, d'un prix modéré, rédigés avec clarté et méthode, comme est clair et méthodique l'enseignement direct du professeur à l'élève ou celui du maître à l'apprenti. Telle a été la pensée qui a présidé à la publication de la *Bibliothèque des professions industrielles, commerciales et agricoles.*

Elle se compose de *onze séries*, qui se subdivisent comme suit :

A. **Sciences exactes.** — B. **Sciences d'observation.** — C. **Art de l'Ingénieur.** — D. **Mines et Métallurgie.** — E. **Mécanique, Machines motrices.** — F. **Professions militaires et maritimes.** — G. **Arts et métiers, Professions industrielles.** — H. **Agriculture, Jardinage,** etc. — I. **Economie domestique, Comptabilité, Législation, Mélanges.** — J. **Fonctions politiques et administratives, Emplois de l'Etat, Départementaux et Communaux, Services publics.** — K. **Beaux-arts, Décoration, Arts graphiques.**

Les volumes de cette collection sont publiés dans le format grand in-18, la plupart d'entre eux sont illustrés de gravures qui viennent mieux faire comprendre le texte ; des atlas renferment les dessins qui exigent d'être représentés à grandes échelles et avec plus de détails.

L'ENVOI est fait franco pour toute demande dépassant 15 francs et accompagnée de son montant en billets de banque, timbres-poste, mandat-poste, chèques ou mandats à vue sur Paris, coupons de valeur (déduction faite de l'impôt de 3 0/0).

Le prix du port est de 40 centimes pour les volumes de 4 francs et au-dessous ; 50 centimes pour les volumes de 5 et 6 francs ; — 60 centimes pour les volumes au-dessus de ce prix.

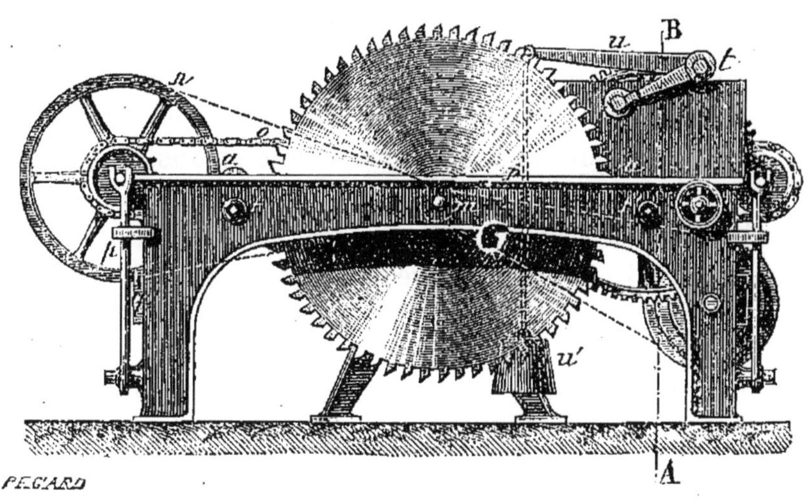

Figure spécimen du *Guide pratique de l'ouvrier mécanicien.* (Voir page 37.)

BIBLIOTHÈQUE
DES
PROFESSIONS INDUSTRIELLES
COMMERCIALES ET AGRICOLES

Parmi les bibliothèques spéciales, techniques plutôt, qui tiennent ou commencent à tenir une si grande place dans la librairie contemporaine, il faut citer au premier rang la *Bibliothèque des Professions industrielles, commerciales et agricoles*, mise en vente par la librairie Hetzel, et qui comprend déjà 129 ouvrages formant 132 volumes accompagnés de 5 atlas. Le champ est vaste de toutes les connaissances exigées, ou qui devraient l'être, par ceux, — et le nombre en est de plus en plus considérable, — qui se destinent à l'industrie, au commerce ou à l'agriculture. Autrefois, il n'y a pas longtemps encore, la seule science à peu près reconnue était la routine. En tout, partout, dans les grandes comme dans les petites exploitations, on tenait à ne pas s'éloigner des habitudes et des traditions transmises. Cela faisait, en quelque sorte, partie de l'héritage.

Depuis quelques années, nous commençons, en France, à nous affranchir de ces méthodes arriérées. C'était bon de s'enfermer dans sa coquille quand les communications étaient difficiles, quand on se suffisait, pour ainsi dire, chacun chez soi, et quand on n'avait qu'un médiocre intérêt à suivre les progrès de l'industrie, par exemple, puisque la production répondait à la consommation. Aujourd'hui, ce n'est plus tout à fait cela ; c'est à qui fera le mieux, et, en même temps, fera le plus vite. La rapidité des transports, la rapidité des demandes qui peuvent être transmises, le même jour, d'un bout du monde à l'autre, ont provoqué une concurrence presque sans limites, et c'est tant pis pour ceux qui, s'en tenant aux vieux moyens, n'ont à leur service qu'un outillage inférieur. N'en pourrait-on dire autant pour l'agriculture, si complètement transformée depuis quelques années ? et même pour le commerce, dont les relations, au lieu d'être limitées, confinées dans un certain rayon, sont aujourd'hui universelles ?

Quoi de plus naturel que d'étudier les conditions nouvelles auxquelles sont soumises les industries diverses, les transactions commerciales, les exploitations agricoles ? Et en même temps, quoi de plus curieux. pour cette partie du public éclairé et qui aime d'autant plus à s'instruire, que l'étude rendue claire et facile, de ces trois choses qui sont les bases mêmes de la fortune d'un pays ? Les spécialistes n'ont qu'à choisir, dans les rayons de cette bibliothèque, pour trouver aussitôt ce qui les concerne et les intéresse. Autant de branches de la science, autant de traités particuliers, composés et écrits par les savants les plus autorisés et les professeurs les plus compétents.

La collection comprend onze séries consacrées à des ouvrages spéciaux, mais réunis tous, cependant, par un lien commun. Ainsi, il y a une série pour les sciences exactes, une autre pour les sciences d'observation. Dans la troisième, se trouve traité, sous ses différents aspects, l'art de l'ingénieur ; la quatrième s'occupe des mines et de la métallurgie. Ici sont étudiées les machines motrices ; là les professions militaires et maritimes. Plus loin, sous la rubrique Arts et Métiers, sont passées en revue les professions industrielles ; puis enfin l'agriculture, le jardinage et tout ce qui s'y rattache, l'étude des eaux, des bois et forêts, et enfin l'économie domestique. On voit tout ce qui peut tenir de traités particuliers dans cette nomenclature générale. Chacun a son volume, accompagné de dessins explicatifs et de figures, quand il est nécessaire, de façon à rendre les textes plus tangibles, pour ainsi dire, en tout cas, pour les mieux mettre à la portée du public.

Il est aisé de comprendre qu'une telle collection ne peut pas être exactement limitée, par la raison bien simple qu'elle doit se tenir à la hauteur du mouvement, c'est-à-dire du progrès, et tenir compte des inventions nouvelles qui, sans bouleverser de fond en comble les systèmes adoptés, les transforment en partie ou tout au moins les modifient. Telle qu'elle est, on peut la considérer déjà comme supérieure à tout ce qui existe dans le même ordre d'idées. Le cadre général est plus vaste et peut s'élargir encore ; quant aux traités particuliers, comment n'offriraient-ils pas toutes les garanties désirables, grâce aux noms des spécialistes qui les ont rédigés? La physique, la chimie, les sciences naturelles, d'un côté, la géométrie, l'algèbre, de l'autre, sont enseignées de la façon la plus claire, et, ce qu'il ne faut pas oublier, par des moyens mis à la portée des gens du monde désireux d'acquérir des connaissances au moins superficielles sur toutes choses.

Ce qui caractérise notre époque, est un immense besoin de savoir. On veut au moins des notions sur toutes choses, et nulle part l'ignorance n'est un titre au respect. Comment les propriétaires, par exemple, pourraient-ils se rendre compte des engagements imposés à leurs fermiers, s'ils n'étaient, eux-mêmes, au fait des principales exigences de l'agriculture? Et il en est partout ainsi : on veut tout connaître, ou plutôt, on tient essentiellement à se renseigner ; et, pour cela, il faut des connaissances au moins élémentaires sur l'industrie, sur le commerce, sur l'agriculture, et par là même sur toutes les sciences qui s'y rapportent.

Nous ne voyons pas de vides appréciables, dans cette bibliothèque, et s'il s'en découvre, on peut être sûr qu'ils seront comblés à mesure. Elle répond d'ailleurs à un besoin réel, à un moment où la machine remplace, de plus en plus, les bras et où le mécanicien fait des progrès constants. A côté de cela, il est des sciences qu'on aurait grand tort de négliger et dont la connaissance s'impose à toutes les familles. Nous citerons, par exemple, l'hygiène et la médecine usuelles, de même que nous citerions pour les cultivateurs et les éleveurs de bétail, un indispensable traité de médecine vétérinaire où l'on puiserait, dans maintes circonstances, des remèdes efficaces qui, appliqués trop tard, sont inutiles et de nul effet. Rien de plus clair et de plus complet n'a été fait jusqu'à ce jour, ni de plus réellement utile. C'est l'encyclopédie du dix-neuvième siècle, qui se recommande aussi bien par la variété des sujets que par la valeur propre de chacun d'eux, où l'on trouve, en même temps que les vues d'ensemble, les guides pratiques de toutes les industries en exploitation et de toutes les professions et métiers connus. Nous ne saurions trop la recommander aux gens du monde curieux de notions générales, ainsi qu'aux personnes désireuses d'approfondir une spécialité.

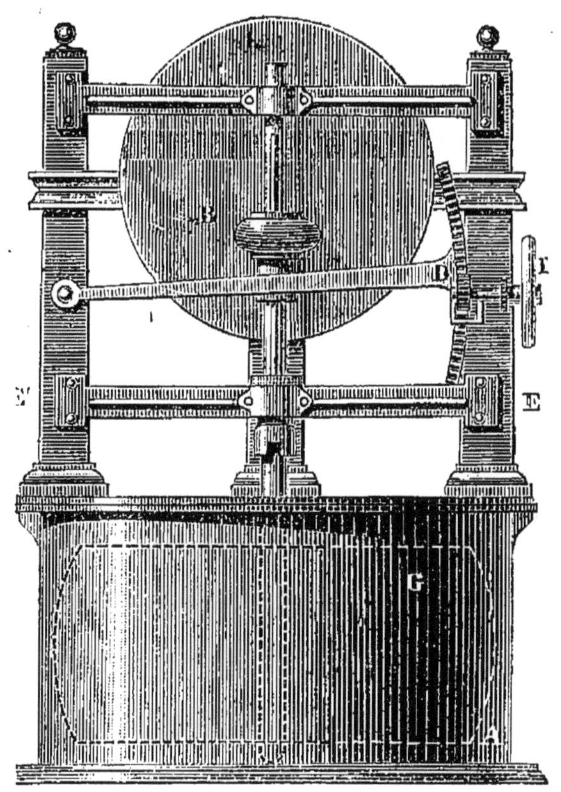

Figure spécimen de la *Filature de la Laine*. (Voir page 42.

TABLE

DES MATIÈRES PAR ORDRE ALPHABÉTIQUE

AVEC RENVOI AUX PAGES POUR LES RENSEIGNEMENTS COMPLETS
TITRES, NOMS DES AUTEURS, PRIX ET ANALYSE DES OUVRAGES PUBLIÉS JUSQU'A CE JOUR

A

B

C

D

E

F

G

H

I

J

L

M

T

V

Z

Gravure spécimen des *Écuries et Étables*. (Voir page 47.)

LISTE DES OUVRAGES

QUI COMPOSENT LA BIBLIOTHÈQUE

DES PROFESSIONS INDUSTRIELLES

COMMERCIALES ET AGRICOLES

Collection de volumes grand in-18

Le cartonnage toile de chaque volume se paye **0,50 c.** *en plus des prix indiqués*

BIBLIOGRAPHIE RAISONNÉE

Série A

SCIENCES EXACTES

1. — Leprince (Paul), ingénieur, ancien élève de l'École d'arts et métiers de Châlons-sur-Marne. — Principes d' **ALGÈBRE.** 1 vol. XI-285 pages avec fig.. . . . . 5 fr.

Un ouvrage de ce genre n'a pas encore été publié. Il indique les moyens les plus prompts et les plus simples à employer pour parvenir à la solution des problèmes. Il ne comprend que la marche pratique à suivre en algèbre pour arriver aux formules appliquées dans l'industrie en général.

2.—Lenoir (A.).— **CALCULS ET COMPTES FAITS** à l'usage des industriels en général et spécialement des mécaniciens, charpentiers, serruriers, chaudronniers, pompiers, toiseurs, arpenteurs, vérificateurs, etc. Nouvelle édition de l'ouvrage revue et complétée par Joseph Vinot. 1 vol. 194 pages de texte et tableaux. . . . . 4 fr.

Son objet est d'éviter aux chefs d'atelier une foule de calculs souvent assez difficiles à résoudre ; enfin c'est un aide-mémoire qui est appelé à rendre de grands services par le temps qu'il fait économiser. Il se divise comme suit 1o Arithmétique. — 2o Conversion — 3o Physique. — 4o Mécanique. — 5o Frottements, résistances. — 6o Cubage des métaux. — 7o Cubage des bois. — 8o Tables commerciales.

3. — Rozan (Ch.), professeur de mathématiques. — Leçons de **GÉOMÉTRIE ÉLÉMENTAIRE**. 1 vol. et un atlas, 262 pages de texte et 31 planches doubles. . . . . . 6 fr.

En résumant les principes essentiels de la géométrie élémentaire, ceux qui conduisent directement à la mesure des lignes, des surfaces et des corps, l'auteur s'est attaché surtout à faire sentir la liaison qui existe entre ces principes, la manière dont ils découlent les uns des autres par un enchaînement continuel de déductions et de conséquences. Il s'est donc attaché à couper le discours aussi peu que possible, et à dire d'une seule traite tout ce qui se rattache à un même ordre de questions. Il le dit très brièvement, pour ne pas fatiguer l'attention ou faire perdre de vue le point de départ ; cette rapidité des démonstrations n'a cependant rien ôté à leur clarté.

5. — Ortolan (A.), mécanicien chef de la marine de l'État, et Mesta (J.), mécanicien principal. — Guide pratique pour l'étude du **DESSIN LINÉAIRE** et de son application aux professions industrielles. 1 vol., LXXVI-204 p. et un atlas de 41 pl. doubles, grav. par Ehrard. . . . 6 fr.

Cet ouvrage recommandable est aujourd'hui adopté dans plusieurs écoles industrielles ; on le trouve dans tous les ateliers. Un dictionnaire des termes techniques lui sert d'introduction, ce qui a permis aux auteurs de donner dans le cours de leur travail des indications sur les détails, sans obliger l'élève à recourir au texte des premières leçons. C'est donc par la nomenclature des instruments indispensables à l'étude du dessin que les auteurs ont débuté, puis arrivant à l'application, ils donnent la définition des lignes géométriques : le point, la ligne droite, brisée, courbe ; arc de cercle, rayon ; les angles. — Tracé des parallèles et des perpendiculaires. — Construction des angles. — Figures géométriques. — Des triangles. — Des quadrilatères. — Tangentes et sécantes à la circonférence. — Angles inscrits et circonscrits à la circonférence. — Polygones réguliers, figures inscrites et circonscrites. — Définition et construction. — Mesure et divisions des lignes. — Mesure des angles. — Rapporteurs. — Des solides. — Du plan horizontal et du plan vertical, des projections, des croquis, de la vis. — Exécution d'un dessin d'après un croquis coté et sur une échelle de convention. — Exécution d'un dessin d'ensemble avec projection de coupe. — Des engrenages ou roues dentées. — De quelques courbes et de leur tracé. — Rédaction et copie d'un dessin. — Dessins ombrés au tire-ligne, du lavis, etc., etc.

Série B

SCIENCES D'OBSERVATION

CHIMIE, PHYSIQUE, ÉLECTRICITÉ, ETC.

1-2. — Dr Sacc, professeur à l'Académie de Neuchâtel (Suisse), membre correspondant de la Société nationale de l'agriculture, professeur à Genève, etc. — Éléments de **CHIMIE**. 2 vol.

Première partie. — **CHIMIE MINÉRALE** ou synthétique. 1 vol. . . . . 3 fr. 50

Seconde partie. — **CHIMIE ORGANIQUE** ou asynthétique. 1 vol.. . . . . 3 fr. 50

Ce petit traité, comme le dit l'auteur, n'a qu'une ambition, celle de faire aimer cette admirable science, d'en exposer aussi brièvement que possible le champ immense de manière à la rendre abordable à tous. C'est la première tentative d'une *chimie naturelle* et pure. L'auteur, laissant de côté tous les systèmes, aborde donc une voie qui doit devenir féconde.

3-4. — Hétet (Frédéric), professeur de chimie aux écoles de la marine, pharmacien en chef, officier de la Légion d'honneur, membre de plusieurs sociétés savantes. — Cours de **CHIMIE GÉNÉRALE ÉLÉMENTAIRE**, d'après les principes modernes, avec les principales applications à la médecine, aux arts industriels et à la pyrotechnie, comprenant l'analyse chimique qualitative et quantitative. Ouvrage publié avec l'approbation de M. le ministre de la Marine et des Colonies. 2 vol. grand in-18 ensemble de LI-1300 pages et 174 fig. . . . . 10 fr.

Figure spécimen *du Guide pratique de la fabrication des* Poudres *et* Salpêtres.
(Voir page 35.)

SOMMAIRE DES PRINCIPAUX CHAPITRES. — Nomenclature chimique. — Notation chimique. — Lois des combinaisons. — Théorie atomique. — Acides. — Sels. — Eléments monoatomiques. — Série du chlore. — Série du brome. — Série de l'iode. — Fluor. — Série du cyanogène. — Métalloïdes diatomiques. — Série de l'oxygène. — Protoxyde d'hydrogène. — Eau. — Eaux potables. — Série du soufre. — Métalloïdes triatomiques. — Série du bore. — Métalloïdes tripentatomiques. — Série de l'azote. — Combinaisons de l'azote avec l'hydrogène. — Composés oxygénés de l'azote. — Agents explosifs modernes. — Analyse de l'acide azotique. — Série du phosphore. — Combinaisons oxygénées du phosphore. Série de l'arsenic. — Série de l'antimoine. — Bismuth. — Uranium. — Tableau résumé des azotoïdes. — Métalloïdes tétratomiques. — Série du silcium. — Série du carbone. — Gaz d'éclairage. — Combinaisons avec l'oxygène. — Sulfure de carbone. — Feux liquides de guerre. — Dosage du carbone. — Analyse des gaz et des mélanges gazeux. — Série de l'étain. — Généréralités sur les métaux. — Métaux positifs. — Première classe. — Monontomiques. — Potassium. — Poudres. — Alcalimétrie. — Sodium. — Fabrication de la soude. — Lithium. — Analyse spectrale. — Rubidium. — Césium. — Thallium. — Argent. — Alliages d'argent. — Azotate d'argent. — Réaction des sels d'argent. — Dosage de l'argent. — Métaux de la deuxième classe ou biatomique. — Calcium. — Oxydes de calcium. — Usages de la chaux. — Sulfures de calcium. — Plâtre. — Cuisson du plâtre. — Phosphates calciques. — Carbonate de calcium. — Baryum. — Strontium. — Magnésium. — Oxyde de magnésium. — Zinc. — Oxyde de zinc. — Cadmium. — Cuivre. — Laitons. — Bronzes. — Oxyde de cuivre. — Acétate de cuivre. — Réactions des sels de cuivre. — Mercure. — Chlorure de mercure. — Iodure de mercure. — Sulfate de mercure. — Fulminate de mercure. — Plomb. — Oxyde de plomb. — Miniums. — Céruse. — Cobalt. — Nickel. — Chrome. — Manganèse. — Oxydes de manganèse. — Bioxyde de manganèse. — Fer. — Préparation de l'acier. — Usages du fer et de l'acier. — Propriété du fer et de l'acier. — Combinaisons du fer. — Analyse des combinaisons du fer. — Analyses des fontes et aciers. — Métaux triatomiques. — Or. — Dorure. — Métaux tétratomiques. — Molybdène. — Platine. — Amorces à fil de platine. — Osmium. — Iridium. — Palladium. — Aluminium. — Aluns. — Kaolins. — Argiles. — Mortiers. — Ciments. — Poteries. — Bétons. — Action de l'eau de mer. — Mastics. — Photographie.

---

5. — CHEVALIER (A.), auteur de l'*Hygiène de la vue*, *de l'Étudiant micrographe*, etc. — **L'ÉTUDIANT PHOTOGRAPHE**, traité pratique de photographie à l'usage des amateurs, avec les procédés de MM. Civiale, Bacot, Cavelier, Robert. 1 vol., 216 pages, avec 68 figures. . . . . 3 fr.

Ce livre est un manuel simplifié de photographie. Il sera utile à tous ceux qui voudront s'occuper des moyens de reproduire la nature à l'aide de la lumière. Comme son titre l'indique, c'est le livre de l'étudiant, et certes nous n'avons, en le livrant à la publicité, qu'un seul désir, celui d'être utile. Nous sommes sûrs des procédés indiqués, car nous avons dû expérimenter nous-mêmes celui relatif au collodion humide.

---

6. — GAUDRY (Jules), chef du laboratoire des essais au chemin de fer de l'Est. — Guide pratique pour l'**ESSAI DES MATIÈRES INDUSTRIELLES**, d'un emploi courant dans les usines, les chemins de fer, les bâtiments, la marine, etc., à l'usage des ingénieurs, manufacturiers, architectes, officiers

de marine, etc. 1 vol. XII-264 p., 37 fig. et nombreux tableaux . . . . 4 fr.

Sommaire des principaux chapitres : Introduction. — Caractère du présent ouvrage. — Installation d'un laboratoire. — Principes de l'installation. — Outillage et mobilier. — Personnel, tenue du laboratoire. — Première partie. — *Principes généraux de l'essai chimique.* — I. Composition et décomposition des corps. — II. Principes fondamentaux de l'analyse. — III. Manipulations chimiques. — IV. Marche de l'analyse. — Deuxième partie. — *Méthode d'essai des principales substances d'emploi courant.* — I. Essai de l'eau par évaporation et analyse du résidu. — Analyse des gaz de l'eau — Hydrotimétrie. — II. Essai des pierres. — III. Essai du sable. — IV. Essai de la chaux. — V. Essai des combustibles. — VI. Essai des métaux : Métaux en général. — Essai du fer. — Essai du cuivre. — Essai de l'étain. — Essai du plomb. — Essai du zinc. — Essai de l'antimoine. — Essai des alliages en général. — Essai du bronze. — Essai du laiton et des alliages blancs. — Recherche des métalloïdes dans les métaux et alliages. — VII. Essai des huiles et graisses : Des corps gras en général. — Essai des huiles. — Principales huiles. — Essai des suifs et graisses. — Essai du pétrole et des essences. — VIII. Essai des cuirs. — IX Essai de la céruse et du minium. — X. Essai des tissus et cordages. — XI. Essai du caoutchouc. — XII. Essai des acides, alcools, alcalis, etc. — Troisième partie. *Tableaux :* Tableau A des principaux corps simples. — B division des bases en cinq groupes. — C division des acides en trois groupes. — D décomposition de l'eau par les métaux. — E analyse de l'eau. — F états des incinérations. — G degré oléométrique des huiles. — H tableau comparatif des principaux métaux industriels. — Appareils divers pour les essais.

---

7. — Miége (B.), directeur de lignes télégraphiques. — Guide pratique de **TÉLÉGRAPHIE ÉLECTRIQUE**, ou *Vademecum* pratique à l'usage des employés des lignes télégraphiques, suivi du programme des connaissances exigées pour être admis au surnumérariat dans l'administration des lignes télégraphiques. 1 vol., XI-148 pages, avec 45 figures dans le texte. . . . . 2 fr.

M. Miége n'a pas voulu faire seulement un livre utile, mais bien un guide indispensable. Aux notions préliminaires sur le magnétisme, les différentes sources d'électricité et les propriétés des courants, succède la description de tous les appareils usités, avec l'indication des signaux généralement adoptés. Des formules d'une grande simplicité permettent de se rendre compte de l'intensité des courants et de rechercher la cause des dérangements. L'ouvrage de M. Miége sera aussi d'une incontestable utilité pour toute personne qui veut acquérir la connaissance des lois de l'électricité appliquées à la télégraphie.

---

8. — Du Temple (Louis), capitaine de frégate en retraite. Introduction à l'**ÉTUDE DE LA PHYSIQUE**. 1 vol., 333 p. avec 146 figures . . . . 4 fr.

Sommaire des principaux chapitres : *Quelques définitions de chimie* : Éléments qui entrent dans la composition des corps. — Nomenclature chimique. — *Introduction.* — *La Force* : Pesanteur. — Actions moléculaires. — *Calorique et Chaleur :* Température. — Mode de propagation de la chaleur. — Changement d'état des corps par la chaleur. — *Lumière.* — Réflexion de la lumière. — Réfraction. — Décomposition et recomposition de la lumière. — Applications diverses des phénomènes de la lumière. — Lunettes. — *Sons.* — Propagation. — Réflexion. — Vibration. — *Électricité.* — *Électro-Magnétisme.* — *Electro-Chimie.*

9. — Will. — **ANALYSE QUALITATIVE**, instruction pratique à l'usage des laboratoires de chimie, par M. le docteur H. Will, professeur agrégé de l'Université de Giessen; traduit de l'allemand par M. le docteur G.-W Bichon, traducteur des lettres de M. Justus Liebig sur la chimie, et auteur de plusieurs travaux sur cette science. 1 vol., 248 pages. (*Epuisé.*)

Les traités spéciaux sur la chimie analytique sont ou trop volumineux ou incomplets, en ce sens que, dans ces derniers, manquent les indications indispensables pour que l'élève puisse se conduire lui-même. M. le docteur Will a su éviter ces deux défauts : son guide enseigne d'une manière simple, substantielle et méthodique, tout ce qu'il faut savoir pour être capable de découvrir et de séparer les parties constituantes des corps composés.

10. — Frésénius (R.) et le Dr Will, docteurs, assistants et préparateurs au laboratoire de Giessen. — Guide pratique pour reconnaître et pour déterminer le titre véritable et la valeur commerciale des **POTASSES**, des **SOUDES**, des **CENDRES**, des **ACIDES** et des **MANGANÈSES**, avec neuf tables de déterminations, traduit de l'allemand par le docteur G.-W. Bichon, ancien élève de M. Justus Liebig, nouvelle édition, augmentée de notes, tables et documents 1 vol., VI-229 pages avec figures . . . . 2 fr.

Le livre de MM. Frésénius et Will est le résultat des précieuses recherches auxquelles se sont livrés ces deux savants chimistes étrangers; c'est avec beaucoup de pénétration et de succès qu'ils sont parvenus à perfectionner les méthodes d'essais relatifs aux potasses, soudes, acides et manganèses.

11. — Liebig (J.). — **INTRODUCTION A L'ÉTUDE DE LA CHIMIE**, contenant les principes généraux de cette science, les proportions chimiques, la théorie atomique, le rapport des poids atomiques avec le volume des corps, l'isomorphisme, les usages des poids atomatiques et des formules chimiques, les combinaisons isomériques des corps catalyptiques, etc., accompagnée de considérations détaillées sur les acides, les bases et les sels, traduit de l'allemand par Ch. Ghérhardt, augmentée d'une table alphabétique des matières présentant les définitions techniques et les relations des corps. 1 vol., 248 pages. . . . . 3 fr.

L'accueil favorable que cette traduction a rencontré en France rappelle le *succès obtenu en Allemagne par l'édition originale de l'illustre savant, considéré* à juste titre comme l'un des princes de la chimie moderne.

---

12. — BRUN (Jacques), vice-président de la Société suisse des pharmaciens. — Guide pratique pour reconnaître et corriger les **FRAUDES ET MALADIES DU VIN**, suivi d'un traité d'**analyse chimique** de tous les vins, 2e édit., 1 vol., 191 p., avec de nombreux tableaux. 3 fr.

L'art de falsifier les vins a fait ces dernières années de rapides progrès. La chimie ne doit pas se laisser devancer par la fraude : elle doit lui tenir tête et pouvoir toujours montrer du doigt la substance étrangère. Cette tâche, dit M. Brun, incombe surtout aux pharmaciens. Son livre est le résumé des différents traitements qu'il a trouvés réellement utiles, et qui, dans sa longue pratique, lui ont le mieux réussi pour l'examen chimique des vins suspects.

---

13. — LUNEL (docteur). — Guide pratique pour reconnaître les **FALSIFICATIONS**, ou **DICTIONNAIRE DES FALSIFICATIONS** des substances alimentaires (aliments et boissons), contenant : la description de *l'état naturel ou normal des substances alimentaires* et leur *composition chimique*, les moyens de constater leur nature, leur valeur réelle; les altérations spontanées, accidentelles, qu'elles peuvent subir, et les moyens de les prévenir; les altérations et falsifications qui les dénaturent, c'est-à-dire qui en modifient l'aspect, la saveur, les propriétés nutritives, et qui les rendent souvent dangereuses; enfin les moyens chimiques de rendre sensibles les altérations, falsifications et contrefaçons des diverses substances alimentaires. 1 vol. 200 pages. . . . . 5 fr.

14-15. — NOGUÈS (A.-F.), professeur de sciences physiques et naturelles. — Guide pratique de **MINÉRALOGIE APPLIQUÉE** (histoire naturelle inorganique) ou connaissance des combustibles minéraux, des pierres précieuses, des matériaux de construction, des argiles céramiques, des minerais manufacturiers et des laboratoires, des minerais de fer, de cuivre, de zinc, de plomb, d'étain, de mercure, d'argent, d'antimoine, d'or, de platine, etc. 2 vol., 919 p. et 248 fig . . . . 10 fr.

Cet ouvrage a été écrit principalement pour les personnes qui désirent acquérir des notions justes, pratiques et usuelles sur les minerais métallifères et les minéraux employés dans les arts et l'industrie. Les étudiants qui suivent les cours des Facultés, les élèves des Écoles spéciales et industrielles, les ingénieurs, les élèves des Écoles des mines, les mineurs, les agriculteurs, les directeurs d'exploitations minières, les gardes-mines, les amateurs et les gens du monde qui voudront acquérir des connaissances pratiques en minéralogie, le consulteront avec fruit.

Ce guide a été conçu dans un esprit essentiellement pratique et industriel. M. Nogues, en publiant cet ouvrage, a voulu offrir au public le cours de minéralogie qu'il professe avec tant de succès à l'École centrale des arts et manufactures de Lyon. — Nous ne donnons pas ici la table des matières contenues dans l'œuvre de M. Noguès, elle est trop considérable, mais nous indiquerons le sommaire des chapitres.

I. Définitions des termes et généralités. — II. Caractères géométriques des minéraux ou cristallogie. — Cristallogie comparée ou morphologie minérale. — Cristallogenie. — Caractères physiques, chimiques et géologiques des minéraux. — Classification des minéraux. Description des espèces minérales. — Appendice au carbone. — Organolithes. — Classifications.

---

16. — Du Temple (Louis), capitaine de frégate en retraite. — **TRANSMISSIONS DE LA PENSÉE ET DE LA VOIX.** 1 vol., 332 pages, orné de 62 figures . . . . . 4 fr.

Sommaire des principaux chapitres : *Organe de la vue et moyens employés pour la corriger.* — Structure de l'œil. — Marche des rayons lumineux dans l'œil. — *Organe de la voix.* — *Organe de l'ouïe.* — Oreille — Comment l'homme peut diminuer les imperfections de l'ouïe. — *Langage.* — Définition. — Langage écrit. — Grandes inventions modernes. — *Papier.* — Historique. — Fabrication du papier à la main ou papier de cuve. — Fabrication du papier à la mécanique. — Différentes espèces de papier. — *Imprimerie* ou *Typographie.* — Historique. — Gravure. — Lithographie. — Presses typographiques. — Clichage. — Gravure en creux. — Gravure en relief. — *Photographie.* — Historique. — Procédés. — Photographie sur verre. — Préparation du collodion et son emploi. — *Électro-Métallurgie.* — Galvanoplastie. — Appareils galvanoplastiques. — Applications de la galvanoplastie. — — *Télégraphes aériens, pneumatiques, électriques.* — *Téléphone.* — *Phonographe.* — *Aérophone.* — *Postes.*

---

17. — Snow-Harris. — Leçons élémentaires d'**ÉLECTRICITÉ** ou exposition concise des principes généraux de l'Électricité et de ses applications, annotées et traduites par E. Garnault, professeur de physique à l'École navale. 1 vol. 264 pages, avec 72 figures dans le texte. 3 fr.

Les leçons de M. Snow-Harris ont eu un grand succès en Angleterre. L'auteur s'est surtout attaché à donner des idées saines, pratiques et théoriques sur les principes généraux de l'électricité et les faits les plus simples qu'il démontre à l'aide d'expériences faciles à répéter.

Le traducteur, qui est lui-même un professeur distingué, a ajouté à l'ouvrage anglais des notes dans lesquelles il donne surtout des aperçus sur les principales applications de l'électricité dans l'industrie.

---

18. — Laffineur. — Guide pratique d'**HYDRAULIQUE** et d'**HYDROLOGIE SOUTERRAINE ET SUPERFICIELLE** ou traité de la science des sources, de la création des fontaines, de la captation et de l'aménagement des eaux pour

tous les besoins agricoles et industriels. 1 vol., 191 pages. avec figures. . . . . 3 fr. 50

19-20. — CLAUSIUS (R.), professeur à l'Université de Wurtzbourg. — **THÉORIE MÉCANIQUE DE LA CHALEUR**, traduit de l'allemand par F. FOLIE, professeur à l'École industrielle, et répétiteur à l'École des mines de Liége. 2 vol., XXX-748 pages . . . . 15 fr.

« Depuis que l'on a utilisé la chaleur comme force motrice au moyen des machines à vapeur, et que l'on a été ainsi amené pratiquement à regarder une certaine quantité de travail comme l'équivalent de la chaleur nécessaire pour le produire, il était naturel de rechercher théoriquement une relation déterminée entre une quantité de chaleur et le travail qu'il est possible de lui faire produire, et d'utiliser cette relation pour en déduire des conclusions sur l'essence et les lois de la chaleur elle-même. » (CLAUSIUS.)

Par le titre des chapitres, nous allons indiquer le mode de démonstration de l'auteur.

Introduction mathématique. — Principe fondamental de la théorie mécanique de la chaleur. — Second principe. — Influence de la pression et de la congélation des liquides. — Dépendance théorique qui existe entre deux lois empiriques relatives à la tension et à la chaleur latente de différentes vapeurs. — Equivalence des transformations au travail intérieur. — Axiome de la théorie mécanique de la chaleur. — Concentration de rayons de chaleur et de lumière, et les limites de son effet. — Mémoires sur les mouvements moléculaires admis pour l'explication de la chaleur. — Sur la conductibilité des corps gazeux pour la chaleur.

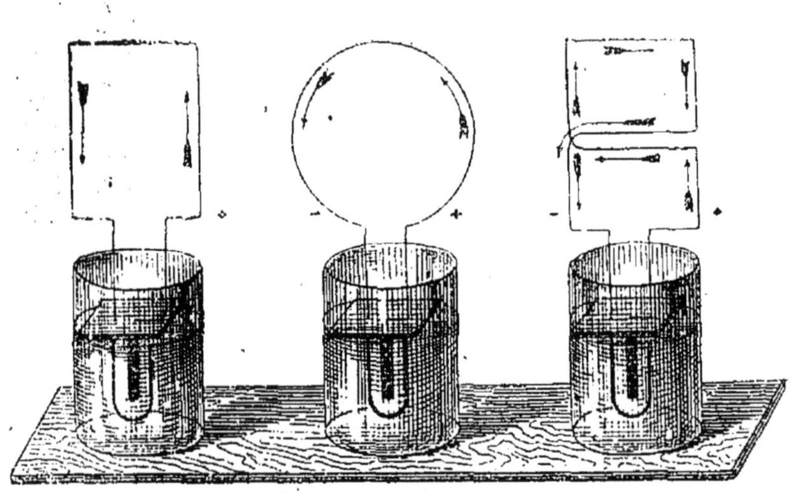

Figure spécimen de l'*Introduction à l'Étude de la physique.* (Voir page 18.)

Série C

ART DE L'INGÉNIEUR
PONTS ET CHAUSSÉES, CONSTRUCTIONS CIVILES, CHEMINS DE FER

1. — GUY (P.-G.), ancien élève de l'Ecole polytechnique, officier d'artillerie. — Guide pratique du **GÉOMÈTRE ARPENTEUR**, comprenant l'arpentage, le nivellement, le levé des plans et le partage des propriétés agricoles, avec un appendice sur le calcul des solides ; 3e édition, entièrement refondue. 1 vol. de 272 pages et 183 figures . . 4 fr.

L'auteur, en publiant cet ouvrage, a eu pour intention d'en faire un *vade-mecum* utile aux ingénieurs, aux conducteurs des ponts et chaussées, aux agents voyers, géomètres, arpenteurs, etc. Son format portatif permet de pouvoir le consulter sur le terrain ; il est un abrégé d'un grand nombre d'ouvrages encombrants, dont il présente toutes les données nécessaires pour connaître et vérifier la contenance des pièces de terre, pour en construire un plan exact, ce qui évitera aux propriétaires et aux fermiers des procès ruineux et ce qui leur permettra aussi d'étudier avec fruit les améliorations qu'ils voudraient apporter dans la culture de leurs terres,

---

2. — BIROT (F.), ingénieur civil, ancien conducteur des ponts et chaussées. — Guide pratique du **CONDUCTEUR DES PONTS ET CHAUSSÉES** et de l'**AGENT VOYER.** Principes de l'art de l'ingénieur, comprenant : plans et nivellements, routes et chemins, ponts et aqueducs, travaux de construction en général et devis. 3e édition, revue et augmentée. 1 vol., de 545 pages, avec un atlas de 19 planches doubles, contenant 144 figures . . . . 8 fr.

Nous allons donner un extrait de la table des matières de cet ouvrage, devenu le *vade-mecum* des agents secondaires des ponts et chaussées.

Chap. Ier. — Tracé et mesure des lignes. Arpentage proprement dit. Mesure des angles. Levé à l'échelle. Instruments. — *Chap. II.* Objets du nivellement. Niveaux de différents systèmes. Stadia. — *Chap. III.* Classification des routes. Projets. De la forme générale des routes. Tracé des courbes. Tables diverses. — *Chap. IV.* Construction des chaussées. Entretien des routes. Déblais et remblais. — *Chap. V.* Ponts et aqueducs. Ponceaux. Murs de soutènement. Parapets. Voûtes biaises. Sondages. Pieux. Pilotis. Palplanches. Enrochements. — *Chap. VI.* Des cintres et des ponts en charpente. — *Chap. VII.* Etudes des matériaux employés dans les constructions. — *Chap. VIII.* Du métrage et du devis. Avant-métré d'un aqueduc, d'un ponceau, etc.

L'auteur a terminé par le programme d'admission pour l'emploi de conducteur.

4. — Cornet (G.), répétiteur à l'École centrale des arts et manufactures de Paris. — **ALBUM DES CHEMINS DE FER**, résumé graphique du cours professé à l'École centrale des arts et manufactures. 4e édition, 1 vol. texte et 74 planches gravées sur acier. . . . . 10 fr.

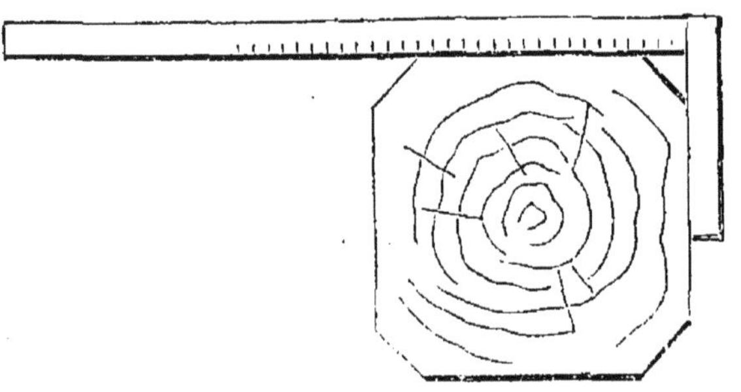

Figure spécimen du *Cubage et estimation des bois.*

8. — Frochot (Alexis), sous-inspecteur des forêts, etc. Guide théorique et pratique de **CUBAGE** et **d'ESTIMATION DES BOIS**, à l'usage des propriétaires, régisseurs, marchands de bois, gardes forestiers, etc., etc. 1 vol., 160 pages et tableaux, 14 fig. et une planche graphique donnant les tarifs de cubage des arbres sur pied et des arbres abattus . . . . 4 fr.

Extrait de la table des matières. — **Cubage des bois abattus.** Bois en grume, bois ronds, bois méplats, bois équarris, bois de feu : exécution des calculs de cubage. — **Cubage des bois sur pied.** — Mesures des hauteurs : 1o au dendromètre ; 2o à vue d'œil ; 3o mesure des diamètres. — Cubage des résineux. — **Estimation des bois sur pied en matière,** bois de charpente, étais, perches de mines, poteaux télégraphiques, sciage, traverses de chemins de fer, bois de fente, bois de feu, écorces, frais de transport et d'exploitation. — Estimation en argent. — **Estimation des forêts en fonds et superficie.** — Exposé de la méthode, bois susceptibles de revenus égaux et périodiques, bois donnant des revenus inégaux. — Procédés de calculs à employer. — Applications, tarifs linéaires, renseignements bibliographiques, etc., etc.

Figure spécimen du *Cubage et estimation des bois.* (Voir page 24.)

---

10. — DEMANET (A.), lieutenant-colonel honoraire du génie, membre de l'Académie royale de Belgique, etc. Guide pratique du **CONSTRUCTEUR. — MAÇONNERIE**, 1 vol., 252 pages, avec tableaux, accompagné de 20 planches doubles renfermant 137 figures gravées sur acier par CHAUMONT . . . . 5 fr.

Ce guide, écrit par M. Demanet, qui a professé un cours de construction à l'École militaire de Bruxelles, emprunte une grande autorité à l'expérience et à la position qu'occupait l'auteur. Les 20 planches qui accompagnent le texte sont gravées avec une grande exactitude.

Extrait de la table des matières :

Des tracés. — Des mortiers et mastics. — Des appareils. — De l'exécution des maçonneries. — Échafaudages et cintres. — Outils et appareils. — Décintrements, charges, jointoiement. — Des épaisseurs à donner aux maçonneries. — Évaluations des travaux de maçonnerie. — Travaux divers. — Travaux d'entretien et de restauration. — De l'organisation des chantiers, etc.

---

20. — BOUNICEAU, ingénieur en chef des ponts et chaussées. — Études et notions sur les **CONSTRUCTIONS A LA MER.** 1 vol. VIII-421 pages et atlas de 44 pl. in-4°, dont plusieurs doubles. . . . . 18 fr.

Cet ouvrage est le résumé d'études longues et consciencieuses d'un des ingénieurs en chef les plus distingués du corps national des ponts et chaussées. M. Bouniceau a attaché son nom à des travaux d'une haute importance. Son travail devra être médité par tous ceux qu'intéressent les nouveaux développements que doivent prendre les constructions conçues en vue d'améliorer les ports de mer et les ouvrages nécessaires à la préservation des côtes. L'atlas qui accompagne ces Etudes est remarquable sous le rapport du choix des planches et de leur exécution. L'auteur dans sa préface dit : « Notre livre n'est pas un guide pratique, il est composé de notions et d'études, c'est un ensemble qui présente un programme complet sur la matière. »

Nous qui analysons le livre de M. Bouniceau, nous croyons qu'il est trop modeste et que certainement il n'y a pas un ingénieur chargé de travaux à la mer qui n'aura intérêt et profit à consulter cet ouvrage dont nous nous contenterons de donner le sommaire des chapitres pour en mieux faire connaître la portée.

Définitions et préliminaires. — Avant-ports. Bassins. Darses. — *Môles ou brise-lames.* — Môles à claire-voies. Môles anciens. Môles modernes. — *Jetées.* Ports à marée. Cheneaux. Dragues. Musoirs. Remorquage à vapeur dans les cheneaux. — *Ports d'échouage :* Epaisseur des quais. Ecluses. Portes d'èbe et de flot. Manœuvre des portes. Pose des portes. Ponts sur les écluses. *Bassins à flot :* leur forme, leur largeur, leur superficie. Valeur des places à quai. — *Nettoyage des ports.* — *Ouvrages pour la construction et le radoubage des navires :* Cales de construction. Cales de débarquement. Machines élévatoires. — *Ports dans les rivières à marée.* — *Canaux maritimes.* — *Ouvrages à l'issue des ports de commerce.* Phares. Phares en fer sur pieux à vis. Phares flottants. Feux de port. Bouées, balises. — *Matériaux de construction. Mortiers.* Pierres, sables, chaux et ciments. Fabrication des mortiers. Briques, bois. Fondations par épuisement. Fondations mixtes sur pilotis. Fondations en rade.

21-22. — ÉMION (Victor). — Traité de l'**EXPLOITATION DES CHEMINS DE FER**, ouvrage composé de deux parties, précédé d'une préface par M. Jules FAVRE, ensemble 787 pages.

PREMIÈRE PARTIE. — **VOYAGEURS ET BAGAGES**. . 4 fr.
DEUXIÈME PARTIE. — **MARCHANDISES**. . . . . . . 4 fr.

Aujourd'hui que tout le monde voyage, le manuel de M. V. Emion est devenu un guide indispensable. Il fait connaître à chacun ses droits et ses devoirs vis-à-vis des compagnies : il prend le voyageur chez lui, le mène à la gare, le suit à son départ, pendant sa route, à son arrivée, et le ramène à son domicile ; il prévoit toutes les difficultés, toutes les contestations, et en donne la solution fondée sur la loi, les règlements, la jurisprudence et l'équité.

Dans la seconde partie, M. Emion traite avec beaucoup de détails l'organisation du service des marchandises, les tarifs, les formalités exigées pour la remise des marchandises en gare, l'expédition, la livraison, enfin tout ce qui concerne les actions à intenter aux compagnies, soit pour avaries, soit pour retard, perte, négligence, etc.

---

25. — VANALPHEN, métreur vérificateur spécial de serrurerie. — Manuel calculateur du **POIDS DES MÉTAUX** employés dans les constructions, contenant : 1° les tableaux de la classification nouvelle des fers unis divers, des feuillards et de la tôle ; 2° 36 tableaux de poids de 1,100 échantillons divers de fers unis ; 3° 5 tableaux de poids de 25

épaisseurs de tôle; 4° 14 tableaux de poids de toutes les fontes employées journellement dans les bâtiments, avec divers renseignements très utiles à consulter; 5° 9 tableaux de poids de plomb, zinc et cuivre rouge, avec un appendice contenant : 1° le poids par mètre carré de feuille de divers métaux; 2° le poids d'un mètre linéaire de fer (fers plats et carrés, fers ronds et carrés); 3° le poids des zincs laminés minces. (*Épuisé.*)

26. — PERNOT (L.-P.), officier de la Légion d'honneur, architecte-vérificateur des travaux publics. — Guide pratique du **CONSTRUCTEUR**. Dictionnaire des mots techniques employés dans la construction, à l'usage des architectes, propriétaires, entrepreneurs de maçonnerie, charpente, serrurerie, couverture, etc., renfermant les termes d'architecture civile, l'analyse des lois de voirie, des bâtiments, etc. Nouvelle édition, corrigée, augmentée et entièrement refondue, par C. TRONQUOY, ingénieur civil. 1 vol. de 532 pages de texte compact. . . . . 5 fr.

Les premières éditions de ce *Dictionnaire de la construction* étaient complètement épuisées. Pour répondre aux nombreuses demandes qui lui parvenaient, le directeur de la *Bibliothèque des professions industrielles et agricoles* ne s'est pas borné à faire réimprimer le travail primitif; il a voulu que dans la nouvelle édition aucun des progrès réalisés pendant les quinze dernières années ne fût omis, et M. C. Tronquoy, l'un de nos ingénieurs civils les plus distingués et en même temps l'un de nos technologistes les plus érudits, collaborateur des *Annales du Génie civil*, a bien voulu se charger du travail ingrat d'une revision complète de l'œuvre. Le *Dictionnaire* que nous annonçons est le résultat de ce travail consciencieux.

27. — PERDONNET. — **Notions générales** sur les **CHEMINS DE FER**. 1 volume. (*Épuisé.*)

Figure spécimen des *Poudres et salpêtres*, par Steerck. (Voir page 35.)

Série D

MINES ET MÉTALLURGIE, GÉOLOGIE, HISTOIRE NATURELLE

1. — Dana. — **MANUEL DU GÉOLOGUE.** traduit et adapté de l'anglais, par W. Houtlet. 1 vol. de 294 pages orné de 363 figures . . . . 4 fr.

Table des Matières. — *Introduction.* — *Géologie physiographique.* — Traits généraux de la surface terrestre. — Système des formes terrestres. — *Géologie lithologique* — Constitution des Roches. — Condition et structure des masses rocheuses — Règne animal. — Règne végétal. — *Géologie historique.* — Age archéen. — Temps paléozoïque. — Temps mesozoïque. — Temps cénozoïque — Ère de l'intelligence. — *Observations générales sur l'histoire géologique.* — Durée des temps géologiques. — Progrès de la vie. — *Géologie dynamique.* — Vie. — Atmosphère. — Eau. — Chaleur. — Mouvements dans la croûte terrestre et leurs conséquences. — *Appendice.* — Instruments de géologie. — Échantillons.

3.—D. L.—Guide pratique de **MÉTALLURGIE** ou exposition détaillée des divers procédés employés pour obtenir des métaux utiles, précédé du Dictionnaire des mots techniques employés en métallurgie et de l'essai de la préparation des minerais. 1 vol. XV-350 p. et 8 pl. in-4 gravées sur cuivre comprenant plus de 100 fig. . . . . 4 fr.

Extrait de la table des matières : Définition et aperçu de l'histoire de la métallurgie. — Vocabulaire des mots techniques métallurgiques. — Première partie. — *De l'essai des minerais.* — Des essais mécaniques par la voie sèche, la voie humide, d'or, d'argent, de platine, de fer, de cuivre, de zinc, d'étain, de plomb, de plomb argentifère par la coupellation, de mercure, d'antimoine, d'arsenic, de bismuth. — Deuxième partie. — *De la préparation et du traitement des minerais.* — I. De la préparation des minerais ; triage, criblage, bocardage, lavage, grillage. — II. Traitement métallurgique des minerais d'or, d'argent, de platine, de fer, de cuivre, de zinc, d'étain, de plomb, de mercure, antimoine, arsenic, bismuth, etc. — Préparation mécanique. — Amalgamation, etc., etc.

4. — FAIRBAIRN (William), ingénieur civil, membre de la Société royale de Londres, correspondant de l'Institut de France, etc.—*Guide pratique du métallurgiste*. **LE FER**, son histoire, ses propriétés et ses différents procédés de fabrication. ouvrage traduit de l'anglais, avec l'approbation de l'auteur, et augmenté de notes et d'un appendice, par M. Gustave MAURICE. ingénieur civil des mines, secrétaire de la rédaction du Bulletin de la Société d'encouragement. 1 vol., 331 pages et 68 figures dans le texte . . . . . 4 fr.

Depuis longtemps, le nom de M. Fairbairn fait autorité dans l'industrie du fer. Après avoir tracé l'histoire des progrès de la fabrication du fer, l'auteur donne les analyses des minerais et des combustibles dans leurs rapports avec les résultats des différents procédés de fabrication : il saisit cette occasion pour donner la description des fourneaux, machines, etc., employés dans la métallurgie du fer.

M. Maurice a complété cette traduction par des notes et un appendice. Il a éliminé tout ce que le texte original pouvait présenter de trop laconique ou de trop exclusivement rédigé en vue de la métallurgie anglaise. Parmi ces appendices, on remarque ceux concernant les procédés Bessemer et les notes sur la résistance des tubes à l'écrasement.

Extrait de la table des matières. — Histoire de la fabrication du fer. — Les minerais des différentes parties du monde. — Les combustibles : charbon de bois, tourbe, coke, houille. — Production des combustibles dans le monde entier. — Réduction des minerais. — Transformation de la fonte en fer. — Des machines employées pour forger le fer. La forge. — Le procédé Bessemer.— Fabrication de l'acier. — Trempe et recuite de l'acier. — De la résistance et des autres propriétés mécaniques de la fonte. du fer et de l'acier. — Composition chimique de la fonte. — Statistique de l'industrie sidérurgique, etc.

---

5. — DESSOYE (J.-B.-J.), ancien manufacturier. — Guide pratique de l'**EMPLOI DE L'ACIER**, ses propriétés, avec une introduction et des notes par Ed. GRATEAU, ingénieur civil des mines. 1 vol. de 303 pages . . . . 4 fr.

Ce livre constitue une véritable monographie de l'acier. M Dessoye prend l'art de fabriquer l'acier à son origine et nous montre ses progrès. Il signale la nature et les propriétés natives de l'acier, en indique les différents modes d'élaboration et termine son guide par une étude sur l'emploi de l'acier dans les manipulations qu'on lui fait subir. Comme le fait remarquer M. Grateau dans sa savante introduction, ce livre s'adresse à tous ceux qui sont appelés à acheter et a consommer de l'acier d'une qualité quelconque, sous toute forme, et il devra être consulté par tous les praticiens.

Extrait de la table. — Considérations préliminaires. — Etudes historiques sur la fabrication de l'acier. — Etudes générales sur l'existence des propriétés natives. — Etudes sur l'emploi de l'acier, considéré dans ses propriétés caractéristiques. — De l'emploi de l'acier considéré dans les manipulations qu'on lui fait subir.

---

6. — LANDRIN (H.-C. fils), ingénieur civil, **TRAITÉ DE L'ACIER**, théorie métallurgique, travail pratique, propriétés et usages, 1 vol., 312 p. avec figures . . . . 5 fr.

Les deux ouvrages de MM. Landrin et Dessoye se complètent l'un par l'autre. Ils donnent au complet la fabrication et l'emploi de l'acier. Nous avons dit, en parlant de celui de M. Dessoye, en quoi consistait son étude ; nous allons, par un extrait de la table des matières du livre de M. Landrin, indiquer en quoi il complète le précédent. — Histoire de l'acier, sa découverte, sa métallurgie dans l'antiquité et dans les différentes contrées. — De la chaleur, de l'oxygène, du soufre, de la chaux, des minerais de fer, des combustibles. — De l'acier et de sa théorie. — Théorie de Réaumur, docimasie. — Métallurgie, acide naturel, acier de fonte, acier puddlé, acier cimenté, acier de fusion, acier du Wootz.

Nouveaux procédés : Procédé Chenot, procédé Bessemer, procédé Taylor, procédé Uchatuis, acier damassé. *Etoffes* : Travail de l'acier, raffinage, soudure, recuit à la forge, trempe, recuit à la trempe, écrouissage. *Propriétés de l'acier* : Des limes, du fil d'acier, des aiguilles, tôle d'acier, des scies.

7. — AGASSIZ et GOULD. — Manuel du **NATURALISTE.** **(ZOOLOGIE.)** — Traduit par Elisée Reclus. 1 volume. (*En préparation.*)

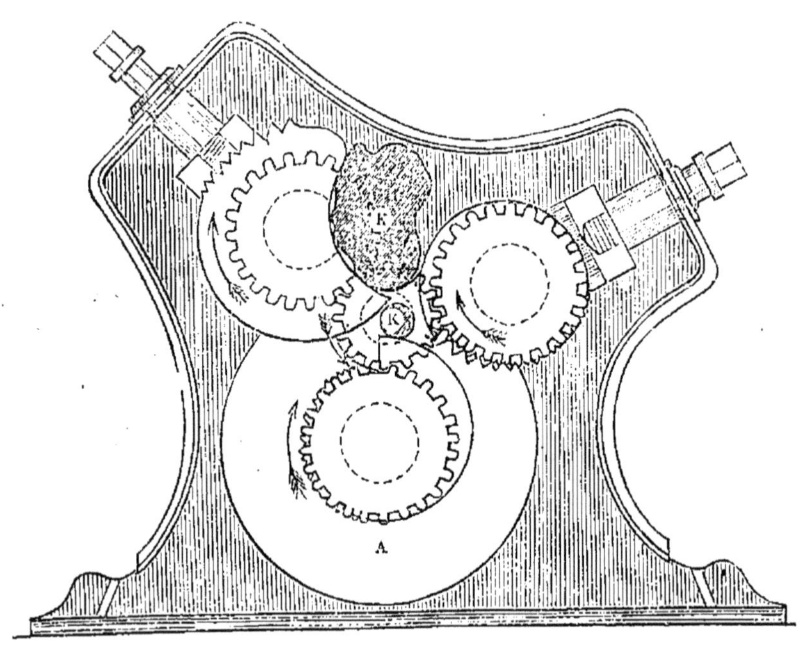

Figure spécimen du *Guide pratique du métallurgiste. Le Fer.* (Voir page 29.)

11. — TISSIER (Charles et Alexandre), chimistes-manufacturiers. — Guide pratique de la **RECHERCHE**, de l'**EXTRACTION** et de la **FABRICATION** de l'**ALUMINIUM** et des **MÉTAUX ALCALINS.** Recherches techniques sur

leurs propriétés, leurs procédés d'extraction et leurs usages. 1 vol., 226 pages, 1 pl. et fig. dans le texte. 3 fr.

Les notions sur l'aluminium se trouvaient disséminées dans des recueils nombreux publiés en France et à l'étranger. Les auteurs de ce guide ont eu l'idée de faire de ces notions éparses un tout homogène dans lequel, après avoir retracé l'historique de la préparation des métaux alcalins, ils esquissent l'histoire de la préparation de l'aluminium. Des chapitres spéciaux sont consacrés à la fabrication industrielle et aux propriétés physiques et chimiques de ce nouveau métal, qui a conquis très rapidement une grande place dans l'industrie.

12. — GUETTIER (A.), ingénieur, directeur de fonderies, etc. Guide pratique des **ALLIAGES MÉTALLIQUES.** 1 vol. VII-342 pages. . . . . 3 fr.

Après avoir donné quelques explications préliminaires sur les propriétés physiques et chimiques des métaux et des alliages, l'auteur examine au point de vue des alliages entre eux les métaux spécialement industriels, c'est-à-dire d'un usage vulgaire très répandu (cuivre, étain, zinc, plomb, fer, fonte, acier). Il donne ensuite quelques indications générales sur les métaux appartenant aux autres industries, mais n'occupant qu'une place secondaire (bismuth, antimoine, nickel, arsenic, mercure), et sur des métaux riches appartenant aux arts ou aux industries de luxe (or, argent, aluminium, platine) ; enfin, il envisage les métaux d'un usage industriel restreint, au point de vue possible de leur association avec les alliages présentant quelque intérêt dans les arts industriels.

15. — DRAPIEZ (M.). — Guide pratique de **MINÉRALOGIE USUELLE.** Exposition succincte et méthodique des minéraux, de leurs caractères, de leur composition chimique, de leurs gisements, de leur application aux arts et à l'industrie. 1 vol, 504 pages. . . . . 3 fr.

A la lucidité des définitions et à la simplicité de la méthode d'exposition, ce guide joint un mérite qui n'échappera pas aux hommes pratiques ; il contient la description des 1,500 espèces minérales dont il analyse les caractères distinctifs, la forme régulière et la forme irrégulière, les propriétés particulières, les compositions chimiques et les synonymies, les gisements, les applications dans les arts, dans l'industrie, etc.

18. — MALO (Léon), ingénieur civil, ancien élève de l'École centrale. — Guide pratique pour la fabrication et l'application de l'**ASPHALTE** et des **BITUMES**, 1 vol. III-319 pages, 7 planches . . . . 4 fr.

L'usage de l'asphalte et des bitumes se généralise. L'asphalte, après les ciments et les mortiers, vient prendre immédiatement sa place dans les constructions, et cependant il n'existait pas de traité pratique sur la fabrication et l'emploi de ces substances. Le livre de M. Malo comble cette lacune. Il abonde en renseignements intéressants non seulement pour les ingénieurs, mais aussi pour les autorités municipales. Ce guide pratique est accompagné de sept planches, dont quelques-unes de très grand format.

Extrait de la table des matières. — Définition, description historique de l'asphalte. — Nomenclature et régime des principales mines. — Extraction, préparation et cuisson. — Du bitume. — Manière d'employer l'asphalte. — Usages divers de l'asphalte. — Asphalte comqrimé. — Notes et documents divers.

Série E

MÉCANIQUE, MACHINES MOTRICES

1. — LAFFINEUR (Jules). — Traité de la **CONSTRUCTION DES ROUES HYDRAULIQUES**, contenant tous les systèmes de roues en usage, les renseignements pratiques sur les dimensions à adopter pour les arbres tournants, les tourillons, les bras de roues hydrauliques, etc., etc. 1 vol., 142 p., avec de nombreux tableaux et 8 planches 3 fr. 50

L'auteur démontre dans sa préface que le perfectionnement des machines motrices des usines est à la fois une nécessité d'intérêt général et privé. Dans son ouvrage, il recherche et il définit les principales conditions à remplir sous ce rapport, et il donne ensuite tous les détails relatifs à la construction des roues hydrauliques dans les meilleures conditions possibles.

Fidèle à la méthode qui lui est propre, M. Laffineur s'est surtout attaché à se faire comprendre par la simplicité des termes employés et par les nombreux exemples qu'il donne.

Les planches sont d'une grande netteté ; elles représentent tous les systèmes de roues en usage, roues à palettes, roues pendantes, roues en dessous et à aubes courbes, roues à augets, roues horizontales, roues à niveau constant, frein dynamométrique, etc.

---

2. — DU TEMPLE (Louis), capitaine de frégate en retraite. — Introduction à l'**ÉTUDE DE LA MÉCANIQUE**. 1 volume (*En préparation*.)

---

6. — DINÉE (F.-G.), mécanicien de la marine, ex-élève de l'École des arts et métiers de Châlons-sur-Marne. — Traité pratique du tracé et de la construction des **ENGRENAGES**, de la vis sans fin et des cames. 1 vol., 80 p. et 17 pl. 3 50

Ce livre répond à un besoin, car depuis longtemps il manquait à toute bibliothèque industrielle ; c'est une œuvre de mécanique véritablement pratique. Il se divise en trois chapitres :

1° Des courbes en usage dans la construction des engrenages ; 2° dimensions des détails et de l'ensemble des engrenages ; 3° tracé des engrenages, des vis sans fin, des cames.

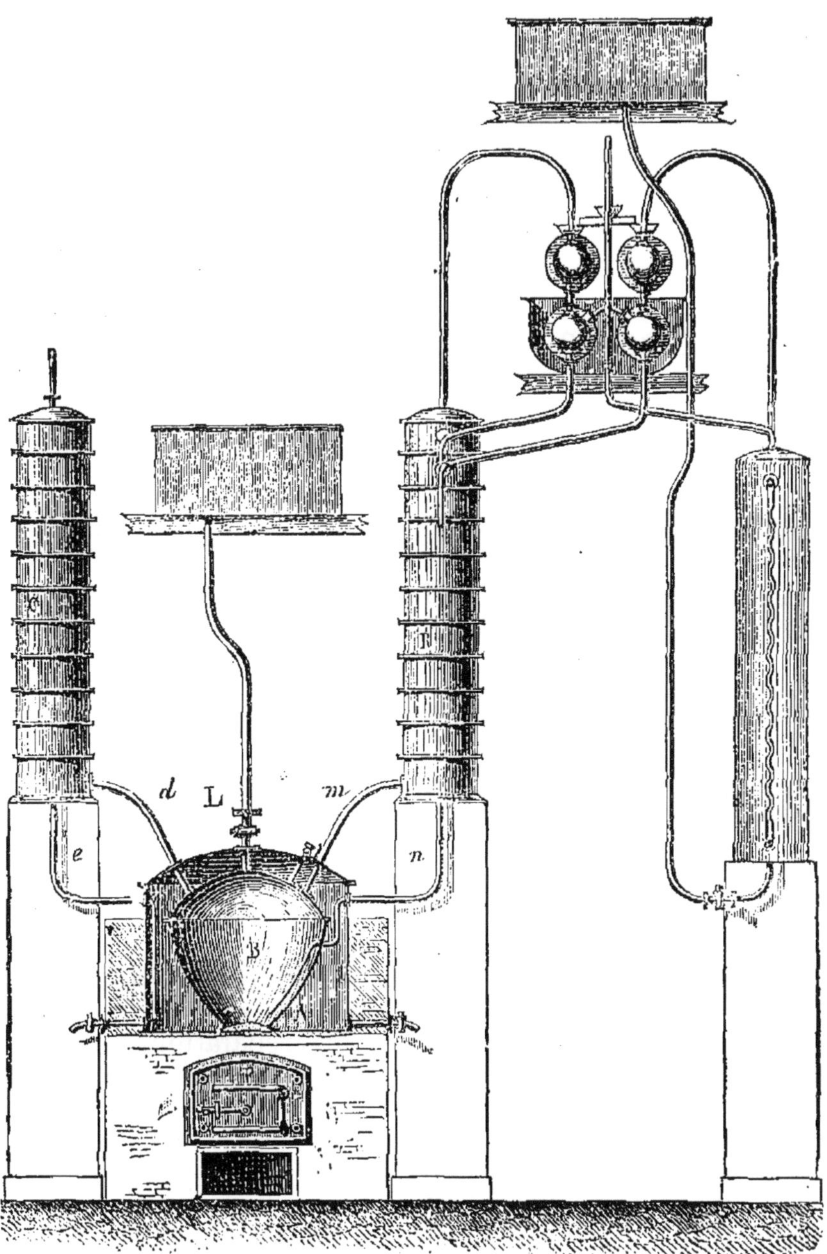

Figure spécimen du *Traité de la Culture et de l'Alcoolisation de la Betterave*
(Voir page 36.)

Série F

PROFESSIONS MILITAIRES ET MARITIMES

1. — DONEAUD (Alph.), professeur à l'école navale. *Aide-mémoire de l'officier de marine* (marine militaire et marine marchande). — Notions pratiques de **DROIT MARITIME INTERNATIONAL ET COMMERCIAL**, 1 vol., 155 pages. . . . . 3 fr.

Les derniers traités de commerce ont augmenté dans des proportions considérables les relations internationales. Cet ouvrage de M. Doneaud devient donc d'une grande utilité pratique. Nous ajouterons que ce livre commence une série de volumes dont l'ensemble formera, dans notre bibliothèque, l'*Aide-mémoire* de l'officier de marine.

Extrait de la table des matières. — De la mer et des fleuves. — Droit international en temps de paix. — Droit commercial. — Droit maritime international en temps de guerre. — Documents officiels. — Bibliographie des principaux ouvrages à consulter pour le droit des gens en général, le droit international maritime et le droit commercial.

---

2. — BOUSQUET (Gustave), capitaine au long cours, ingénieur. — Guide pratique d'**ARCHITECTURE NAVALE** à l'usage des capitaines de la marine du commerce, appelés à surveiller les constructions et les réparations de leurs navires. 1 vol., VI-103 pages, avec figures dans le texte. 2 fr.

Dans la *première partie*, l'auteur traite de la connaissance des cales, c'est-à-dire l'endroit où doit être réparé le navire. — Droit et tour d'une pièce. — Ecarts. — Quille. — L'étrave. — L'étambot. — L'assemblage des couples, etc.

Dans la *deuxième partie*, nous avons les revêtements intérieurs. — La lisse. — Les carlingues. — Les livets. — Bauquières. — Barrots. — Epontilles, etc.

Puis les revêtements extérieurs. Préceintes, bordées, bois étuvés, chevillage, clous, calfatage, panneaux ou écoutilles, etc.

Cet abrégé très sommaire des matières contenues dans ce volume suffira pour faire comprendre au commandant d'un navire marchand que sa lecture ne lui en sera que très profitable.

3. — TARTARA (J.), commissaire ordonnateur de la marine en Algérie. — Nouveau **CODE DES BRIS ET NAUFRAGES**, ou sûreté et sauvetage maritime, publié avec l'autorisation du ministre de la Marine et des Colonies. 1 volume grand in-18 d'environ 400 pages . . . . . . 7 fr.

4. — STEERK (le major). — Guide pratique de la fabrication des **POUDRES ET SALPÊTRES**, avec un appendice sur les *feux d'artifice*, par M. SPILT. 1 vol., 360 pages, avec de nombreuses figures dans le texte . . . . . . 6 fr.

Dès les premières lignes de ce livre, on s'aperçoit que l'auteur est un homme compétent dans la matière qu'il traite, et qu'à l'étude dans le laboratoire, le major Steerk a joint l'expérience en grand. Dans ses données, tout est rigoureusement exact, et on peut accepter l'auteur comme guide, sans craindre de se tromper.

L'appendice sur les feux d'artifice résume en quelques pages les notions nécessaires pour la confection de ces feux.

Sommaire des chapitres. — *Première partie :* Soufre, salpêtre, bois. — Charbon : carbonisation par distillation, par vapeur, analyses des charbons. — Poudres : poudres de guerre, poudres de mine, poudres du commerce extérieur et poudres de chasse. — Epreuves. — Combustion des poudres, dosages, analyses

Deuxième partie : Feux d'artifice. — Historique, matières premières, produits chimiques, outils, cartonnages, cartouches, feux qui produisent leur effet sur le sol, feux qui le produisent dans l'air, sur l'eau, etc., feux de salon, feux de théâtre. Confection des principales pièces d'artifice.

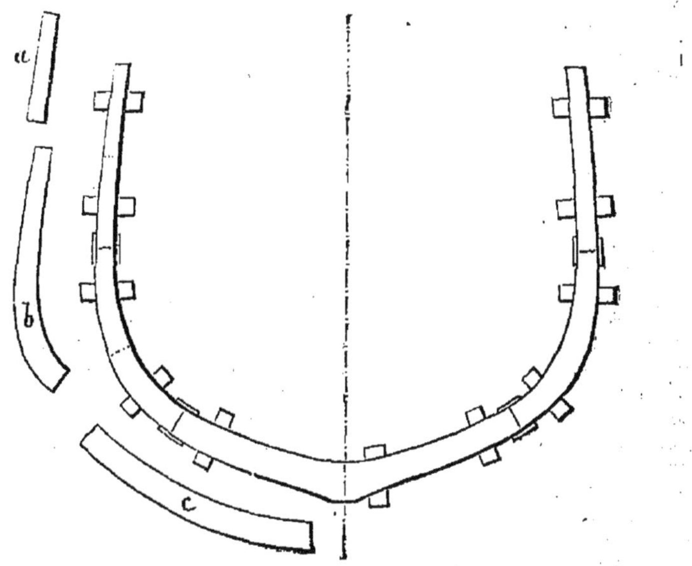

Figure spécimen du *Guide pratique d'architecture navale.* (Voir page 34.)

Série G

ARTS ET MÉTIERS, PROFESSIONS INDUSTRIELLES

1.—Basset (N.).—Traité pratique de la **CULTURE** et de l'**ALCOOLISATION DE LA BETTERAVE**. Résumé complet des meilleurs travaux faits jusqu'à ce jour sur la betterave et son alcoolisation, renfermant toutes les notions nécessaires au cultivateur et au distillateur, ainsi que l'examen des méthodes de pulpation, de macération, de fermentation et de distillation employées aujourd'hui. 3e édition corrigée et considérablement augmentée. 1 vol. de 284 pages avec figures dans le texte . . . . 3 fr.

Avant de donner au public cette nouvelle édition, l'auteur avait étudié à fond les principales questions relatives à la culture, à la distillation de la betterave, afin d'apporter son contingent à la grande question de la transformation agricole, par les données que l'expérience lui a fournies. Il a voulu mettre sous les yeux des agriculteurs et des distillateurs les faits techniques, scientifiques et pratiques, dans la plus grande simplicité d'expression. Il examine avec impartialité les différents systèmes : Champenois, Kessler, Dubrunfaut, etc.

---

2. — Rouland (E.). — Nouveaux **BARÊMES DE SERRURERIE**. 1 vol.. . . . . 4 fr.

Extrait de la table des matières. — *Balcons* en barreaux de fer rond avec ou sans ornements, en barreaux de fer plats, en barreaux de fer carré. — *Grilles fixes* en barreaux de fer rond avec ou sans petits barreaux, avec ou sans ornements.— *Grilles ouvrantes* à deux vantaux avec ou sans petits barreaux, avec ou sans ornements. — *Portes* à un vantail et à deux vantaux en fer à T avec panneaux tôle. — *Poids des fers*, fers plats, carrés, ronds, T et cornières, double T. — *Poids des tôles*.

---

3. — Dubief (L.-F.). — Guide pratique du **FÉCULIER** et de l'**AMIDONNIER**, suivi de la conversion de la fécule et de l'amidon en dextrine sèche et liquide, en sirop de glucose, sirop de froment, sirop impondérable; en sucre

de raisin, sucre massé, sucre granulé et cassonade, en vin, bière, cidre, alcool et vinaigre, ainsi que leur application dans beaucoup d'autres industries. 2e édition, 1 vol. de 267 pages, avec gravures dans le texte. . . . . . 4 fr.

Extrait de la table des matières. — Première partie. — Aperçu historique. — Des substances qui contiennent la fécule. — Composition et conservation de la pomme de terre. — Extraction de la fécule. — Lavage, râpage, tamisage, épuration, séchage, blutage. — Des résidus de la pomme de terre. — Du blanchiment de la fécule. — Rendement de la pomme de terre en fécule. — Perfectionnements importants apportés au lavage, etc. — Conservation, vente et falsification. — Caractères et propriétés de la fécule.

Dans la deuxième partie, l'auteur donne la description des procédés à suivre pour fabriquer les amidons.

La troisième et dernière partie vient compléter les deux premières par les renseignements les plus récents.

Dans cet ouvrage, l'auteur s'est appliqué à dégager son texte de toute gêne scientifique; il a été clair et précis pour mettre son enseignement à la portée de toutes les instructions et de toutes les intelligences. Pour chaque sujet, il est entré dans des développements minutieux en indiquant souvent ces tours de mains si indispensables, et que seule, la pratique ordinairement peut apprendre.

4. — SOUVIRON (A.), professeur de technologie et d'histoire naturelle à l'Association polytechnique. — Dictionnaire des **TERMES TECHNIQUES** de la science, de l'industrie, des lettres et des sciences. 1 vol. de 586 pages. 6 fr.

5. — DROMART (E.), ingénieur civil. **CARBONISATION DES BOIS EN FORÊTS.** 1 vol. . . . . 4 fr.

Extrait de la table des matières : Bois. — Charbon de bois. — Carbonisation des meules en forêts. — Carbonisation des bois à goudron. — Appareils à vases clos. — Appareils à vapeur surchauffée. — Carbonisation des bois durs, des tiges de bruyère. — Analyse des charbons.

6. — Guide pratique de l'**OUVRIER MÉCANICIEN**, ou la MÉCANIQUE DE L'ATELIER, par MM. Bonnefoy, Cochez, Dinée, Gibert, Guipont, Juhel et Ortolan, mécaniciens en chef et mécaniciens principaux de la marine de l'État. 1 vol. x-627 pages, nombreuses figures dans le texte et atlas de 52 planches. Texte et atlas . . . . 12 fr.

Extrait de la Préface. — L'*Ouvrier mécanicien* est un recueil de faits réunis sous la forme de calculs arithmétiques accessibles à toutes les personnes qui savent faire les quatre premières règles. Nous ne saurions trop recommander aux ouvriers qui ne sont plus familiarisés avec les signes et les annotations mathématiques élémentaires, de ne pas croire qu'il y a pour eux quelque difficulté à comprendre les formules écrites dans ce livre et à s'en servir. Les calculs qu'elles résument sous la forme la plus simple sont suivis d'un ou de plusieurs exemples d'application.

Les parties du texte imprimées en caractères plus forts contiennent les indications simples et précises sur le plus grand nombre de cas d'application de la mécanique aux professions industrielles. Ces indications proviennent de l'expérience des ingénieurs et des constructeurs en renom et de celle des auteurs du livre.

Les parties du texte imprimées en petits caractères traitent le côté plus théorique que pratique des questions. On peut se dispenser de les étudier, si on ne veut trouver dans l'*Ouvrier mécanicien* que le secours d'un formulaire pour l'application immédiate.

Principales divisions de l'ouvrage : Arithmétique. — Algèbre pratique. — Géométrie pratique. — Mécanique élémentaire, forces, transformation des mouvements, résistance des matériaux. — Machines motrices à air, pompes, machines hydrauliques. — Machines à vapeur: de la chaleur, de la vapeur, condensateur, chaudières, données et renseignements divers.

Vingt-cinq tables numériques complètent les données pratiques sur les questions d'application. L'atlas comprend 52 planches.

---

7. — Jaunez, ingénieur civil.—Manuel du **CHAUFFEUR.** Guide pratique à l'usage des mécaniciens, des chauffeurs et des propriétaires de machines à vapeur; exposé des connaissances nécessaires, suivi de conseils afin d'éviter les explosions des chaudières à vapeur. 1 vol., 212 p., 37 fig. dans le texte et planches. . . . . 3 fr.

Cet ouvrage est spécialement destiné aux chauffeurs, comme l'indique son titre. Les bons chauffeurs pour l'industrie privée sont rares et, par conséquent, recherchés. Les personnes qui ont des machines à vapeur ne sont que trop souvent obligées d'employer pour chauffeurs des hommes qui manquent non seulement des connaissances indispensables, pour remplir un tel emploi, mais quelquefois même de la moindre instruction pratique. Dans de telles circonstances, il y a évidemment danger, et c'est pourquoi nous avons publié cet ouvrage, afin qu'il soit mis dans les mains de tous les ouvriers qui, sans savoir le premier mot de la théorie de la chaleur ni de la mécanique, seront à même, après l'avoir lu attentivement, de conduire une machine à vapeur. Cet ouvrage doit être dans leurs mains comme un catéchisme qui viendra leur apprendre leur métier.

Extrait de la table des matières : — Pression de l'air. — Baromètre. — Compression de l'air. — Pompes. — Du calorique. — Thermometre. — Quantité d'eau nécessaire à la condensation de l'eau. — De la vapeur d'eau. — Des moyens pour connaître la force de la vapeur. — Manomètre. — Soupapes de sûreté. — Conduite du feu. — Chaudière. — Giffard. — Incrustations et dépôts dans les chaudières. — Des soins et de l'entretien des machines à vapeur. — Résumé des moyens ayant pour but d'éviter les explosions. — Mise en marche des machines à vapeur. — Renseignements généraux, etc.

---

8. — Violette (H.), ancien élève de l'Ecole polytechnique, commissaire des poudres et salpêtres, membre de plusieurs sociétés savantes.—Guide pratique de la **FABRICATION DES VERNIS**, nouvelle édition, revue, corrigée et complètement refondue, de l'ouvrage de M. Tripier-Devaux. 1 vol., 401 p., avec de nombreuses figures dans le texte. . . . . 6 fr.

Nos prédécesseurs ont publié en 1843 un ouvrage de M. Tripier-Devaux : *Traité théorique et pratique sur l'art de faire les vernis;* cet ouvrage devenu très rare et dont il ne nous reste plus un exemplaire en magasin, se recommandait par une qualité précieuse, celle de l'expérience commerciale de l'auteur, qui a pratiqué en grand les conseils qu'il donne. M. Tripier était un fabricant exercé, intelligent, qui a enseigné dans son livre l'art qu'il pratique ; il est digne de toute croyance. Aussi M. Violette, pour ce nouvel ouvrage, lui a-t-il fait de nombreux emprunts.

Le nouveau rédacteur a, de son côté, cherché également à reculer les bornes de l'art du vernisseur. Il fait connaître les causes et les effets des réactions, les conditions de succès, etc.

Extrait de la préface. — Les vernis ne sont autres que des solutions de résines dans certains liquides. Ces liquides, qui sont ordinairement *l'éther*, *l'alcool*, *l'essence de térébenthine* et les *huiles*, donnent aux vernis qui en résultent des propriétés caractéristiques qui en déterminent l'usage. Cette désignation des liquides nous permet de diviser les vernis en quatre classes. — Vernis à l'éther. — Vernis à l'alcool. — Vernis à l'essence, — Vernis gras.

Cette division sera celle des quatre chapitres composant notre ouvrage : nous examinerons chaque classe successivement ; cet examen comprendra : 1° les propriétés physiques et chimiques, ainsi que la préparation du liquide employé à dissoudre les résines de cette classe ; 2° les propriétés physiques et chimiques, ainsi que l'origine des résines employées dans cette catégorie ; 3° la fabrication proprement dite des vernis, par le mélange des résines et liquides précédemment étudiés.

---

9. — Chateau (Th.), chimiste, ex-préparateur au Muséum d'histoire naturelle. — Guide populaire de la **CONNAISSANCE** et de l'**EXPLOITATION DES CORPS GRAS INDUSTRIELS**, contenant l'histoire des provenances, des modes d'extraction, des propriétés physiques et chimiques, du commerce des corps gras, des altérations et des falsifications dont ils sont l'objet, et des moyens anciens et nouveaux de reconnaître ces sophistications. Ouvrage à l'usage des chimistes, des pharmaciens, des parfumeurs, des fabricants d'huiles, etc., des épurateurs, des fondeurs de suif, des fabricants de savon, de bougie, de chandelle, d'huiles et de graisses pour machines, des entrepositaires de graines oléagineuses et de corps gras, etc. 2e édition, augmentée d'un appendice. 1 vol., 413 pages ou tableaux. . . . 5 fr.

M. Chateau, en publiant la première édition de cet ouvrage, avait eu pour but de donner aux chimistes et aux manufacturiers une histoire aussi complète que possible des corps gras industriels employés tant en France qu'à l'étranger, et considérés au point de vue de leur provenance, de leur extraction, de leur composition, de leurs propriétés physiques et chimiques, de leur commerce et de leurs altérations spontanées ou frauduleuses.

Dans la nouvelle édition, M. Chateau a ajouté à sa monographie des corps gras un appendice renfermant quelques corrections indispensables et d'importantes additions.

---

10. — Mulder (G.-J.), professeur à l'Université d'Utrecht. Guide du brasseur ou l'**ART DE FAIRE LA BIÈRE**, traité élémentaire théorique et pratique. La bière, sa composition chimique, sa fabrication, son emploi comme boisson, traduit de l'allemand et annoté par L.-F. Dubief, chimiste,

auteur d'un ouvrage sur la bière, devenu rare aujourd'hui et remplacé par celui dont nous donnons ici le titre, d'un traité de vinification, etc. 1 vol., VIII-444 pages. . . 6 fr.

On a beaucoup écrit sur ce sujet. On compte cinq auteurs français, six anglais, six prussiens et un ouvrage d'un auteur italien; en outre, les revues périodiques et de petits opuscules restés inconnus. M. Mulder a tâché d'analyser tous ces écrits pour en tirer la quintessence en y apportant de son propre fond. C'est un travail consciencieusement écrit, fruit de laborieuses études dont le brasseur pourra faire son profit.

---

11. — Guide pratique de l'**OUVRIER ÉLECTRICIEN**. 1 vol. *en préparation*.

---

13. — MERLY (J. -F.), charpentier, entrepreneur de travaux publics, membre de la Société industrielle d'Angers, auteur de l'album du Trait théorique et pratique, etc. Le **LIVRE DE POCHE DU CHARPENTIER**, application pratique à l'usage des CHANTIERS, des ÉLÈVES DES ÉCOLES PROFESSIONNELLES, etc. Collection de 140 ÉPURES, 1 vol. 287 pages de texte et planches en regard. . . . . . . 5 fr.

M. Merly n'est pas un savant qui doit s'efforcer d'oublier la technologie de l'école pour parler le langage ordinaire de la plupart de ses auditeurs ; M. Merly est, au contraire, un ouvrier, un homme pratique, qui a cherché à se faire comprendre par les compagnons de travail auxquels il s'adressait, et qui est arrivé à des démonstrations si claires, à des explications si naturelles, que les théoriciens eux-mêmes ont bientôt eu à s'inspirer de ses travaux. Rien de plus net que ses dessins, rien de plus simple que ses préceptes : c'est en quelque sorte en se jouant qu'il arrive aux épures les plus compliquées. — C'est le résumé des cours faits par M. Merly à ses compagnons charpentiers. Il est écrit d'une façon tellement compréhensible que les propriétaires, à la campagne, pourront en prendre utilement connaissance et s'en servir pour diriger leurs travaux, lorsqu'ils ne trouveront pas sous la main des hommes de la profession.

---

14. — FOL (Frédéric), chimiste. — Guide du **TEINTURIER**. Manuel complet des connaissances chimiques indispensables à la pratique de la teinture. 1 vol., 430 pages et 90 figures dans le texte . . . . 8 fr.

En publiant cet ouvrage, l'auteur s'est proposé de répandre dans la population ouvrière qui s'occupe des travaux de teinture les connaissances nécessaires des sciences sur lesquelles est basée cette industrie.

La teinture est aujourd'hui bien différente de ce qu'elle était il y a vingt ans. La chimie, en envahissant les usines, a chassé l'ancienne routine; la mécanique, la physique et les sciences naturelles, de leur côté, ont aussi fait de grands progrès; il est donc nécessaire que l'ouvrier et le contre-maître, qui souvent n'ont pas reçu une instruction suffisante, puissent se mettre au niveau des connaissances nécessaires pour bien exercer leur industrie; c'est ce qu'a voulu faire l'auteur en publiant ce livre; il est dicté dans un style simple et facile à comprendre. Répandre les notions les plus importantes sous la forme la plus facile à saisir, telle a été la préoccupation constante de l'auteur.

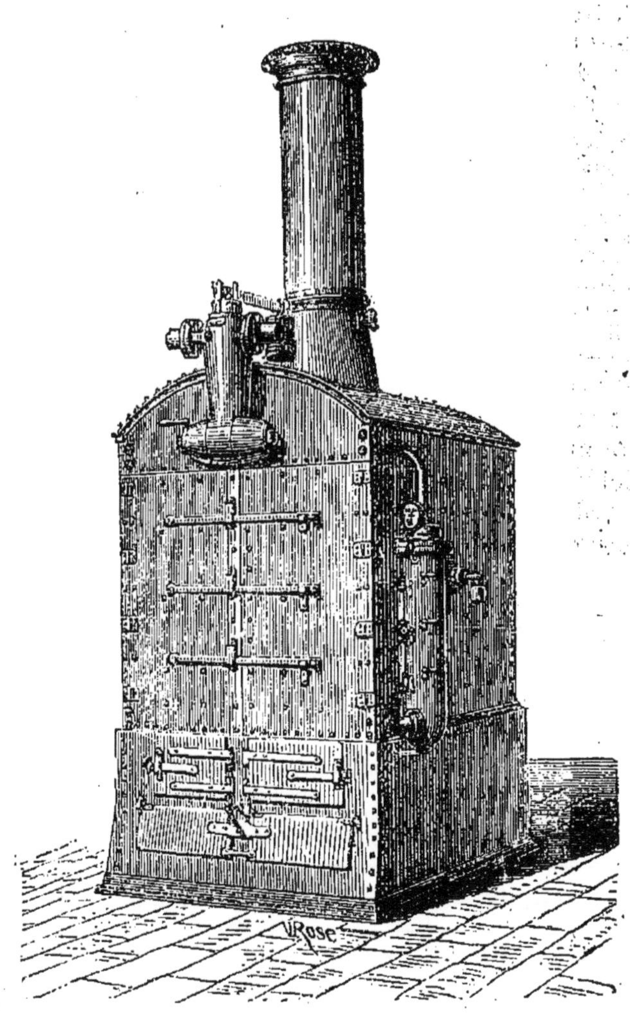

Figure spécimen du *Guide pratique de l'Ouvrier mécanicien* (Voir page 37.)

16. — LEROUX (Charles), ingénieur mécanicien, directeur de filature. — Traité pratique de la **LAINE PEIGNÉE, CARDÉE, PEIGNÉE ET CARDÉE**, contenant : 1re *partie*, mécanique pratique, formules et calculs appliqués à la filature : 2° *partie*, filature de la laine peignée, cardée peignée, sur la Mull-Jenny ; 3° *partie*, filage anglais et français sur continu ; 4° *partie*, laine cardée. 1 vol., 400 p., 35 fig. dans le texte et 4 planches. . . . . 15 fr.

Extrait de la table des matières. — Choix d'un moteur. — Transmissions. — Arbres de couche. — Courroies. — Poulies. — Engrenages. — Frottements. — Force des moteurs. — Leviers. — Fabrication. — Triage des laines. — Caractères des laines. — Main-d'œuvre du triage. — Battage. — Nettoyage des laines. — Dessuintage. — Dégraissage. — Graissage des laines. — Disposition mécanique d'un assortiment de cardes. — Aiguisement des garnitures. — Bourrage des garnitures. — Cardages. — Passage au Gill-Box. — Lissage et dégraissage des rubans. — Peignage des laines. — Préparation des laines pour filage français. — Les différents passages. — Filage français sur Mull-Jenny.

---

17. — COURTEN (comte Ludovico de), photographe. Manuel pratique de **COLLODION SEC AU TANNIN** et de tirage économique des épreuves positives, suivi d'une étude sur la rectitude et le parallélisme des lignes en photographie. 1 vol , 150 p., avec fig. dans le texte et une très belle photographie. . . . . 4 fr.

---

23. — MOREAU (L.), bijoutier et dessinateur. — Guide pratique du **BIJOUTIER**. Application de l'harmonie des couleurs dans la juxtaposition des pierres précieuses, des émaux et de l'or de couleur. 1 volume, 108 p., avec 2 planches coloriées. . . . . 2 fr.

Ce petit livre est une protestation hardie contre l'esprit de routine. L'auteur a réuni les données fournies par la science sur l'harmonie et le contraste des couleurs, et comparant ces données aux observations faites dans la pratique du métier, il a formé une théorie applicable à la bijouterie.

---

24. — PELOUZE. — **MAITRE DE FORGE.** 1 vol. (*Épuisé.*)

---

26. — BARBOT (CH.), ancien joaillier, inventeur du procédé de décoloration du diamant brut, membre de plusieurs sociétés savantes. — Guide pratique du **JOAILLIER**, ou **TRAITÉ COMPLET DES PIERRES PRÉCIEUSES**, leur étude chimique et minéralogique, les moyens de les reconnaître sûrement, leur valeur approximative et raisonnée, leur emploi, la description des plus extraordinaires des chefs-d'œuvre anciens et modernes auxquels elles ont concouru. 1 vol. de 567 pages, 3 planches renfermant 178 figures

représentant les diamants les plus célèbres de l'Inde, du Brésil et de l'Europe, bruts et taillés, et les dimensions exactes des brillants et roses en rapport avec leur poids, depuis un carat jusqu'à cent carats. (*Épuisé.*)

---

31. — LAFFINEUR (Jules), ingénieur civil et agronome, membre de plusieurs Sociétés savantes. — Guide pratique d'**HYDRAULIQUE URBAINE ET AGRICOLE**. Traité complet de l'établissement des conduites d'eau pour l'alimentation des villes, bourgs, châteaux, fermes, usines, et comprenant les moyens de créer partout des sources abondantes d'eau potable. 1 vol. 2 fr.

---

33. — BASTENAIRE. — L'art de fabriquer la **PORCELAINE**. 1 volume. (*Épuisé.*)

---

34. — BASTENAIRE. — L'Art de fabriquer la **FAIENCE**. 1 volume. (*Épuisé.*)

---

35. — PROUTEAUX (A.), ingénieur civil, ancien élève de l'École centrale des arts et manufactures, directeur de fabrique. — Guide pratique de la **FABRICATION DU PAPIER ET DU CARTON**. 1 vol., 273 pages, 7 pl. (*Épuisé.*)

Après avoir énuméré et classé méthodiquement les diverses matières premières, l'auteur nous initie aux détails de la fabrication et nous décrit les nombreuses transformations que subit le chiffon avant de sortir de la cuve ou de la machine sous forme de papier. Il nous apprend à connaître et à distinguer les différentes espèces de papier leurs formats, leurs poids, dimensions, et décrit les diverses machines qui constituent le matériel d'une papeterie. — Un éditeur américain s'est empressé de faire traduire en anglais l'ouvrage de M. Prouteaux ; c'est le meilleur éloge que nous en puissions faire.

---

43 — LUNEL (le docteur B.). — Guide pratique du **PARFUMEUR**. Dictionnaire raisonné des **COSMÉTIQUES** et **PARFUMS**, contenant : la description des substances employées en parfumerie, les altérations ou falsifications qui peuvent les dénaturer, etc., les formules de plus de 500 préparations cosmétiques, huiles parfumées, poudres dentifrices dilatoires, eaux diverses, extraits, eaux distillées, essences, teintures, infusions, esprits aromatiques, vinaigres et savons de toilette, pastilles, crèmes, etc., avec des considérations hygiéniques sur les préparations cosmétiques qui peuvent offrir des dangers dans leur emploi. 1 vol. rédigé sous forme de dictionnaire avec un appendice XXVII-340 pages. . . . . 5 fr.

La parfumerie est une industrie qui, bien comprise et loyalement faite, se rattache d'un côté à l'hygiène et de l'autre est destinée à satisfaire des goûts et des sensations commandées par le luxe et une civilisation plus ou moins avancée.

M. Lunel divise la fabrication en trois classes : fabrique de parfumerie à bon marché, fabrique dont les produits sont coûteux, et enfin les fabriques mixtes, dans les vastes magasins desquelles ont trouve aussi bien les produits ordinaires que les produits extra-fins.

M. Lunel donne des renseignements précieux sur toutes ces préparations, et son livre a cela de précieux qu'il donne toutes les formules et les secrets de la fabrication.

---

44. — Lunel (le docteur B.). — Guide pratique de l'**ÉPICERIE** ou Dictionnaire des denrées indigènes et exotiques en usage dans l'économie domestique, comprenant : l'étude, la description des objets consommables ; les moyens de constater leurs qualités, leur nature, leur valeur réelle ; les procédés de préparation, d'amélioration et de conservation des denrées, etc. ; contenant, en outre, la fabrication des liqueurs, le collage des vins, les moyens de guérir leurs maladies, etc. ; enfin les procédés de fabrication d'une foule de produits que l'on peut ajouter au commerce de l'épicerie. 1 volume, 256 pages . . . 3 fr.

Le commerce de l'épicerie et des denrées indigènes et exotiques d'un usage journalier est l'un des plus importants et des plus utiles pour la société. Il était regrettable que cette branche si étendue du commerce n'ait pas encore son livre spécial. Sans doute on trouve dans nombre d'ouvrages l'histoire des denrées indigènes et exotiques. Réunir sous forme de dictionnaire toutes ces données éparses, afin de faciliter les renseignements, tel a été le but que s'est proposé le docteur Lunel en publiant son livre sur l'épicerie.

---

48. — Monier (E.), ingénieur chimiste, ancien élève de l'École centrale des arts et manufactures. — Guide pour l'**ESSAI** et l'**ANALYSE DES SUCRES** indigènes et exotiques, à l'usage des fabricants de sucre. Résultats de 200 analyses de sucres classés d'après leur nuance. 1 vol., 96 pages avec figures dans le texte et tableaux . . . . 3 fr.

L'auteur, après avoir rappelé les propriétés générales des substances saccharifères, donne les méthodes les plus simples qui permettent de doser avec précision ces mêmes substances. Quelques notes sur l'altération et le rendement des sucres soumis au raffinage terminent le travail de M. Monier, dont M. Payen a fait un éloge mérité devant l'Académie des sciences.

---

50. — Dubief (L.-F.), chimiste œnologue.— Traité de la fabrication des **LIQUEURS** françaises et étrangères sans distillation. 4e édition, augmentée de développements plus étendus, de nouvelles recettes pour la fabrication des liqueurs, du kirsch, du rhum, du bitter, la préparation et la bonification des eaux-de-vie et l'imitation de celles de

Cognac, de différentes provenances, de la fabrication des sirops, etc., etc. 1 vol. 228 pages. . . . . 5 fr.

Ce traité est formulé en termes clairs et familiers ; la personne la moins expérimentée dans l'art du distillateur qui en lira attentivement les préceptes pourra, sans aucun guide, devenir un bon fabricant après quelques essais.

Sommaire de quelques chapitres : — De la composition des liqueurs. — Quantités d'alcool, de sucre et d'eau, pour les différentes classes de liqueurs.— Des teintures aromatiques. — Des infusions. — De la coloration des liqueurs. — Du mélange. — Du perfectionnement des liqueurs par le tranchage. — Du collage des liqueurs. — De la filtration. — De la conservation des liqueurs. — Règle générale pour bien opérer la fabrication des liqueurs. — Considérations à observer. — Des spiritueux aromatiques non sucrés. — Emploi des écumes et des eaux provenant du lavage des filtres. — Formules et préparations des sirops. — De l'alcool. — Du coupage ou mouillage des alcools. — Des eaux-de-vie. — Opérations d'eaux-de-vie à tous les titres avec les alcools d'industrie. — Résumé pour les liqueurs, les eaux-de-vie et les alcools. — Appendice. — L'auteur termine cet ouvrage par une liste des principaux marchés des eaux-de-vie, esprits, etc.

51. — Dubief (L.-F.)—Traité complet de **VINIFICATION** ou **ART DE FAIRE DU VIN** avec toutes les substances fermentescibles, en tout temps et sous tous les climats. 1 vol., 388 pages. . . . . 6 fr.

Volume contenant : les moyens de remédier à l'intempérie des saisons relativement à la maturité du raisin. Le tableau des phénomènes de la fermentation et le meilleur moyen de la produire et de la diriger; les moyens particuliers de faire fermenter les marcs provenant de l'égrapillage du raisin et refermenter ceux qui ont déjà été fermentés; de procurer au vin plus de qualité par une seconde fermentation; de le vieillir sans faire de coupage, par des procédés simples et faciles; de lui enlever le goût de terroir, comme aussi d'obtenir des marcs de raisin, de l'alcool, de l'huile, de l'acide tartrique, etc. ; *et suivi* : des procédés de fabrication des vins mousseux, des vins de liqueurs, vins de fruits et vins factices, les soins qu'exigent leur gouvernement et leur conservation, les principes pour la dégustation et l'analyse des vins, etc., etc.

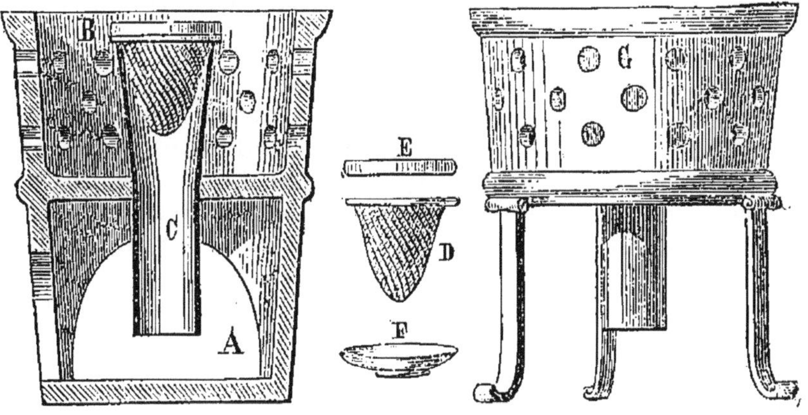

Figure spécimen du *Guide de la Fabrication des Vernis*. (Voir page 38.)

Série H

AGRICULTURE, JARDINAGE, HORTICULTURE, EAUX ET FORÊTS, CULTURES INDUSTRIELLES, ANIMAUX DOMESTIQUES, APICULTURE, PISCICULTURE, ETC.

1. — GOBIN (A.). — Guide pratique d'**AGRICULTURE GÉNÉRALE**. 1 vol., X-448 pag. avec fig. dans le texte. (*En réimpression.*)

Extrait de la table des matières. — *Chap. Ier.* Considérations générales sur l'atmosphère et les climats : l'air, la lumière, l'électricité, la chaleur, le froid, la gelée, le dégel et la neige, les vents, les orages, la grêle, le brouillard, les nuages, la pluie, les différents climats. — *Chap. II.* Principes constituants du sol, analyse chimique des sols, des différentes formations géologiques. Des terres : terres calcaires, argileuses, siliceuses, etc. — *Chap. III.* Les instruments de l'agriculture. Les moteurs : l'eau, le vent, l'homme, le cheval, la vapeur. — *Chap. IV.* Engrais et amendements. — *Chap. V et VI.* Considérations générales sur la culture des plantes, la semaison, la récolte, l'emmagasinage, etc. Enfin l'auteur termine par des considérations et des renseignements sur l'administration rurale.

---

3. — LAFFINEUR (Jules), ingénieur civil et agronome, membre de plusieurs sociétés savantes. — Guide pratique de l'**INGÉNIEUR AGRICOLE**. Hydraulique, dessèchement, drainage, irrigation, etc.; suvi d'un appendice contenant les lois, décrets, règlements et instructions ministérielles qui régissent ces matières, etc. — 1 vol., 266 pages, avec fig. et 5 pl. 3 fr.

Extrait de la table. — Classification des terrains. — Travaux de dessèchement, évaporation, infiltration. — Jaugeage des sources, des ruisseaux et rivières. — Tracé des canaux. — Description des procédés de dessèchement, colmatage, limonage, du drainage. — Irrigation, établissement d'un système d'irrigation. — Murs de soutènement des canaux, revêtements, radiers, déversoirs, barrage, siphon. — Des diverses méthodes d'arrosage. — Mise en culture des terrains à grandes pentes. — Jurisprudence rurale.

4-5. — GAYOT (E.)., membre de la Société centrale d'Agriculture de France. — Guide pratique pour le bon aménagement des **HABITATIONS DES ANIMAUX.** Cet ouvrage se compose de 2 parties.

1re partie : les **ÉCURIES ET LES ÉTABLES**, 208 pages et 63 figures. 1 vol. . . . . 3 fr.

2e partie : les **BERGERIES ET LES PORCHERIES**, les habitations des animaux de la basse-cour, clapiers, oiselleries et colombiers. 355 pages et 65 figures. 1 vol. 3 fr.

Aucun animal ne saurait être développé dans ses facultés natives, dans ses aptitudes propres, et produire activement dans le sens de ces dernières, si on ne le place dans les meilleures conditions d'alimentation, de logement, de multiplication. M. Gayot, avec l'autorité d'une longue expérience, a réuni dans ces deux volumes les conditions générales d'établissements et les dispositions particulières aux diverses espèces d'animaux.

1re PARTIE. — **Écuries et Étables.** *Extrait de la table des matières.* — Le sujet à vol d'oiseau. — Des effets de l'air pur et de l'air vicié sur l'économie animale. — L'aération : les portes et fenêtres, barbacanes et ventilateurs. *Dispositions particulières aux diverses espèces* : les dimensions intérieures, encore les portes et fenêtres, de l'aire des écuries, le plancher supérieur des écuries, arrangement intérieur et ameublement des écuries, les séparations, les boxes, établissements spéciaux, la température des écuries. *Les étables de l'espèce bovine* : l'aération, l'aire des étables, les dimensions et l'aménagement intérieurs, les boxes, règle d'hygiène générale, établissements spéciaux.

2e PARTIE. — **Les Bergeries** : de l'habitation en plein air, le parc des champs, le parc domestique, les abris brise-vent. — DE L'HABITATION COUVERTE : conditions particulières à l'établissement des bergeries, les portes et fenêtres, l'aération, les bâtiments, les aménagements intérieurs, auges et râteliers. — LA PORCHERIE : les conditions spéciales, la construction, les portes et fenêtres, les aménagements essentiels, les auges, dispositions particulières de l'ensemble. — *Les habitations de la basse-cour* : l'habitation du dindon, l'habitation de l'oie, la demeure du canard, le colombier et la volière, la faisanderie, etc., etc.

6-7. — POURIAU (A.-F.), docteur ès sciences, ancien élève de l'École centrale, professeur à l'École d'agriculture de Grignon. — Éléments des **SCIENCES PHYSIQUES** appliquées à l'agriculture ; ouvrage divisé en deux parties. Chaque partie se vend séparément.

1re Partie. *Chimie inorganique*, suivie de l'étude des marnes, des eaux, et d'une méthode générale pour reconnaître la nature d'un des composés minéraux intéressant l'agriculture ou la médecine vétérinaire. 1 vol., 512 pages, 153 figures dans le texte et tableaux. . . . . 7 fr.

2e Partie. *Chimie organique*, comprenant l'étude des éléments constitutifs des végétaux et des animaux, des notions de physiologie végétale et animale, l'alimentation du bétail, la production du fumier. 1 vol. 541 pages, 65 figures dans le texte et tableaux. . . . . 7 fr.

M. Pouriau, aujourd'hui professeur et sous-directeur à l'École d'agriculture de Grignon, a été nommé secrétaire général de la Société d'agriculture de Lyon, à l'élection. Voilà quelques-uns des titres du savant professeur; quant à ses ouvrages, ils sont promptement devenus classiques et ils sont en même temps consultés avec fruit par tous les agriculteurs, les propriétaires, les gentilshommes-fermiers et par tous les gens d'étude et les gens du monde. Pour cette dernière classe de lecteurs, nous citerons le passage de la préface qui indique que cet ouvrage a été en partie rédigé à leur intention :

« Mais, d'autre part, je conseille aux gens du monde, que de semblables détails ne peuvent que médiocrement intéresser, de laisser de côté ces paragraphes, pour reporter leur attention sur les autres chapitres.

« Enfin, toujours guidé par le désir de satisfaire aux besoins de chaque classe de lecteurs, j'ai indiqué, *en note et séparément*, la préparation des principaux corps étudiés, parce que cette branche du cours ne saurait être utile qu'à ceux en position de faire quelques manipulations.

« Si les amis de la science agricole me prouvent, par un accueil bienveillant fait à mon livre, que j'ai suivi la bonne voie, je leur en témoignerai ma reconnaissance en leur offrant successivement les autres parties de mon enseignement. »

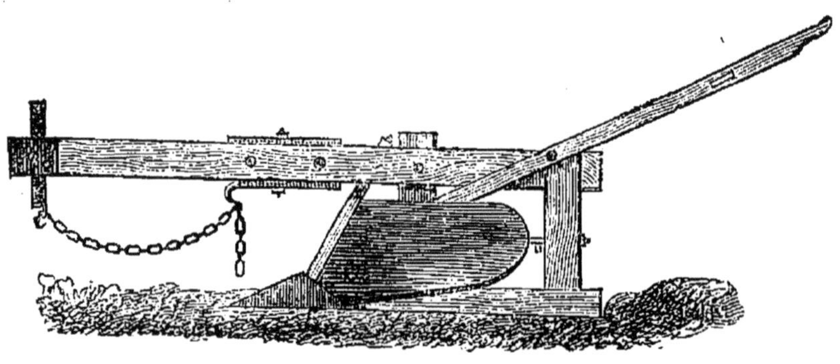

Figure spécimen du *Guide pratique pour la culture des Plantes Fourragères* (Voir page 52.)

8. — Kielmann (C.-E.), directeur de l'Ecole agricole de Haasenfelde. — Guide pratique de **DRAINAGE**; résultats d'observations et d'expériences pratiques, traduit pour l'usage des agriculteurs français par C. Hombourg. 1 vol. 104 pages, avec figures dans le texte. . . . . 2 fr. »

La plupart des ouvrages publiés sur le drainage sont le résultat d'études théoriques que l'expérience n'a pas encore sanctionnées. M. Kielmann est entré dans une autre voie : il n'a eu recours à la théorie qu'autant que cela était nécessaire pour expliquer certains phénomènes. Comme il le dit dans sa préface, il voulait offrir à ceux qui commencent à s'occuper du drainage, et même au plus petit cultivateur, un livre à la lecture facile et surtout compréhensible.

Extrait de la table des matières. — Quels sont les terrains qui ont besoin d'être drainés. — De la fabrication des tuyaux, leur longueur, largeur et épaisseur. — Préparation d'une bonne matière pour la confection des tuyaux. — Machine à étirer les tuyaux, préparation de l'argile. — De la cuisson des tuyaux, des travaux préparatoires, nivellement des tranchées, circulation de l'air à travers les tuyaux. — De la quantité d'eau qui s'écoule par les drains, etc.

9. — Basset. — **CHIMIE AGRICOLE.** Leçons familières sur les notions de chimie élémentaire utiles au cultivateur, et sur les opérations chimiques les plus nécessaires à la pratique agricole. 1 vol. (*Épuisé.*)

10. — Serigne (de Narbonne), membre de plusieurs sociétés savantes. — **LA VIGNE ET SES MALADIES**, contenant les causes et effets morbides depuis l'origine de sa culture jusqu'à nos jours, avec les moyens à employer pour les prévenir et les combattre. Précédé d'une description historique et botanique de cette plante précieuse, ainsi que d'une causerie sur l'oïdium et le phylloxera. 1 vol. in-18. . . . . 3 fr.

Sommaire des principaux chapitres. — Description historique. — Description botanique. — L'oïdium et le phylloxera. — Description historique de l'oïdium. — Maladies de l'oïdium. — Concours pour la guérison de l'oïdium. — Opinions émises sur l'oïdium. — L'oïdium est-il la cause de la maladie. — Remède adopté contre la maladie. — Effets du soufrage. — Causes réelles de la maladie. — Températures favorables ou nuisibles. — Influence des saisons et des météores. — Blessures ou plaies, blanquet ou pourridié, coulure, carniure, chancre vitifère, clavelée, chlorose ou hydroémie, décrépitude, flottage, grapillure, nielle, geule, stérilité. — Maladie des feuilles. — Pyrales. — Destruction de la pyrale à l'état de papillon, à l'état de larve ou chenille. — Moyens préventifs et moyens curatifs. — Destruction de la pyrale à l'état d'œuf, etc.

11. — Gossin (L.), cultivateur, professeur d'agriculture dans l'Oise. — Guide pratique des **CONFÉRENCES AGRICOLES**, accompagné d'un appendice comprenant des notes et des instructions pratiques puisées dans les Annales du Génie civil. 1 vol., XII-138 pages . . . . 1 fr.

(Ouvrage recommandé officiellement pour les écoles normales, etc.)

Dans les grandes villes, on tient des conférences ; M. Gossin a rêvé les conférences au village, des conversations intimes, familières, fructueuses. Dévoué depuis de longues années à l'enseignement rural, M. Gossin possède de plus l'art de la démonstration facile, et sa parole sympathique est écoutée avec plaisir et par conséquent avec fruit.

12. — Sourdeval (de). — **ÉLEVAGE ET DRESSAGE DU CHEVAL.** 1 volume. (*En préparation.*)

14. — DUBOS (Ernest), vétérinaire de l'arrondissement de Beauvais, professeur de zootechnie à l'Institut agricole de la même ville. — Guide pratique pour le choix de la **VACHE LAITIÈRE**, 1 vol., 132 p. et 7 pl. . . . . . . 2 fr.

Les diverses méthodes pour le choix des vaches laitières sont résumées dans ce livre. Les agriculteurs et les éleveurs y trouveront l'indication des signes qui peuvent les guider pour la conservation et l'acquisition des animaux qui conviennent le mieux à leurs exploitations — Les figures représentant les diverses races de vaches laitières qui sont remarquables.

Dans le chapitre premier, l'auteur s'occupe de la stabulation, de l'alimentation et du rendement. — Le chapitre deuxième est consacré à l'étude du lait, ses modifications et ses altérations. — Dans les autres chapitres, l'auteur donne des renseignements pour reconnaître les propriétés du lait, le moyen de reconnaître les falsifications, les qualités exigées de la servante de ferme et la manière de traire. — Dans les chapitres sixième et septième, il indique les caractères et les méthodes qui peuvent guider dans le choix des meilleures vaches laitières. Enfin il termine par un chapitre sur la castration des vaches.

15. — DUBIEF (L.-F.). — **L'IMMENSE TRÉSOR DES VIGNERONS ET DES MARCHANDS DE VIN**, indiquant des moyens inédits pour vieillir instantanément les vins, leur enlever les mauvais goûts, même celui de terroir, colorer les vins blancs en rouge Narbonne, même d'une manière hygiénique et sans aucun coupage, éviter leur dégénérescence, partant, plus de vins aigres, amers, gras ou poussés; découverte d'un agent supérieur à l'alcool pour le maintien, la conservation et l'expédition lointaine des vins, 3e édition revue, corrigée et considérablement augmentée, 1 vol. de 196 pages. . . . . 3 fr.

Extrait de la table des matières. — De la connaissance des vins. — Appréciation et dégustation. — De la distinction. — Du mélange ou du coupage. — Du vinage. — Amélioration des vins. — De l'imitation des vins. — De la confection des vins mousseux. — Du vin muet et de ses avantages. — Des vins de liqueurs et de leurs imitations. — Recettes et opérations des vins de liqueurs. — *Méthode du Midi*. — *Méthode de Paris*. — De la conservation des vins en fûts pleins et en vidange. — Du soufrage ou méchage. — Du collage pour la clarification. — Arome, sève, bouquet et goût de terroir. — Du gouvernement et de la conservation des vins — De la mise en bouteilles. — Des altérations. — Moyen de les prévenir et de les corriger. — Des altérations accidentelles et moyen de les guérir. — Disposition et conservation des tonneaux. — Contenance des fûts. — L'auteur termine son livre par une série de renseignements très utiles.

17. — MARIOT-DIDIEUX. — Guide pratique de l'**ÉDUCATEUR DES LAPINS**, ou Traité de la race cuniculine, suivi de l'Art de mégisser leurs peaux et d'en confectionner des fourrures. 1 vol., 156 pages. . . . . 2 fr. 50

L'industrie de l'éducation de la race cuniculine est créée et elle marche vers le progrès. C'est dans le but de la voir se propager dans les campagnes comme une des industries peut-être les plus propres à tarir les sources du paupérisme et de la misère que l'auteur a publié cette nouvelle édition de son *Guide pratique*, en l'enrichissant d'un grand nombre de données nouvelles. En résumé, l'auteur démontre qu'aucune viande ne peut être produite à aussi bon marché que celle du lapin. L'auteur, en terminant sa préface, adjure les habitants des campagnes de se livrer à l'éducation des lapins, parce qu'ils y trouveront, sans beaucoup de soins, une source abondante de bien-être.

18. — MARIOT-DIDIEUX, vétérinaire en premier aux remontes de l'armée, membre et lauréat de plusieurs sociétés savantes. — **ÉDUCATION LUCRATIVE DES POULES**, ou traité raisonné de gallinoculture. 1 vol., 444 pages. 3 fr. 50

19. — MARIOT-DIDIEUX, vétérinaire. — Guide pratique de l'éducation lucrative des **OIES** et des **CANARDS**. 1 vol., 180 pages avec figures . . . . 2 fr. 50

L'éducation, la multiplication et l'amélioration des animaux qui peuplent les basses-cours ont fait depuis une quinzaine d'années de notables progrès. Répondant à un besoin de l'économie domestique, l'auteur de ces guides pratiques a voulu faire un traité complet de gallinoculture dans lequel, après des considérations historiques, anatomiques et physiologiques sur les poules, il décrit les caractères physiques et moraux de quarante-deux races, apprend à faire un choix parmi ces races si diverses et indique les moyens de conservation et de multiplication des individus. Des chapitres spéciaux sont consacrés aux maladies, à la pharmacie gallinée, à la statistique des poules et des œufs de la France, etc.

Dans la deuxième partie, l'auteur donne deux monographies à la fois utiles, instructives et amusantes. Il décrit les mœurs particulières de chaque espèce et indique le genre de nourriture favorable à leur multiplication et propre à donner des bénéfices aux éleveurs. Toutes ces notions, parsemées de données historiques, d'anecdotes, de réflexions philosophiques, offrent une lecture des plus attrayantes.

Les ouvrages de M. Mariot-Didieux sont au premier rang parmi ceux qui enrichissent notre bibliothèque. Aussi voulons-nous, pour en mieux faire ressortir le mérite, donner ici le sommaire des principaux chapitres :

1o *Gallinoculture.* — De la poule, son antiquité, son utilité, expositions, concours, anatomie, considérations physiologiques, des sensations, voix du coq, voix de la poule. — Choix des races. — Signes extérieurs de la ponte. — Considérations sur les races de poules. — Races françaises, hollandaises, belges, anglaises, espagnoles, italiennes, prussiennes.— Races asiatiques, indiennes, japonaises, indo-chinoises. — Races syriennes, africaines, américaines. — Races de l'Océanie. — Du croisement des races. — Dépenses et produits de la poule. — Du poulailler, de la cour, des œufs. Moyens de reculer, d'augmenter ou d'avancer la ponte. — Fécondation du coq. — Castration ou chaponnage des coqs. — De l'incubation. — Elevage des poulets. — Maladies des poules. — De la saignée. — Pharmacie. — Vente des produits, etc.

2o *L'oie.* — Histoire naturelle. — Races françaises, petite race, grosse race et leurs variétés au nombre de cinq. Races étrangères; elles sont au nombre de douze.— Produits de l'oie, du plumage, de la multiplication, des accouplements, de la ponte, de l'incubation. — Eclosion, nourriture des oisons, nourriture ordinaire des oies. — Logement. — Engraissement. — Foies gras. — Manière de tuer les oies. — Commerce, vente, mégissage des peaux d'oies pour fourrures, — Maladies, hygiène.

3o *Du Canard.* — Histoire naturelle, mœurs. — Races françaises; elles sont au nombre de quatre. — Races étrangères, on en compte onze principales. —

De la ponte. Manière d'augmenter la ponte. — De l'incubation naturelle. — Des canards mulets. — Nourriture et élevage des canetons, engraissement. — Vente des canetons. — Comment on doit tuer le canard. — Du plumage. — Habitation. — Maladies. — Hygiène, etc.

21. — Le **CHASSEUR MÉDECIN**, ou traité complet sur les maladies du chien, par M. Francis CLATER, vétérinaire anglais, traduit de l'anglais sur la 27e édition. 3e édition française, corrigée et augmentée, par M. Mariot-Didieux. 1 vol. 189 pages . . . . 2 fr.

Le succès que ce livre a eu en Angleterre (vingt-sept éditions) dispense de tout commentaire Le guide que nous avons placé dans notre Bibliothèque en est la troisième édition française. M. Mariot-Didieux, le savant vétérinaire, en acceptant la revision de cette édition, s'est attaché à supprimer dans le texte original des formules trop compliquées, à en simplifier d'autres et en ajouter de nouvelles. Ainsi entièrement refondu, l'ouvrage est véritablement un traité complet sur les maladies du chien, traité auquel un chapitre sur l'art de mégisser les peaux pour en faire des tapis sert de complément.

28. — COURTOIS-GÉRARD. — Manuel pratique de **CULTURE MARAICHÈRE**. 5e édit., augmenté d'un grand nombre de figures et de plusieurs articles nouveaux. Ouvrage couronné d'une médaille d'or par la Société centrale d'agriculture, d'une grande médaille de vermeil par la Société centrale d'horticulture. 1 vol. 440 pages, 89 figures dans le texte. . . . . 5 fr.

Outre les récompenses honorifiques qui viennent d'être mentionnées, l'auteur de ce manuel a obtenu une attestation qui garantit la valeur de son travail aux yeux du public, en même temps qu'elle constate l'exactitude de ses recherches et l'utilité des notions renfermées dans son ouvrage. Cette attestation émane de vingt-cinq jardiniers maraîchers de la ville de Paris qui, après avoir entendu la lecture du travail de M. Courtois-Gérard, déclarent qu'ils lui donnent toute leur approbation, comme étant conforme aux bonnes méthodes de culture en usage parmi eux, et autorisent l'auteur à le publier sous leur patronage.

Cet ouvrage est officiellement recommandé pour les écoles normales, etc. Cette nouvelle édition a été augmentée d'un chapitre sur la culture des porte-graines et d'un vocabulaire maraîcher.

Table des principaux chapitres :

Marais pour culture de pleine terre. — Marais pour culture de primeurs. — Analyse des terres. — De l'établissement d'un jardin maraîcher. — Engrais et pailles. — Outillage. — Diverses opérations. — La culture des porte-graines. — Destruction des insectes. — Des maladies des plantes. — Calendrier du maraîcher ou travaux manuels. — Vocabulaire du maraîcher.

32-33. — GOBIN (A.), ancien élève de l'École de Grand-Jouan, ancien directeur de la colonie pénitentiaire du Val-d'Yèvres (Cher). — Guide pratique pour la **CULTURE DES PLANTES FOURRAGÈRES**. 2 vol., 680 pages avec 120 fig. dans le texte, se vendant séparément

1re partie. *Prairies naturelles*, *pâturages*, avec un appendice reproduisant la loi du 21 juin 1866 sur les associations agricoles. 284 pages avec nombreuses figures. 1 vol. 3 fr.

2e partie. *Prairies artificielles, plantes, racines*, 1 volume 388 pages et 87 figures. . . . . 3 fr.

Les fourrages sont la base de toute culture, et il est admis aujourd'hui, par tous les agriculteurs intelligents, que pour avoir du blé il faut faire des prés. M. Gobin, guidé par sa grande expérience, a voulu rédiger un guide tout pratique indiquant tout ce qui doit être observé pour obtenir les meilleurs résultats et éviter les dépenses inutiles : mais, comme il le dit dans sa préface, si le titre même de son livre lui a fait une loi de se restreindre à la culture des plantes fourragères et de s'abstenir de considérations scientifiques inutiles au but qu'il poursuit, il ne s'est pas interdit les applications pratiques des sciences, en tant qu'elles se rapportent à l'explication des phénomènes ou à l'amélioration des méthodes de culture. « C'est là, en effet, dit-il, ce que nous entendons par la pratique, et non point seulement la routine manuelle, qui consiste à savoir tenir les mancherons de la charrue, charger une voiture de gerbes ou manier la faux, celle-ci suffit à un ouvrier, celle-là est nécessaire au moindre cultivateur intelligent. »

Ce guide peut être considéré comme le résumé des leçons professées avec tant de succès par M. Gobin à l'*Ecole de Grignon*.

---

38. — REYNAUD (Joseph), de Nîmes, négociant et manufacturier. — Guide pratique de la **CULTURE DE L'OLIVIER**, son fruit et son huile. 1 vol., 300 pages . . . . 4 fr

Le livre de M. Reynaud est le fruit de trente-cinq années de durs travaux, de longues veilles, de nombreux voyages, de recherches patientes, de minutieuses expériences; aussi les procédés de M. Reynaud n'ont-ils pas tardé à être pratiqués par tous les cultivateurs.

Extrait de la table des matières. — Origines, légendes et traditions de l'olivier. — Emploi, usages des produits de l'olivier. — Limites géographiques. — Description, place dans la nomenclature botanique; variétés. — Meilleures pratiques de culture; maladies; insectes. Olives comestibles de table. — Fabrication de l'huile. — Expériences diverses; rendement; sels anti-alcalineux. — Statistiques de la production des départements à oliviers.

---

40. — FLEURY-LACOSTE, président de la Société centrale d'agriculture du département de la Savoie, membre de plusieurs Sociétés savantes. — Guide pratique du **VIGNERON**, culture, vendange et vinification. 1 volume, 137 p. 3 fr.

M. Fleury-Lacoste est à la fois un homme instruit et un homme pratique. Son *Guide du Vigneron* sera consulté avec fruit, et l'on peut avec confiance en adopter les préceptes. Son Exc. M. le ministre de l'Agriculture, certes plus compétent que nous, vient d'engager M. Fleury-Lacoste à poursuivre ses études en souscrivant à cet excellent petit traité. C'est bien là le meilleur éloge que l'on puisse faire de cet ouvrage.

Dans la première partie, l'auteur donne les principes généraux pour la culture de la vigne basse : culture en ligne, orientation, la taille, le pinçage, les engrais, choix des cépages, 1re, 2e, 3e et 4e années.

La seconde partie, intitulée *Calendrier du Vigneron*, lui indique les travaux qu'il a à faire mensuellement. La culture des hautains sur treillages élevés dans les champs, remplit la troisième partie. — Quatrième partie : Nouvelles observations pratiques sur les phénomènes de la végétation de la vigne. — Cinquième partie : De la vendange et de la vinification : degré de maturité. — Du ban des vendanges. — Personnel. — Le nettoyage et l'écrasement des grains. — La cuve. — Le décuvage. — Enfin l'auteur termine en indiquant les soins à donner aux vins nouveaux et vieux.

41. — COURTOIS-GÉRARD, marchand grainier, horticulteur. — Manuel pratique de **JARDINAGE**, contenant la manière de cultiver soi-même un jardin ou d'en diriger la culture. 8e édition, 1 vol., 410 pages, 1 planche et de nombreuses figures dans le texte . . . . 5 fr.

Nous renvoyons à la note ci-dessus, accompagnant le *Manuel de culture maraîchère*, pour les titres de M. Courtois-Gérard à la confiance publique. Dans le *Manuel du jardinier*, les jardiniers de profession trouveront des conseils, des détails nouveaux et des renseignements pratiques qu'ils peuvent ignorer ; le propriétaire et l'amateur de jardin y puiseront des instructions précises et claires qui leur éviteront toute espèce de méprises et d'erreurs.

Sommaire des principaux chapitres :

Dispositions générales d'un jardin potager. — Calendrier. — Travaux de chaque mois. — Les outils. — Les défoncements. — Les fumiers. — Les arrosements. — Les couches. — Semis. — Repiquages. — Marcottes. — Boutures. — De la greffe. — De la conservation des plantes. — Les maladies des plantes potagères. — La culture des arbres fruitiers. — La culture des arbres d'agrément. — Destruction des animaux nuisibles, etc.

42. — KOLTZ (M.-J.), chevalier de l'ordre R. G. D. de la Couronne de chêne, agent des eaux et forêts, etc., etc. Guide pratique de la **CULTURE DU SAULE** et de son emploi en agriculture, notamment dans la création des oseraies et des saussaies, avec un appendice sur la **CULTURE DU ROSEAU**. 1 vol., 144 pages et 35 fig. dans le texte. . 2 fr.

Ce travail a pour objet de faire ressortir les avantages que procure la culture du saule dans les terrains qui lui conviennent, et qui, le plus souvent, ne peuvent être rendus productifs qu'à l'aide de cette essence ; M. Koltz donne donc le moyen de mettre en produit des terrains vagues. Dans certains parages, le roseau commun forme le complément obligé de l'osier ; l'appendice que M. Koltz a consacré à cette plante renferme des détails intéressants, surtout pour les propriétaires de terrains aujourd'hui tout à fait improductifs.

43. — SICARD. — Guide pratique de la **CULTURE DU COTONNIER**. 1 vol., 143 p., avec fig. dans le texte. 2 fr.

La culture du cotonnier ne peut convenir qu'à de certaines contrées. M. Sicard, qui l'a expérimentée avec succès et pendant de longues années dans les provinces du Midi et en Algérie, a publié cet ouvrage pour faire profiter le public de l'expérience qu'il avait acquise dans la culture de cet arbrisseau.

L'ouvrage est enrichi de dessins exécutés d'après la photographie et d'une exactitude rigoureuse.

46. — BOURGOIN D'ORLI (P.-H.-F.). — Guide pratique de la **CULTURE DU CAFÉIER ET DU CACAOYER** et de la **FABRICATION DU CHOCOLAT**. 1 vol., 100 pages . . . 2 fr.

Ce que nous disons plus loin pour le **sucre**, il en a été de même pour le caféier et le cacaoyer, cultures pour lesquelles M. Bourgoin d'Orli, par ses longues stations sous les tropiques, a été mis à même d'étudier les différentes méthodes; il a voulu compléter cet ouvrage par un chapitre sur la fabrication du chocolat.

---

48. — Lunel (docteur). — Guide pratique de l'**ACCLIMATATION DES ANIMAUX DOMESTIQUES**, étude des animaux destinés à l'acclimatation, la naturalisation et la domestication : Animaux domestiques, méthodes de perfectionnement, mammifères, oiseaux, poissons (*Pisciculture*), insectes (vers à soie); précédé de considérations générales sur les climats et de l'Exposé des diverses classifications d'histoire naturelle, etc. 1 volume 188 pages, avec figures dans le texte . . . . 3 fr.

M. le docteur Lunel a résumé les notions concernant l'acclimatation disséminées dans un grand nombre d'ouvrages volumineux. Ce livre sera consulté avec fruit par toutes les personnes qu'intéresse la grande question de l'acclimatation. Il peut être considéré comme un guide sûr dans les jardins d'acclimatation où sont réunies toutes les races d'animaux indigènes et étrangères. Ce livre donne d'une manière concise et substantielle les notions usuelles nécessaires pour l'étude des animaux destinés à l'acclimatation, la naturalisation et la domestication.

---

49. — Gobin (H.). — Guide pratique d'**ENTOMOLOGIE AGRICOLE**, et petit traité de la destruction des insectes nuisibles. 1 vol., 279 pag. avec fig. dans le texte. 3 fr.

Ce traité, d'une lecture attrayante, possède un grand fond de science. Il se compose de lettres familières adressées à un nouveau propriétaire rural. Tous les insectes qui s'attaquent aux champs et à leurs produits et aux animaux y sont passés en revue, et, ce qui est mieux encore, l'auteur a indiqué le moyen de se débarrasser de cette engeance envahissante. Le livre est terminé par des nomenclatures scientifiques avec les noms français.

---

50. — Bourgoin d'Orli (P.-H.-F.). — Guide pratique de la **CULTURE DE LA CANNE A SUCRE** ou la sucrerie exotique. 1 vol., 154 pages . . . . 3 fr.

M. Bourgoin d'Orli s'est, pendant de longues années, livré à une étude toute spéciale de la canne à sucre et de sa culture dans plusieurs contrées équatoriales et tropicales. Il a réuni dans ce volume le résultat de son expérience et de ses observations personnelles. La manipulation du sucre est complètement traitée dans cet ouvrage, indispensable aux propriétaires et aux cultivateurs qui veulent mettre en sucreries tout ou partie de leurs possessions dans les colonies.

---

52. — Fraiche (Félix), professeur de sciences mathématiques et naturelles. — Guide pratique de l'**OSTRÉICULTEUR**, ou Culture des huîtres et procédés d'élevage et de multiplication des **RACES MARINES COMESTIBLES**, histoire naturelle des mollusques et des crustacés. — Causes du

dépeuplement progressif des bancs d'huîtres. — Industrie et procédés actuels. — Construction des claires, parcs, viviers, etc. — Exploitation des claires. — Culture des moules. — Élevage des homards, langoustes, etc. 1 vol., 175 pages, avec figures dans le texte . . . . 3 fr.

Les chemins de fer et la navigation, en diminuant les distances, ont créé pour les races marines comestibles des débouchés qui leur avaient manqué jusqu'alors. De là et d'autres causes que M. Fraiche indique, l'appauvrissement des bancs d'huîtres. L'auteur, qui s'est inspiré des travaux de M. Coste, démontre que l'ostréiculture est une industrie facile à créer et à développer, et qui donne des résultats rémunérateurs à ceux qui savent l'exploiter.

53. — Touchet (J.-H.), chef de service à la compagnie Richer. — Guide pratique de la **VIDANGE AGRICOLE**, à l'usage des agronomes, propriétaires et fermiers. Richesse de l'agriculture. Description de moyens faciles, économiques, salubres et pratiques, de recueillir, de désinfecter et d'employer utilement en agriculture l'engrais humain. 2e édition. 1 volume de 88 pages avec figures . . . 1 fr.

Ce Guide, en ce qui concerne les vidanges et les différentes manières d'employer l'engrais humain, est le résumé des meilleures méthodes pratiquées actuellement. Les constructeurs, les entrepreneurs, les propriétaires, les fermiers y trouveront tous les indications utiles. M. Touchet enseigne aux agronomes de la grande et de la petite culture des moyens simples et peu coûteux de se procurer de riches fumiers, de précieux engrais, richesses trop souvent négligées et perdues pour l'agriculture.

55. — Pouriau (A.-F.). — Manuel du **CHIMISTE-AGRICULTEUR**. 1 vol., 460 pages, 148 figures dans le texte et de nombreux tableaux, suivi d'un appendice. . . . . 6 fr.

Ce volume forme en quelque sorte le complément de la *Chimie organique* et de la *Chimie inorganique*. Il fait connaître les diverses manipulations qui sont décrites avec un très grand soin. Il contient, en outre, un grand nombre d'indications d'une utilité toute pratique.

L'intention de l'auteur en le publiant a été d'offrir aux personnes qui s'occupent de chimie agricole un guide renfermant la description des méthodes les plus simples à suivre dans l'analyse des divers composés naturels ou artificiels qui sont du domaine de l'agriculture. Désireux de mettre son livre à la portée de tout le monde, l'auteur a toujours eu le soin, dans l'exposé de ses méthodes, d'établir deux catégories d'essais. Les unes essentiellement pratiques et accessibles à tous, et les autres plus exactes et qui exigent une plus grande habitude des manipulations chimiques.

56. — Lerolle (Léon), ancien élève de l'Ecole d'agriculture de Grand-Jouan, membre de la Société d'horticulture de Marseille. — Traité pratique et élémentaire de **BOTANIQUE** appliquée à la culture des plantes. 1 vol, VIII-464 p., 108 figures dans le texte. . . . . 6 fr.

L'étude de la vie des plantes et celle de leur culture ont pris un grand développement. L'auteur a voulu présenter au lecteur un traité de botanique, simple dans sa forme quoique rigoureusement exact au fond, afin d'instruire le cultivateur sur les phénomènes qui s'accomplissent chaque jour dans ses champs, ses forêts, ses jardins. On surcharge chaque jour le vocabulaire botanique : entre vingt noms différents servant à désigner le même organe, l'auteur a choisi ceux les plus vulgairement connus et s'est bien gardé surtout d'en inventer de nouveaux.

Extrait de la table: De la germination des graines, choix et conservation des graines. — De la végétation des plantes, des bourgeons. — Phénomènes souterrains, phénomènes aériens, phénomènes anatomiques de la végétation. — Nutrition des végétaux, nature des substances absorbées par les racines, sécrétion, transpiration. — Agents essentiels de la végétation. — De la reproduction des plantes, du périanthe, des étamines, du pistil, des ovules. — Floraison. — Fécondation. — Fructification. — Granification.

57. — GRIMARD (E.). — Manuel de l'**HERBORISEUR.** Comment on devient botaniste. — Clefs analytiques. — Description des genres et des espèces, suivie d'un vocabulaire. 1 vol., 670 pages. . . . . 5 fr.

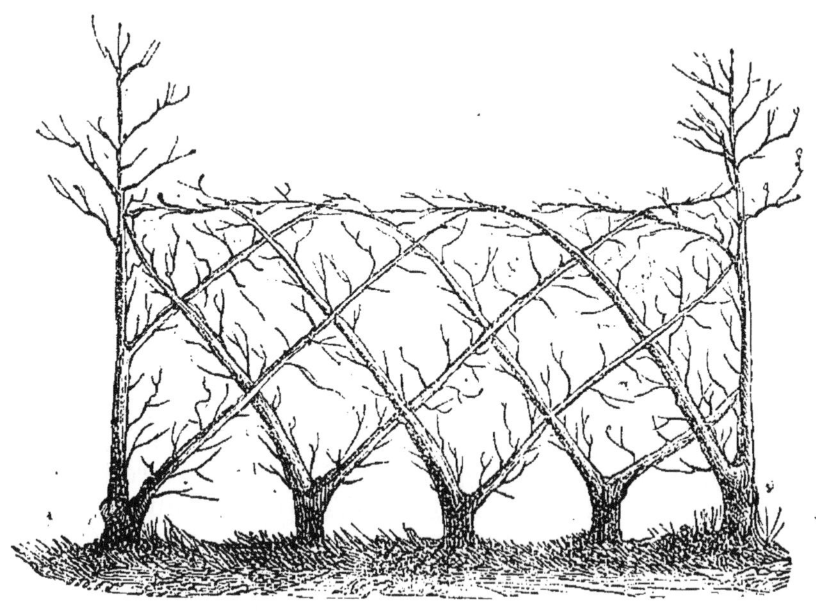

Gravure spécimen du *Traité pratique de Botanique.* (Voir page 56.)

Série I

ÉCONOMIE DOMESTIQUE, COMPTABILITÉ, LÉGISLATION, MÉLANGES

1. — Dubief (L.-F.). — Guide pratique de la **FABRICATION DES VINS FACTICES** et des boissons vineuses en général, ou manière de fabriquer soi-même les vins, cidres, poirés, bières, hydromels, piquettes et toutes sortes de boissons vineuses, par des procédés faciles, économiques et des plus hygiéniques. 1 volume . . 2 fr.

M. Dubief a publié ce petit ouvrage, non seulement pour venir en aide aux personnes économes, mais encore, et plus, pour celles dont l'économie est une nécessité. Si elles suivent les prescriptions qui y sont indiquées, elles peuvent être assurées de bien fabriquer elles-mêmes et avec facilité toutes sortes de vins, bières, cidres, etc. Ainsi, il traite la cuvée des vins de raisin fabriqués avec le marc, avec sirop de sucre, de fécule. — Vin rouge de sucre. — Vin mousseux, de fruits : cerises, prunes, groseilles, etc., etc. — Vins de grains, céréales, etc. — Toutes les formules et les procédés indiqués par l'auteur sont simples et faciles, et il suffit de les avoir lus pour les mettre en pratique.

---

2. — Lunel (le docteur B.), médecin-chimiste, membre des Académies des sciences de Caen, de Chambéry, etc., ancien professeur de chimie et d'histoire naturelle. — Guide pratique d'**ÉCONOMIE DOMESTIQUE**, publié sous forme de dictionnaire, contenant des notions d'une *application journalière :* chauffage, éclairage, blanchissage, dégraissage, préparation et conservation des substances alimentaires, boissons, liqueurs de toutes sortes, cosmétiques, soins hygiéniques, médecine, pharmacie, etc., 1 vol. 227 p. 2 fr.

L'économie domestique, longtemps dédaignée, s'est élevée aujourd'hui au point de devenir elle-même une science. Le Guide de M. le docteur Lunel, sous la forme commode du dictionnaire, constitue une véritable encyclopédie de cette science nouvelle.

3. — Germinet (Gustave). — **LE CHAUFFAGE PAR LE GAZ** considéré dans ses diverses applications, science, industrie et usages domestiques, suivi d'une notice sur les *Moteurs à gaz*. 1 vol. de XV-237 p. avec 126 fig. . . 4 fr.

Extrait de la table des matières. — Chapitre Ier. Historique. — Origine et développement du chauffage par le gaz. — Appréciations sur la chaleur développée par le gaz. — Applications du gaz au chauffage domestique et emploi dans l'industrie. — II. *Nature du gaz*; ses propriétés calorifiques, etc. — III. *Arrivée et distribution du gaz dans les appartements*. — Epreuve des conduits et des appareils. — Alimentation. — Diamètres proportionnels des tuyaux destinés à alimenter des appareils de chauffage. — Tuyaux et raccords pour mobiliser les appareils. — Ventilation des pièces d'habitation. — IV. *Chauffage culinaire*. Description des brûleurs et des appareils. — Emploi du gaz à la cuisson des aliments. — Expérience de cuissons, bouillis et à la casserole. — Rotisserie des viandes au gaz et au charbon de bois, etc. — V. *Chauffage de pièces d'habitation*. Cheminées. — Foyers à réflecteurs. — Poêles. — Calorifères. — VI. *Appareils divers de chauffage au gaz servant aux usages domestiques*. — Appareils de bains. — Brûloir de café. — Etrille brûle-poils. — Etuve et chauffe-assiette. — Fourneaux pour fers à repasser. — Appareils chauffant et éclairant. — VII. *Chauffage industriel*. — Apprêts des tissus — Chapellerie. — Emaillage et soufflage du verre. — Affinage et fusion des métaux. — Liquoristes, marchands de vins, etc. Pharmaciens. — VIII. *Appareils pour laboratoires*. — Chandelle à mélange d'air. — Réchaud avec bruleur dosage d'air. — Fourneau pour calcination. — Chalumeaux à souder et appareils à fondre les métaux. — Distillation, etc. — IX. *Production de l'électricité par la combustion du gaz*. — Piles thermo-électriques Clamond. — X. *Les moteurs à gaz*. — Machine à gaz verticale, etc., etc.

---

4. — Dubief (L.-F.). — Le **LIQUORISTE DES DAMES** ou l'art de préparer en quelques instants toutes sortes de liqueurs de table et des parfums de toilette avec toutes les fleurs cultivées dans les jardins, suivi de procédés très simples et expérimentés pour mettre les fruits à l'eau-de-vie, faire des liqueurs et des ratafias, des vins de dessert, mousseux et non mousseux, des sirops rafraîchissants, etc., un volume de 120 pages, avec figures dans le texte. 3 fr.

Ce que nous avons dit des précédents ouvrages de M. Dubief nous dispense de nous étendre sur celui-ci. C'est aux dames qu'il s'est adressé, et l'accueil qu'il en a obtenu prouve suffisamment combien il est utile dans toute bibliothèque de ménage.

---

5. — Hirtz (Elisa). — Méthode de **COUPE ET DE CONFECTION DE VÊTEMENTS DE FEMMES ET D'ENFANTS**. — Travaux à aiguille usuels. — Cours de couture en blanc. — Raccommodage. — Méthode de **TRICOT**. — Art de la coupe et de la confection en général. 1 vol. de 297 pages avec 154 figures . . . . 3 fr. 50

6. — DUFRENÉ (H.), ingénieur civil, ancien élève de l'Ecole des arts et manufactures. — Les droits des **INVENTEURS EN FRANCE ET A L'ÉTRANGER.** Conseils généraux. — Brevets d'invention. — Péremption. — Vente. — Licences. — Exploitation. — Géographie industrielle. — Marques de fabrique. — Dessins. — Objets d'utilité. 1 volume de 108 pages . . . . 3 fr.

---

7. — ÉMION (Victor). — **LA LIBERTÉ ET LE COURTAGE DES MARCHANDISES,** commentaire pratique de la loi du 18 juillet 1866. (*Épuisé*).

---

9. — LESCURE (O.), professeur à l'École centrale d'architecture. — **TRAITÉ DE GÉOGRAPHIE** physique, ethnographique et historique à l'usage des artistes, des écoles d'architecture et des gens du monde, 1 vol., 351 p. . 3 fr.

Ce traité est le développement du programme de géographie sur lequel sont interrogés les candidats à l'Ecole spéciale d'architecture. C'est un ouvrage adopté aujourd'hui pour toutes les écoles professionnelles.

---

12. — ÉMION (Victor), avocat à la cour de Paris, ancien sous-préfet. — Manuel pratique et juridique des **EXPROPRIÉS POUR CAUSE D'UTILITÉ PUBLIQUE,** suivi de deux tableaux donnant le chiffre de la valeur du mètre de terrain dans Paris, et faisant connaître les principales indemnités accordées aux industriels, négociants et commerçants expropriés. 1 volume, 125 pages. . . . . 1 fr.

Ce manuel est un résumé des règles pratiques que les expropriés ont intérêt à connaître pour se diriger dans la défense de leurs droits. En étudiant ce manuel, les expropriés sauront qu'avant de se présenter devant le jury, ils n'ont que peu ou point de formalités à remplir et *pas de frais* à débourser. Ils y apprendront encore qu'en général les traités souscrits d'avance avec des intermédiaires ne sont *habituellement* avantageux *que pour ceux qui contractent avec l'exproprié.*

Les tableaux de la valeur du mètre dans les différents arrondissements de Paris et des principales indemnités accordées par le jury offrent un très grand intérêt pour les propriétaires et les locataires.

---

13. — BAUDE (L.). **CALLIGRAPHIE.** — Cours d'écriture avec 32 planches. 1 vol. . . . . 5 fr.

SOMMAIRE : Objets et instruments nécessaires pour écrire. — Formes et variante de l'écriture anglaise. — De la manière de tenir la plume. — Principes généraux de l'écriture anglaise. — Des différentes grosseurs d'écriture. — Majuscules. — Minuscules. — Chiffres. — De l'expédiée ou cursive anglaise. — Des écritures fortes : Bâtarde, Coulée, Ronde et Gothique. — *De l'emploi dans l'écriture des accents, de la ponctuation et autres signes.*

14. — LUNEL (Victor). — Guide pratique d'**HYGIÈNE ET DE MÉDECINE USUELLE**, complété par le traitement du *choléra épidémique*. 1 vol. 209 pages. . . . . 2 fr.

Ce livre ne s'adresse à aucune spécialité de lecteurs et convient à tout le monde. Il se subdivise en hygiène privée et en hygiène publique. Dans la première partie, l'auteur examine dans quelle mesure l'homme qui veut conserver sa santé doit, selon son âge, sa constitution et les circonstances dans lesquelles il se trouve, user des choses qui l'environnent et de ses propres facultés, soit pour ses besoins, soit pour ses plaisirs. Dans la seconde, il s'occupe de tout ce qui concerne la salubrité publique. Un chapitre spécial est consacré à la médecine des accidents.

---

16. — D'OMALLIUS D'HALLOY (le baron J.). — Manuel pratique d'**ETHNOGRAPHIE**, ou description des races humaines; les différents peuples, leurs caractères naturels, leurs caractères sociaux, divisions et subdivisions des différentes races humaines. 5e édition. 1 volume, 127 p., avec une planche coloriée représentant les principaux types. . . . . 4 fr.

Après avoir exposé les principes généraux de l'ethnographie, l'auteur décrit les races, rameaux, familles et peuples que l'on distingue dans le genre humain. Le *Manuel d'ethnographie* est terminé par des tableaux synoptiques représentant les diverses divisions, avec l'indication approximative de la force de chaque peuple et de la distribution des familles dans les cinq parties de la terre. Cet ouvrage est accompagné de nombreuses notes dans lesquelles l'auteur discute les diverses questions sur lesquelles il ne partage pas les opinions de la plupart des ethnographes.

Extrait de la table des matières. — De l'ethnographie en général. — De la race blanche. — Du rameau européen, du rameau arménien, du rameau scytique. — De la race brune, du rameau éthiopien, du rameau indou, du rameau indochinois, du rameau malais. — De la race rouge, du rameau hyperboréen, du rameau mongol, du rameau sinique. — De la race noire. — Des hybrides. — Tableaux de la division du genre humain en races, rameaux, familles et peuples.

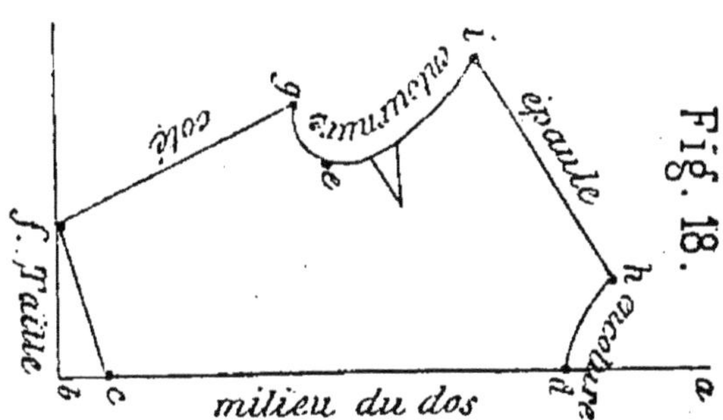

Figure spécimen de la *Méthode de Coupe*, par Elisa Hirtz. (Voir page 59.)

Série J

FONCTIONS POLITIQUES ET ADMINISTRATIVES
EMPLOIS DE L'ÉTAT, DÉPARTEMENTAUX ET COMMUNAUX, SERVICES PUBLICS

1. — MORTIMER D'OCAGNE. — **LES GRANDES ÉCOLES DE FRANCE.** Écoles militaires, écoles civiles. 1 vol. 3 fr.

2. — MORTIMER D'OCAGNE. — **LE CHOIX D'UNE CARRIÈRE.** 1 vol. (*En préparation.*)

3. — ALBIOT (J.) (*Code départemental.*) Manuel **DES CONSEILLERS GÉNÉRAUX.** Loi organique des conseillers généraux, avec les commentaires officiels, suivie de la loi prévoyant le cas où l'Assemblée nationale viendrait à être dissoute par la force et autorisant les conseils généraux à se réunir pour prendre en mains les pouvoirs législatifs. 1 vol. de 152 pages . . . . 4 fr.

Cet ouvrage peut être considéré comme un aide-mémoire à l'aide duquel les personnes notables appelées, en qualité de conseillers généraux, à discuter les intérêts de leur département, trouveront de nombreux renseignements relatifs à la législation qu'ils auront à appliquer.

6. — LELAY (Eugène), capitaine des douanes. — Recueil abrégé des lois et règlements sur la **DOUANE**, son organisation, son personnel et ses brigades. 1 volume 700 pages . . . . 4 fr.

TABLE DES MATIÈRES. — *Des Douanes et de leur organisation. — Attributions du personnel. — Service Actif ou des Brigades. — Lois générales relatives au personnel.*

7. — LAFFOLAY (E.), inspecteur de l'octroi en retraite. Nouveau manuel des **OCTROIS.** 1 vol. de XIV-408 pages avec tableaux. . . . . 4 fr.

Observations concernant la rédaction des procès-verbaux. — Formulaire pour la rédaction des procès-verbaux les plus usuels en matière d'octroi, en matière de contributions indirectes et d'octroi et en matières de contributions indirectes inclusivement.

Série K

BEAUX-ARTS, DÉCORATION, ARTS GRAPHIQUES

1. — **INTRODUCTION A L'ÉTUDE DES BEAUX-ARTS.** 1 vol. (*En préparation.*)

2. — Viollet-le-Duc. — Comment on devient un **DESSINATEUR.** 1 vol. de 310 pages orné de 110 dessins par l'auteur et d'un portrait de Viollet-le-Duc. . . 4 fr.

Extrait de la table des Matières. — Notables découvertes que fit Petit-Jean. — Comment Petit-Jean reconnut que la géométrie s'applique à plusieurs choses. — Autres découvertes de Petit-Jean touchant la lumière et la géométrie descriptive. — Où *Petit-Jean commence à voir.* — Une leçon d'Anatomie comparée. — Opérations sur le terrain. — Cinq ans après. — Où la vocation de Petit-Jean se dessine. — Douze jours dans les Alpes. — Conclusion.

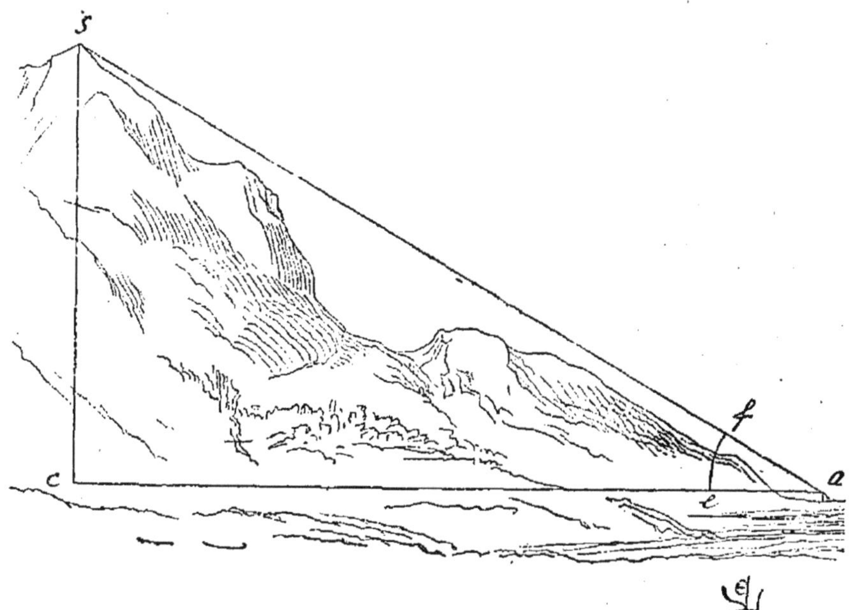

Gravure spécimen de « *Comment on devient un dessinateur.* »

3. — Pellegrin (V.), peintre. — Théorie pratique de la **PERSPECTIVE.** Étude à l'usage des artistes peintres, des élèves des Écoles des beaux-arts, des Écoles industrielles, etc. 1 vol. de 90 pages, 42 fig. et 1 pl. de 16 fig. 4 fr.

TABLE DES NOMS D'AUTEURS

PAR ORDRE ALPHABÉTIQUE

Imprimeries réunies, C. rue du Four, 54 bis, Paris — 909.

BIBLIOTHÈQUE DES PROFESSIONS

INDUSTRIELLES, COMMERCIALES ET AGRICOLES

Acier (*Emploi*), par J.-B. Dessoye... 4f »
Acier (*Traité*), par Landrin .... 5 »
Agriculture générale, p. A. Gobin. 4 »
Algèbre (*Principes*), par Leprince.. 5 »
Alliages métalliques, par Guettier. 3 »
Aluminium, métaux alcalins, par Tissier................ 3 »
Animaux domestiques, Dr Lunel.. 3 »
Architecture navale, p. Bousquet. 2 »
Asphaltes et bitumes, par Malo.. 4 »
Bergeries, Porcheries, par Gayot. 3 »
Betterave, par Basset .... 3 »
Bijoutier (*Guide*), par Moreau ...... 2 »
Bois (*Carbonisation*), par Dromart... 4 »
Bois (*Cubage, estimation*), p. Frochot. 4 »
Botanique appliquée, par Lerolle. 6 »
Brasseur (*Guide*), par Mülder....... 6 »
Bris et naufrages (*Code des*), par Tarlara .... 7 »
Caféier, cacaoyer, Bourgoin d'Orli. 2 »
Calculs et comptes faits, par Lenoir et Vinot................ 4 »
Calligraphie, par Louis Baude.... 5 »
Canne à sucre, par Bourgoin d'Orli. 3 »
Chaleur (*Théor. méc.*). Clausius, 2 vol. 15 »
Charpentier (*Manuel*), par Merly... 5 »
Chasseur médecin, par Mariot-Didieux.......................... 2 »
Chauffage par le gaz, p. Germinet. 4 »
Chauffeur (*Manuel*), par Jaunez .... 3 »
Chemins de fer (*Album*), par Cornet. 10 »
Chemins de fer (*Exploitation des*), par Emion. *Voyageurs*............ 4 »
Chemins de fer (*Exploitation des*), par Emion. *Marchandises*......... 4 »
Chimie minérale, par le Dr Sacc... 3 50
Chimie organique, par le Dr Sacc. 3 50
Chimie (*Introduction à l'étude de la*), par Liebig........................ 3 »
Chimie (*Génér. élém.*). par Hétet, 2 vol. 10 »
Chimiste agriculteur, par Pouriau. 6 »
Collodion sec au tannin, par de Courten........................ 4 »
Conférences agricoles, p. Gossin. 1 »
Conseillers généraux (*Manuel*), par Albiot......................... 4 »
Constructeur (*Guide*), par Pernot.. 5 »
Construction à la mer, *avec atlas*, par Bouniceau .... 18 »
Corps gras industriels, p. Chateau. 5 »
Cotonnier (*Culture*), par Sicard..... 2 »
Culture maraîchère, par Courtois-Gérard........................... 5 »
Dessinateur (*Comment on devient un*), par Viollet-le-Duc........ 4 »
Dessin linéaire, *avec atlas*, Ortolan. 6 »
Douane (*Lois et Règlements*), par E. Lelay........................... 4 »
Drainage, par Kielmann.......... 2 »
Droit maritime, par Doneaud...... 3 »
Economie domestique, p. Dr Lunel 2 »
Ecuries et Etables, par Gayot.... 3 »
Electricien (*Guide*). *En préparation.*
Electricité (*Leçons*), p. Snow-Harris. 3 »
Engrenage, par Dinée............. 3 50
Entomologie agricole, p. A. Gobin. 3 »
Epicerie (*Guide*), par le Dr Lunel... 3 »
Ethnographie, d'Omalius d'Halloy. 4 »
Expropriés (*Manuel*), par Emion... 1 »
Falsifications, par le Dr Lunel..... 5f »
Féculier, amidonnier, par Dubief. 4 »
Fer (*Métallurgie*), par Fairbairn ..... 4 »
Geographie (*Traité*), par Leseure.. 3 »
Géologie (*Manuel*), par Dana......... 4 »
Geometre arpenteur, par Guy.... 4 »
Géométrie, *avec atlas*, par Rozan... 6 »
Grandes Ecoles de France, par Mortimer d'Ocagne................. 3 »
Herboriseur, par Ed. Grimard..... 5 »
Hydraulique et hydrologie, par Laffineur 3 50
Hydraulique urbaine, p. Laffineur 2 »
Hygiène et Médecine, p. le Dr Lunel 2 »
Ingenieur agricole, par Laffineur. 3 »
Introduction à l'étude de la Physique, par L. Du Temple .... 4 »
Inventeurs (*Droits*), par Dufréné... 3 »
Jardinage, par Courtois-Gérard.... 5 »
Laine (*Filature*), par Leroux........ 15 »
Lapins (*Education*), Mariot-Didieux. 2 50
Liqueurs (*Fabrication*), par Dubief. 5 »
Liquoriste des Dames, par Dubief. 3 »
Maçonnerie, par Demanet........ 5 »
Marchandises (*Courtage*), p. Emion. 2 »
Matières industrielles, p. Gaudry. 4 »
Mécanicien, *avec atlas*, par Ortolan. 12 »
Métallurgie pratique, par D.-L.. 4 »
Métaux (*Poids des*), par Van Alphen. 5 »
Minéralogie appliquée, 2 vol., par Noguez............................ 10 »
Minéralogie usuelle, par Drapiez. 3 »
Octrois (*Nouveau Manuel*), Laffolay. 4 »
Oies, canards, par Mariot-Didieux. 2 50
Olivier (*Culture*), par Reynaud...... 4 »
Ostréiculteur, par Fraiche......... 3 »
Parfumeur, par le Dr Lunel .... 5 »
Perspective, par Pellegrin......... 4 »
Photographie, par Chevalier....... 3 »
Plantes fourragères, par A. Gobin. 6 »
Ponts et Chaussées, Birot, *avec atlas* 8 »
Potasses, soudes, par Frésénius... 2 »
Poudres et salpêtres, par Steerk. 6 »
Poules, par Mariot-Didieux......... 3 50
Roues hydrauliques, p. Laffineur. 3 50
Serrurerie (*Nouveaux barèmes*), par E. Rouland .... 4 »
Saule et Roseau, par Koltz......... 2
Sciences physiques *appliquées à l'Agriculture*, par Pouriau, 2 vol.... 14 »
Sucres (*Essai, analyse*), par Monier, 3 »
Teinturier (*Manuel*), par Fol....... 8 »
Télégraphie électrique, p. Miège. 2 »
Termes techniques (*Dictionnaire des*), par A. Souviron .... 6 »
Transmissions de la pensée et de la voix, par L. Du Temple........ 4 »
Vache laitière (*Choix*), par Dubos. 2 »
Vernis (*Fabrication*), par Violette... 6 »
Vêtements de femmes et d'enfants (*Méthode de coupe pour la confection des*), par Elisa Hirtz..... 3 50
Vidange agricole, par Touchet.... 1 »
Vigne (*ses maladies*), par Scrigne... 3 »
Vigneron, par Fleury-Lacoste...... 3 »
Vignerons (*Trésor des*), par Dubief. 3 »
Vins (*Fraudes et maladies*), par Brun. 3 »
Vins factices, par Dubief.......... 2 »
Vinification, par Dubief............ 6 »

Paris. — Imp. Gauthier-Villars.

www.ingramcontent.com/pod-product-compliance
Ingram Content Group UK Ltd.
Pitfield, Milton Keynes, MK11 3LW, UK
UKHW020302230726
13925UKWH00001B/185

9 782013 619981